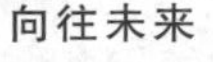

向往未来

迎接地球灾难

海岛

冰川

沙丘

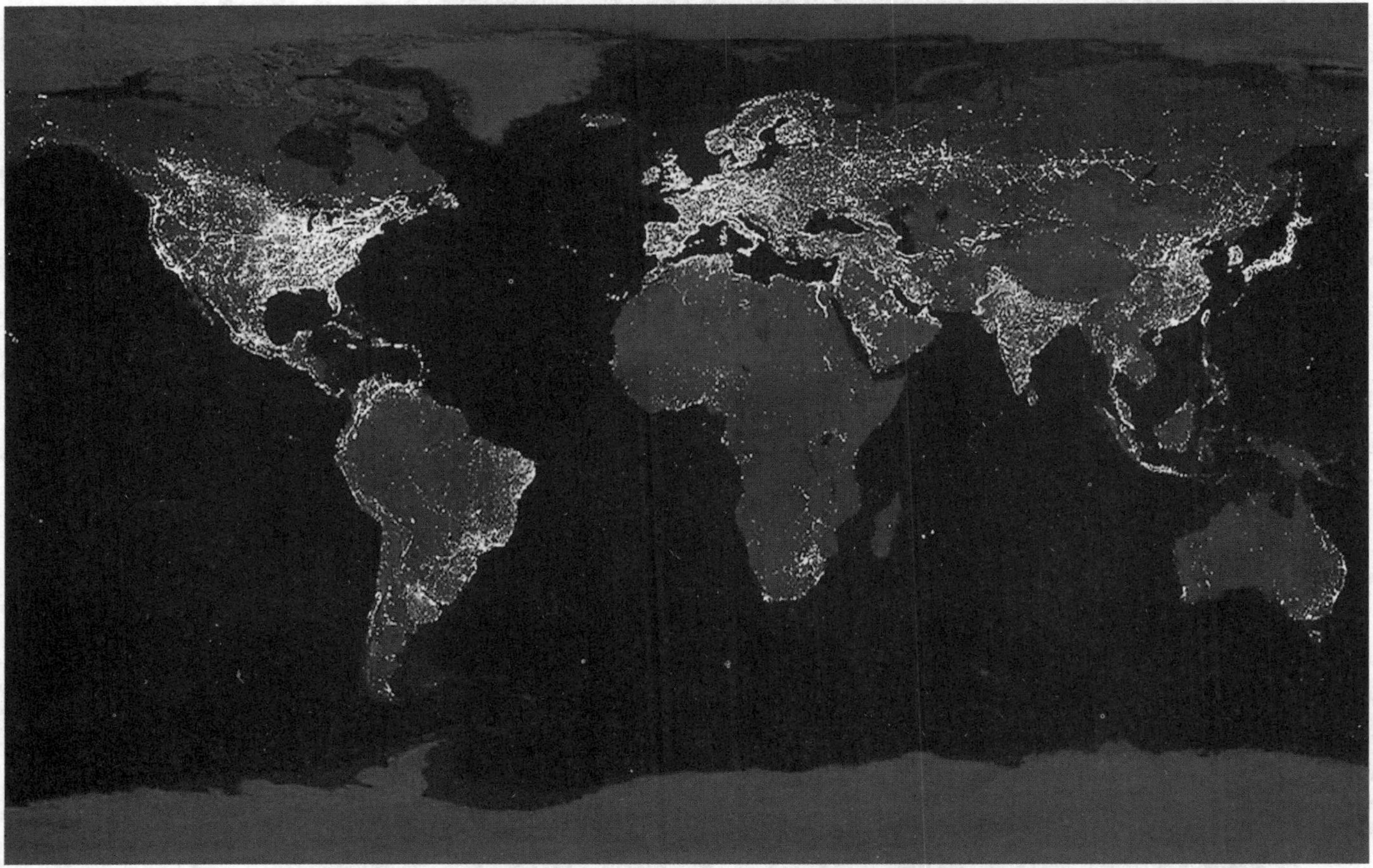

地球之夜

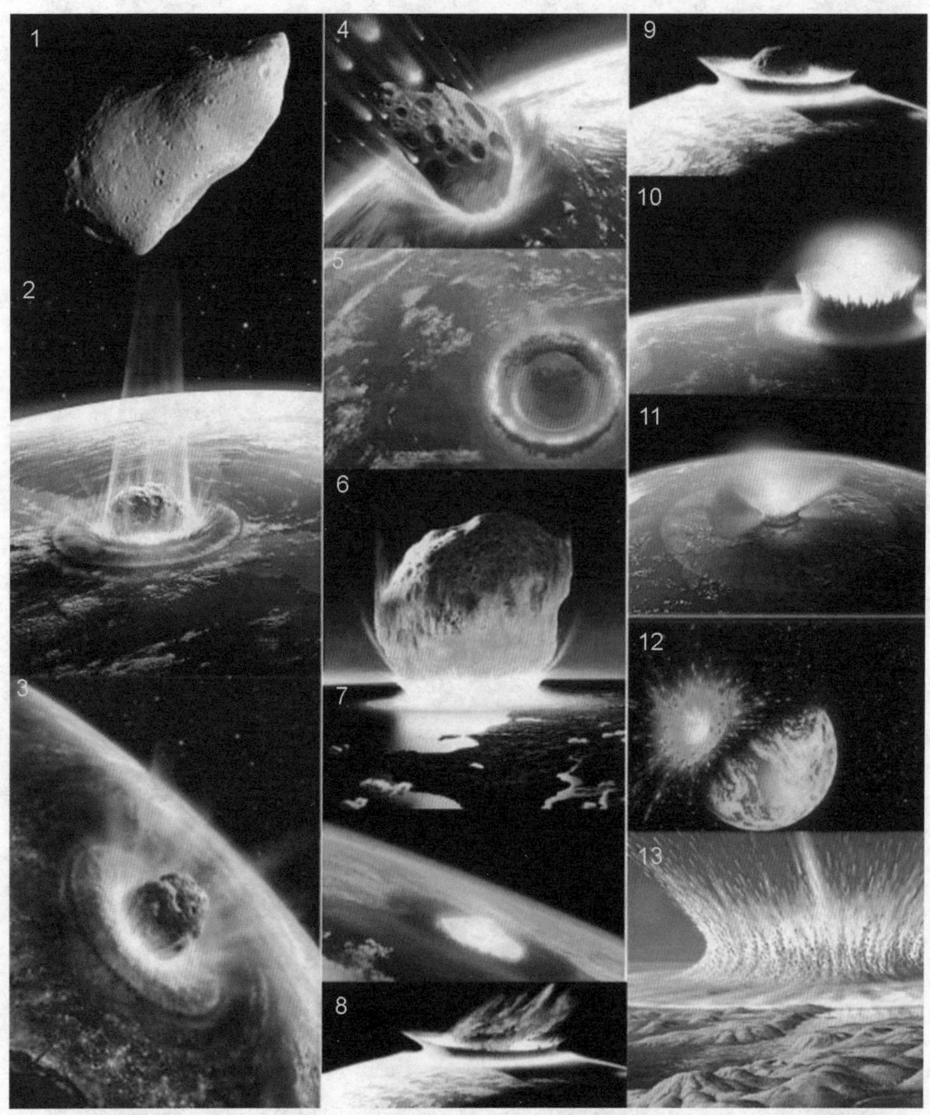

天上落下的“石头雨”

2014年9月16日
2009RR
26米
38.5万公里
最靠近地球时间
小行星
直径
距地球最近
2017年10月12日
2012TC4
17米
19.2万公里
2028年5月20日
2009WR52
7米
23.1万公里
2029年4月13日
99942Apophis
393米
3.85万公里
2041年4月8日
2012UE34
82米
11.5万公里
2047年2月13日
2012HG2
13米
7.7万公里
2048年10月18日
2007UD6
7米
11.5万公里
2095年9月6日
2010RF12
7米
3.85万公里

未来最可能的天外来客

壮烈的火山喷发

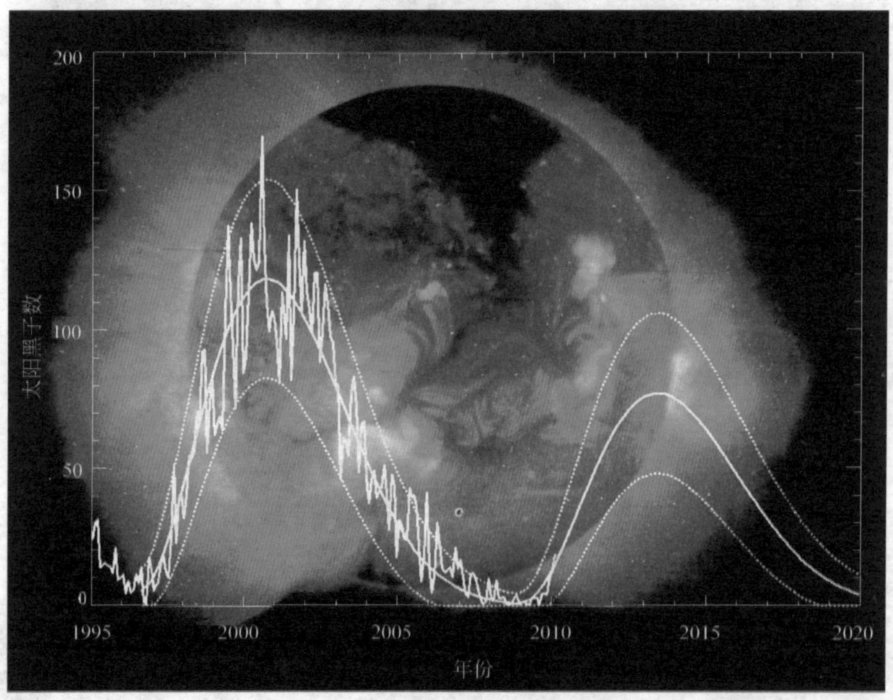

太阳活动周期

火山岩流

火山灰

惨烈的庞贝

板块运动+火山造就了夏威夷

2010 年日本地震造成的海啸

卫星云图显示的台风

海啸卷起的巨浪

2004 年印度洋海啸中斯里兰卡某海岸海啸前后比较图

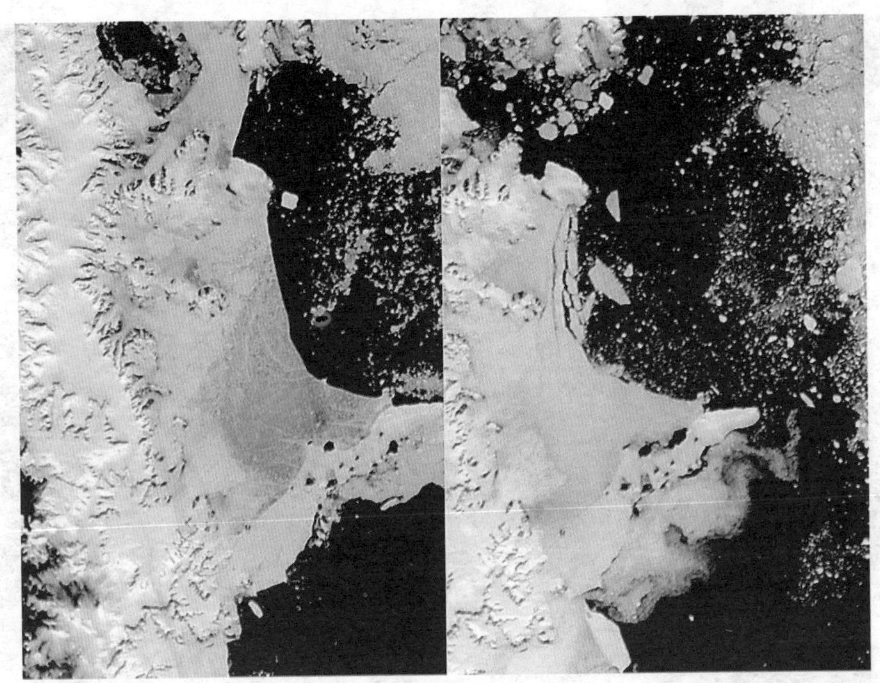

格陵兰岛冰川融化比较图

干旱

沙尘暴

龙卷风

雪崩

风暴

沙漠

闪电

火山

无限遐想的地球之夜

地球，早安

地球灾难故事

姚建明◉编著

清华大学出版社
北京

图书在版编目（CIP）数据

地球灾难故事/姚建明编著.--北京：清华大学出版社，2014（2019.6重印）
ISBN 978-7-302-34693-7

Ⅰ.①地… Ⅱ.①姚… Ⅲ.①自然灾难－世界－青年－读物 ②自然实验－世界－少年读物 Ⅳ.①X431-49

中国版本图书馆CIP数据核字(2013)第290863号

责任编辑：朱红莲 洪 英
封面设计：傅瑞学
责任校对：王淑云
责任印制：丛怀宇

出版发行：清华大学出版社
网 址：http://www.tup.com.cn，http://www.wqbook.com
地 址：北京清华大学学研大厦A座 邮 编：100084
社 总 机：010-62770175 邮 购：010-62786544
投稿与读者服务：010-62776969，c-service@tup.tsinghua.edu.cn
质量反馈：010-62772015，zhiliang@tup.tsinghua.edu.cn
印 装 者：龙口市新华林文化发展有限公司
经 销：全国新华书店
开 本：170mm×230mm 印 张：15.75 插 页：8 字 数：328千字
版 次：2014年2月第1版 印 次：2019年6月第2次印刷
定 价：39.00元

产品编号：054143-02

本书获得浙江海洋学院著作出版基金资助

前 言

地球灾难——一个听起来很大、很沉重的话题！这些年我们经常看到这样的画面：大地震过后留下遍地"残骸"，大海啸过后四处遗留着"人类垃圾"，大干旱、大洪水过后……

本书的创作初衷源于我和编辑的一次聊天，聊天的内容就是前一段时间发生在俄罗斯车里雅宾斯克州的"陨石雨"，我们探讨这种事情会经常发生吗？会给人类带来灾难性的危害吗？"陨石雨"是如何发生的？我们能够对它们进行监测甚至控制吗？就我所知，人类监测着运行在地球轨道附近的大约10万颗小天体，怎么这一次这么大的一颗陨石冲入地球轨道就没有预测预报呢?！我和编辑谈了自己的想法，我俩不约而同地产生了向公众解释、阐述这一类足以造成人类恐慌的、来自大自然的或者是来源于人类本身的地球灾难事件的想法。开始时给出的提纲很大，涉及了地球上的种种灾难，用编辑的话说"那岂不成了我们在写'人类的灾难'了"。鉴于作者的研究范围和书籍的篇幅，编辑还是建议我们只就地球整体进行讲述，大体上涉及天文学、地球科学、海洋学等话题。

本书涉及的话题比较沉重，所以在构思过程中我就不断地思考用什么样的思路去写。脑海当中最原始的想法就是，让读者通过本书了解到大地震、大海啸、小天体撞击等灾难事件的发生是有它的根源的，是自然规律。最起码是和人的理想、道德、行为无关，是一种很正常的自然现象。通过自己对历史资料的汇集、分析，让读者知道这些现象以前都发生过，地球不是也好好的吗？人类不是还在正常地延续吗？更想做的事情，或者说想达到的目的就是，通过对这些地球灾难事件的分析，让读者明白这些事件的来龙去脉，看清这些事件的"真相"，具备科学的头脑和明晰事物本质的眼光。书名当中加上"故事"两个字，我并不是想真的给大家去讲一个个的故事。自我感觉加上"故事"两个字可以减轻一些灾难事件的沉重感。实际上，一些事件也真的就是假设、猜想，就是某些人讲的故事！为了缓和读者的心情，也为了增加本书的可读性，我力求把整本书写成一个松散的"地球故事"。在每一章的开头都给大家讲一个真实的或者是神话的故事，也尽可能地用故事把本书的内容串联起来。总之，就是想达到能让读者科学地认识所谓地球灾难的目的！

科学地认识世界是我们每一个人学习的目的。正确地、客观地看待和认识自己周围发生的事物是每一个具备科学头脑和科学素养的人的基本能力。那么,科学到底应该怎样去理解呢?这是许多人都在探讨的问题。我们曾经组织过学生多次开展这方面的讨论,也了解了许多人的想法和看法。大家都趋同的、一个全世界人都知道的解释就是——科学就是真、善、美。细想一下它的内涵,真是太正确、太有意义啦!可实际上,我认为对科学的真实的、实际的理解,可能并且应该是每个人都不一样。但是,有一点我认为是大家都应该认识到的,那就是科学的就是最合理的、正常发生的、符合自然规律的。只有你具备了科学的头脑,有了足够的科学知识、科学素养,你才能够正确地、正常地、真实地认识和适应你周围的世界。

爱因斯坦说过,简单的就是美的!我们就是需要用科学的头脑、科学的眼光,把我们的世界变简单,让我们的世界变得更美!

作　者

2013 年 9 月 6 日于浙江舟山

目 录

◎第 1 章

地球诞生的故事

盘古开天?

不论怎样——人类的摇篮诞生啦!

人类需要——阳光、温度、水、空气……

地球上有——高山、大海、森林、湖泊……

这么神奇的地球怎样来的?

星云假说+ 星子理论

地球开始自转、公转;漂移、板块移动;造山、地震、火山爆发!

我们带给你许多许多关于地球灾难和创世纪的故事。

这个惊天动地的大故事，我们要从“盘古开天”开始讲起。世界上几乎每个国家、每个民族都有这样一个类似的创世故事。这说明地球上唯一的灵智动物非常关心哺育我们的摇篮是怎样形成的。我们会在讲述地球诞生故事的最后，给大家一个创世故事汇编。

古代的中国，把世界（宇宙）称为混沌，看做一个清浊不分、万物不生、天地不明的“大球”。创世纪的开拓伟业委托给了一个巨人，据说是道教元始天尊的化身——盘古。他一直存在于这个大球中，据说是经历了18 000年。某一天，他醒来了，他感觉周围混沌不清，就挥起手中的大斧用力地一斧、又一斧地砍下去……每砍一斧清气上升一丈（天长高一丈），浊气下降一丈（地增厚一丈），盘古也长高一丈，支撑着天和地（图1.1）。盘古一直砍了18 000年，当天地逐渐稳固了，他自己也长成了足有90 000里长的巨人。然而最后我们的英雄累了，倒下了……

◎图1.1　混沌的“大球”里不知何时生长出一个创世的巨人，盘古睡醒之后，举起手中的大斧子，一下、一下、又一下，不辞辛苦地开拓天地，逐渐……我们有了天、地、生命万物！

盘古临死时，全身都发生了巨大的变化。他的左眼变成了鲜红的太阳，右眼变成了银色的月亮，呼出的最后一口气变成了风和云，最后发出的声音变成了雷鸣，他的头发和胡须变成了闪烁的星辰，头和手足变成了大地的四极和高山，血液变成了江河湖泊，筋脉化成了道路，肌肉化成了肥沃的土地，皮肤和汗毛化作了花草树木，牙齿和骨头化作金银铜铁、玉石宝藏，他的汗滴变成了雨水和甘露。从此，开始有了世界……

1.1 人类的摇篮

到目前为止,人类还是宇宙中已知的唯一的高级生命。维持生命的延续需要很多条件吗?(图 1.2)

◎图 1.2 生命之树

1.1.1 生命的产生和延续所需要的环境

关于生命起源的故事,我们会结合“地外文明”一起讲述。这里,为了强调地球给了我们多么适宜生存的环境,我们讲一讲作为地球上具有最高智能的人类,生存和延续下去究竟需要什么样的苛刻条件。

适合人类生命存在的条件可以说是数不胜数,人们的各种努力都是为了改善自身的生存条件。涉及本书话题的当然是最基本的、最必要的、最与地球的存在息息相关的条件。

(1) 适宜的温度。温度过高或过低都不利于生命的存活。

(2) 液态的水或相当于水的某种液体。它既是生物体的必要组成部分,也是各种生物化学反应的必要介质。如果化学反应在分子之间发生,液体水的存在会加速、加剧这种反应。但如果是固体,反应的几率就会很低很低。

(3) 适宜的大气。大气可以遮挡对生命具有杀伤力的宇宙射线和陨石,又可避免水大量遗失。同时,导致生命起源的多种天然有机化合物,需要在大气中经过紫外线照射和电火花才能合成。

(4) 足够长的时间。生命的产生和演化过程是非常缓慢的。地球上最早的生命产生在地壳诞生后约10亿年,到现在已有几十亿年的时间了。

(5) 产生有机物必需的化学元素,如氢、碳、氮、氧、铁等。宇宙诞生初期极其缺少这些元素,因此生命也需在宇宙诞生相当长时间之后才能形成。

而我们的"母亲"——地球不多不少地具备了这些条件!

地球与生命的能量源泉——太阳的距离适中,使得她能够从其身上获得足够的光和热,并能保证水以液态的形式存在。

地球有合适的质量和体积,使得她具有适中的引力,足以拉住大气形成具有合适密度、成分、厚度的大气层,使其起到了地表的"保温被"和人类生命"防弹衣"的作用。

地球的自转和公转速度适宜,气温日变化和年变化的节律适当。

地球的位置处在小行星、流星体相对较少的宇宙环境,从而客观上减少了它们对地球的撞击概率,危害也会降低。

地球的寿命最少也有45亿年了,对孕育生命来说,时间绰绰有余。由地球演化和地质变化产生的各种动物、植物、矿物以及各种有机物也足够生命的延续。

……

所有的这些,是不是很神奇!

1.1.2 太阳的"生命带"

美国的科学家为了配合"行星猎人"计划(一个寻找太阳系外行星的计划,我们将在第5章介绍),利用最新的"温室气体吸收数据库"和超级计算机,建立了最新的"行星适居带"研究模型。根据研究结果,从图1.3上可以看出地球和火星都是在太阳"行星适居带"的边缘。图上"+"符号表示的点,都是太阳系外的行星。研究表明宇宙中存在地外生命的可能性很大。

之前,为了寻找我们可能的"宇宙亲戚",有一群英国科学家也做过这类的计算。它们计算了一颗恒星周围可能的"生命带"的范围。上帝呀!有关太阳的结果你一定猜到了,地球恰恰存在于太阳系的生命带中间,生命带的上、下限分别是火星和金星,这一结果更让我感慨——上帝是如此眷顾人类呀!

1.1.3 地球资源

宇航员在太空中看地球,她就是一个蓝色的星球;

太空探测器飞出太阳系时,回望地球,她就是一粒太空尘埃。

可她是人类的母亲……(图1.4)

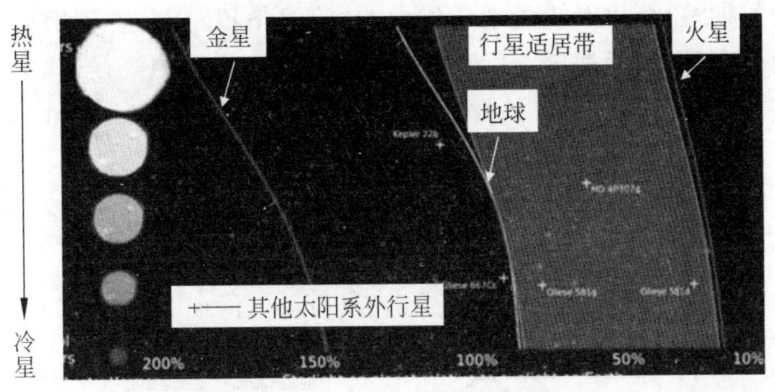

到恒星的距离（以一个日地距离AU作为单位）

◎图 1.3　恒星提供了生命生长的条件，并以它的光和热的供给延续着生命的进程。但是，不是每颗恒星周围都有行星围绕；而且，围绕恒星公转的行星并不都是处于“行星适居带”上的。

◎图 1.4　生命地球

人类的诞生和生命的延续，必须具备一些基本条件：阳光（能源）、适宜的温差、水、氧气、作为食物的动植物、森林、矿产，等等，而地球一一俱全！

(1) 阳光也可称为人类发展所必须的能源。因为从根本上说，几乎所有的能源都来自于太阳。比如，可直接利用的初级能源：煤、石油、天然气、水能、风能、核能、海洋能、生物能等，都是直接来自自然界；需要转化的次级能源：沼气、汽油、柴油、焦炭、煤气、蒸汽、火电、水电、核电、太阳能、潮汐能、波浪能等。不论是否需要转化，上述所有的能源都来源于太阳！

地球的早期演化，以及更近地质年代的“沧海桑田”，制造了地球上的海洋、大气和复杂的地理环境，而海流、气流的循环造就了地球上的气候带，为人类的生存提供了适宜的温差(图 1.5)。

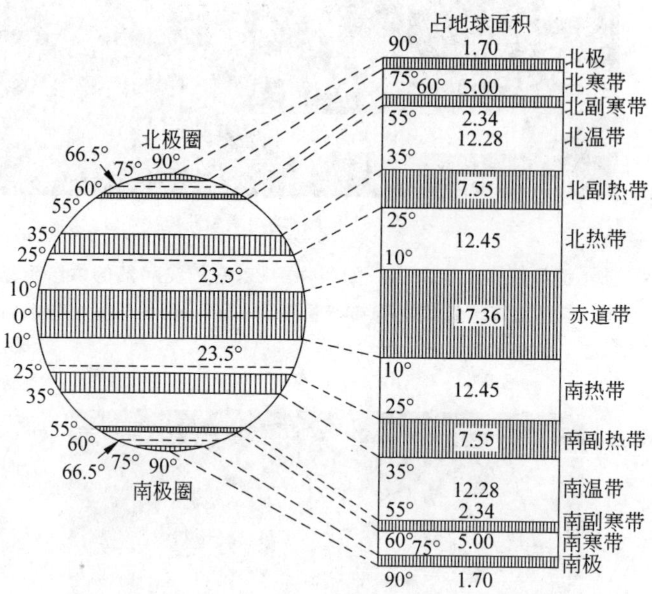

◎图 1.5　地球气候带为人类生存带来适宜的温差

(2) 水是人类生存的第一需求，地球表面虽然大部分被水覆盖，但是它们中的大多数都是海洋(水)，是咸水，不能饮用！

全球约有四分之三的面积覆盖着水。地球上水的总体积约有 13 亿 8600 万立方千米，其中 96.5%分布在海洋，可饮用淡水却只有 3500 立方千米左右(算一下，不足总水量的$\frac{1}{30}$)。这还要扣除无法取用的冰川(水)和高山顶上的冰冠，以及分布在盐碱湖和内海的水量。这样下来，陆地上淡水湖和河流的水量就不到地球总水量的 1%了。

水资源的合理利用已经被世界各国提到了议事日程，在缺水尤其严重的我国，人均水资源占有量不足世界平均水平的 1/4，这是造成我国贫困和落后的重要根源之一(图 1.6)。

(3) 地球上大气层的存在为人类提供了充裕的氧气，并保护了地球及各种生物不受伤害。自地面向上，大气层依次分为对流层、平流层、中间层、暖层及散逸层。

对流层平均高度为 10 千米，占大气圈总质量的 70%～75%。由于散热是从地球表面开始的，所以对流层中温度随高度增加而降低，平均每升高 1 千米温度降

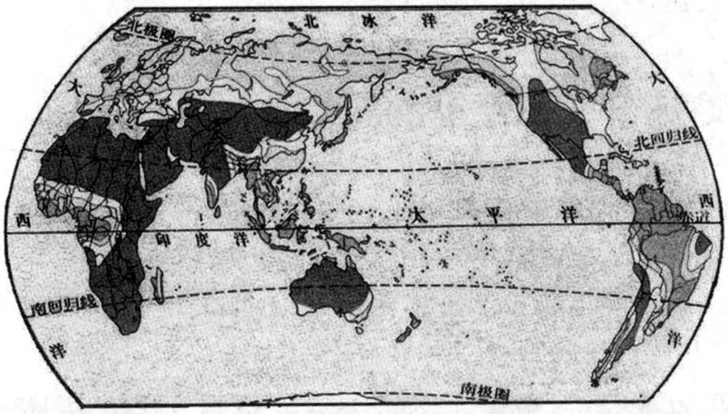

淡水资源严重缺乏地区（年降水量小于年蒸发量400毫米以上）
淡水资源缺乏地区（年降水量小于年蒸发量0~400毫米）
淡水资源基本满足地区（年降水量大于年蒸发量0~400毫米）
淡水资源丰富地区（年降水量大于年蒸发量400毫米）

◎图 1.6 全球水资源分布图

低 6 摄氏度。大气压就是对流层中大气重量的体现。风、雪、云、雨等也都发生在这里。对流层是受人类活动影响(也是影响人类)最显著的一层大气。

平流层是从对流层顶至 35～55 千米高空的大气层,质量约占大气圈总质量的 20%,气流的运动方向以水平方向为主,不存在对流层中的各种天气现象(因此,飞机多在这里飞行)。该层上部存在多层含臭氧的气层,能吸收紫外线,因而是生物的保护伞！由于太阳风中的紫外线能量被这里的臭氧分子吸收,所以,该气层随高度增加温度随之升高。

平流层顶至 85 千米高空的大气层称为中间层,这里的气温随高度增加而下降,故又称为冷层。空气又会出现对流,会影响地球整体的气候环境。

暖层是从中间层顶到 800 千米高空的大气层,这里的氧、氮都被分解成电离状态,由于电离的能量温度随高度增加而上升,所以该层又称为电离层。电磁信号就是靠它的反射不断地传递。

散逸层位于 800 千米以上至 2000～3000 千米的高空,这里地球引力作用弱,气体质量不断扩散,亦称外逸层。可称之为地球的“边界”。

(4) 各种矿物和动植物资源就更是地球对人类的“馈赠”了。最早的海洋生物“改造”了地球的大气结构,为人类的诞生和延续提供了充裕的氧气;原始人刀耕火种、茹毛饮血,更是直接靠大自然为生……地球为人类付出了种种！即便是号称已经进入“信息时代”的当代人类,哪一天能离得开矿物、动物、植物、微生物、土地、河流、森林、大海？更何况地球是所有生物共存的一个大家园,是一个每个环节都一样重要的“生物链”！

更加重要和令我们惊奇的是,无论是地球的产生、演化历史,各圈层的存在和结构,还是太阳乃至它周围各类天体的存在,都无一不是在为人类的诞生而铺设温床，为人类的成长建好摇篮，为人类的延续提供种种必需物质！

1.2　行星地球形成所经历的变化

1.2.1　太阳系的星云假说和行星的“星子”理论

可以说，绝大部分地球灾难形成的原因与太阳（系）和地球的诞生有关！图 1.7 所示为太阳系天体形成的主要过程。

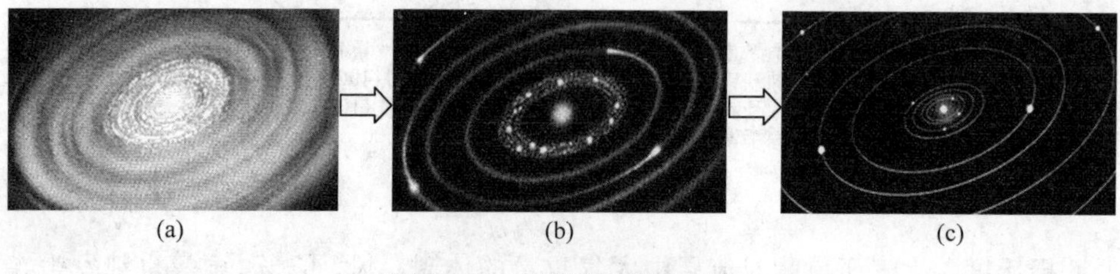

◎图 1.7　太阳系演化示意图

关于太阳（系）和地球诞生的问题，不仅是科学家，也是普通民众最为关心的科学问题之一。而且可以说绝大部分地球灾难形成的原因与太阳（系）和地球的诞生有关！

研究这个问题的科学理论不下 50 种，基本可以分为两大类：一元说和二元说。一元说认为太阳系天体是由一块整体的“星云团”不断地收缩、凝聚、演化而形成的；二元说则认为，太阳形成在先，在太阳形成的初期阶段，一颗足够大的恒星“路过”，两者之间产生了巨大的引潮力，从太阳拉出了足够的物质，这些物质经过不断的冷却、凝聚，分别在不同的距离上形成了大行星，也有另一种理论认为，大行星是在太阳形成后，在绕银河系转动的过程中所俘获的宇宙物质演化而成的。就目前来看，理论设想和观测验证都倾向于支持一元说。

但是，不论哪一种说法，都需要解释清楚目前太阳系天体所存在的“共性”，也就是太阳系天体的三大特征：近圆——大行星绕日公转的轨道基本是圆形；共面——大行星绕日公转的轨道（面）都是在黄道面上下 6°的范围内；同向——太阳的自转方向和大行星的公转方向都是逆时针的。而这些特点都有利于认为太阳系天体是产生于同一块星云团的一元论。其他理论对于太阳系的形成多少都存在比较牵强的部分。

太阳诞生的故事大约发生在 50 亿年前，而地球则被认为要晚一些出现。目前公认宇宙的诞生是来源于一场大爆炸（Big Bang），随着宇宙的膨胀，温度逐渐降低，物质开始凝聚生成。最先形成的宇宙物质是基本粒子，然后是电子、质子、中子，随后在宇宙的早期产生了组成宇宙物质的基本元素，主要是氢和氦。由于引力的存在，宇宙物质(天文学称之为“星际间介质”)相遇和凝结成为星云团，它们的尺度极其庞大，温度却很低，密度也很小(典型的星际间介质的密度为每立方米一个原子，温度平均为100K)，但是由于星云团极其庞大，所以拥有着极大的质量！据信太阳及太阳系天体就是诞生于这样一团500万倍于太阳质量(太阳质量占到太阳系总体质量的99.865%)的星云团。

这一星云团并不是孤立地游荡在宇宙中的，而是隶属于一块更大的星云团。为了能产生当前太阳这样的恒星，理论计算推测当初的那个星云团直径约为15光年，质量最少也要有太阳的5亿倍。当星云团开始塌缩、凝聚(一般是周围的超新星爆发引起的)，最后会形成恒星(团)。太阳所在的疏散星团大约有1000颗恒星。

太阳在形成恒星的过程中，经历了几个主要阶段。目前看来这些阶段和各类大行星的形成密切相关。第一阶段，星云团物质在引力的作用下向中心“下落”，重力势能转变为热能，中心温度升高直至点燃热核反应，天文学称之为“胎星”阶段，主要的能量辐射在红外波段；随后，太阳进入到一个时间很短但是非常关键的阶段，这时，太阳的收缩极快，半径从海王星轨道半径大小迅速收缩到只有水星轨道大小。发光强度也急剧增大，形成极强的太阳风，中心部分则快速地生长出一个致密的核心。形成的太阳风将云团物质向四周“吹散”。星云团物质产生了许多个按密度大小、离太阳由近及远的物质环带(图1.7(a))。之所以说恒星的这一演化过程很关键，是因为恒星会通过核心的迅速收缩和太阳风转移云团的角动量，造成磁场的重新分布。而这一过程的结果基本就决定了恒星是演化成多星系统还是单星系统，也决定了若是形成单星会不会带有行星系统。太阳的演化随后就进入了“金牛座T型星”阶段，仍是具有较强的太阳风，它的吹动使得那些离太阳不同距离的物质环带产生不断的扰动，物质之间相互吸引、碰撞，从而形成了大大小小的物质团块——“星子”(图1.7(b))。

表1.1 理论估计的行星组成(用质量百分比表示)

	土物质	冰物质	气物质
类地行星	100	<1	0
木星	6	≈13	≈81
土星	21	≈45	≈34
天王星	≈28	≈62	≈10
海王星	≈28	≈62	≈10
彗星	≈31	≈69	≈0

注：木星和土星都具有一个20倍地球质量的岩质核心。理论推测天王星的岩质核心13倍于地球的质量。

这些“星子”就是构成行星的原始物质。一般我们将其分为三类：土物质（Si、Mg、S 和 O 等，熔点在 2000K 左右）、冰物质（C、N、O 和 H，熔点<273K）和气物质（H 和 He，熔点<14K）。当组成太阳系原始星云的星云团被打破时（可能是一次超新星爆发带来的冲击。目前收集到的陨石证明，在星云团破碎的时期，距离太阳系 100pc 的范围内有一次超新星爆发），由上述三种物质组成的气体、尘埃团就会按照密度、质量的不同而沿着距太阳不同半径的轨道运动，就如同图 1.7 所示的那样，形成了以太阳为中心、半径却不同的一个个“环带”。在各个环带中包含着无数的气体、尘埃团（表 1.1）。它们在绕太阳轨道的运行中，包含了两种运动，一种是围绕太阳的总体运动，另一种是相对无序的个体运动。由于它们的轨道速度、偏心率和倾角都存在差异，所以，碰撞和吸积现象频繁发生，由此形成了许多的、大小类似月球的“原行星”。这些原行星继续绕太阳运行，也继续着碰撞（破碎）和吸积（增大）作用，最后那些留下来的幸运儿就形成了现在存在的行星（图 1.7(c)）。

1.2.2 早期地球很热，自转很快

据推算，由星子凝聚形成的“原始地球”应该具有比较大的质量。这样就会把地球所在环带附近的尘埃星云团块拉向自己，发生密集的撞击现象。计算表明，这一现象应该发生在距今 38 亿～46 亿年之间。可是由于“沧海桑田”的变迁，地球上已经没有留下什么“证据”了，不过我们还是在月球表面发现了证据。不断的撞击带来的能量为地球表面增温，使得岩石中的铁和镍等金属开始熔化，地球物质中放射性物质释放的能量也在内部为地球增温，将地球整体基本上变成了一个“熔融”态的大球，地球表面则是一片“熔岩之海”，深度达到成百上千公里。使得铁等重元素沉入地球中心，而较轻的元素和富含碳、水的轻质成分则漂浮在“熔岩之海”的上层。

下沉的重元素主要是铁。在地球中心形成了一个差不多两个月亮大的熔融状内核，当它随着地球转动时形成巨大的地球磁场，地球磁场形成的屏障抵御了太阳风等带来的外来冲击，也为形成地球的原始大气做出了极大的贡献。

随着地球的自转、公转运动，地球的热量不断地有序交流着、传递着，形成了最初的地球圈层结构，即熔融态的地核、流体的地幔以及逐渐冷却下来的地壳。据估算，最初地壳的厚度平均约为 30～40 千米，表面的平均温度在 1000K 左右。之后，由于碰撞机会减少，地球由外及内开始冷却。更重要的是，由于地球“俘获”了月球从而使得自转变慢，表面温度降低，逐渐才行成了目前的圈层结构（图 1.8）。而初期地壳比较薄的结构和后来地球的逐渐升温，也促进了地球上大陆和海洋板块的形成，并造成了它们在“熔岩之海”上的漂移。

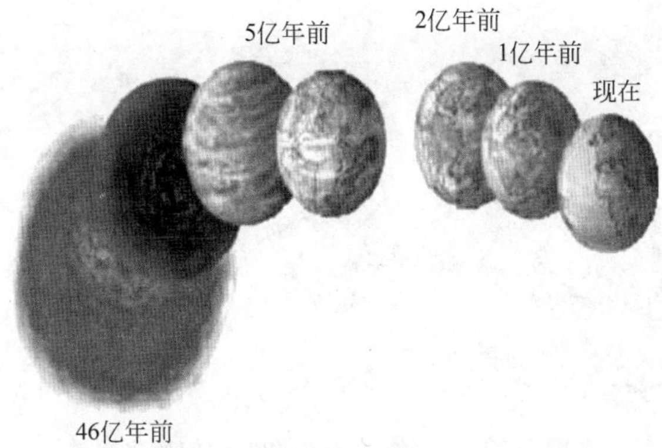

5亿年前
2亿年前
1亿年前
现在
46亿年前

◎图 1.8　热的、熔融状的早期地球造成了地球物质的重新分布，冷却之后形成了目前的地球圈层结构。

1.2.3　大陆漂移和板块运动

大陆漂移可以说是地球演化的必然结果，我们见得到的是大陆板块，大洋底部是比大陆板块薄、但是密度更大的大洋板块。可以说，正是这些板块的大规模、小规模、甚至于微小的运动产生了地震、火山喷发等地球灾难。但是，也正是板块的运动造就了人类生存环境。图 1.9 显示了地球自地壳板块形成以来不断变化的情况。

2.4亿年前
1.8亿年前
600万年前
现在

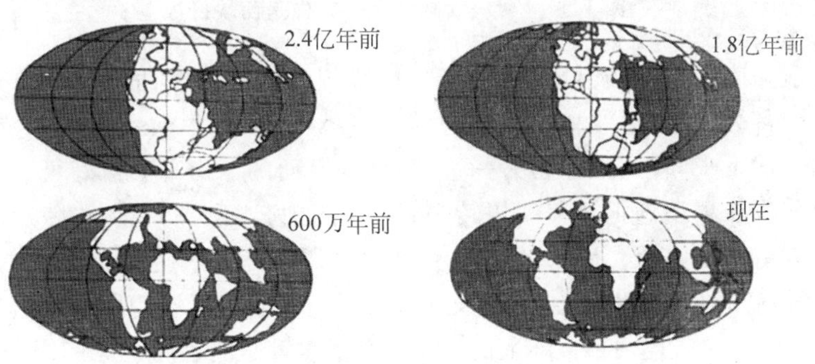

◎图 1.9　大陆板块在地幔上不断地漂移

关于七大板块（图 1.10）目前位置的成因有许多种说法。我们选择最具故事性的一种来讲述。1620 年，也就是哥伦布完成著名的发现新大陆之旅的一个多世纪之后，弗朗西斯·培根注意到南美洲东海岸与非洲西海岸的轮廓有相似性，就像图 1.11 那样。当时他写道：

两个海岸区域有相似的地峡和海角，这不只是个巧合。新大陆与旧大陆在此可以吻合，两个大陆都是向北扩展变宽，向南收缩变窄。

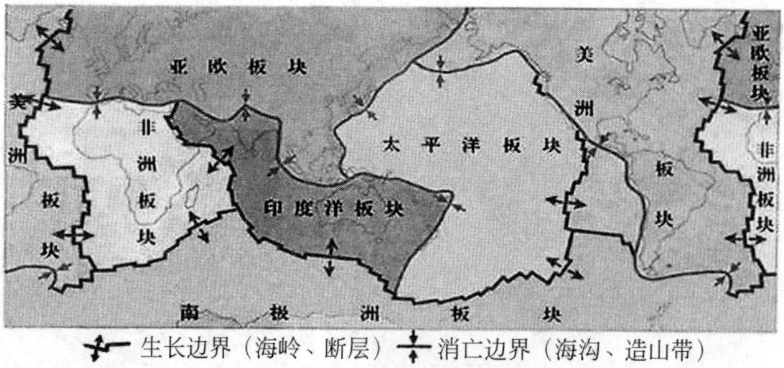

生长边界（海岭、断层） 消亡边界（海沟、造山带）

◎图 1.10　七大板块分布和它们的变化态势

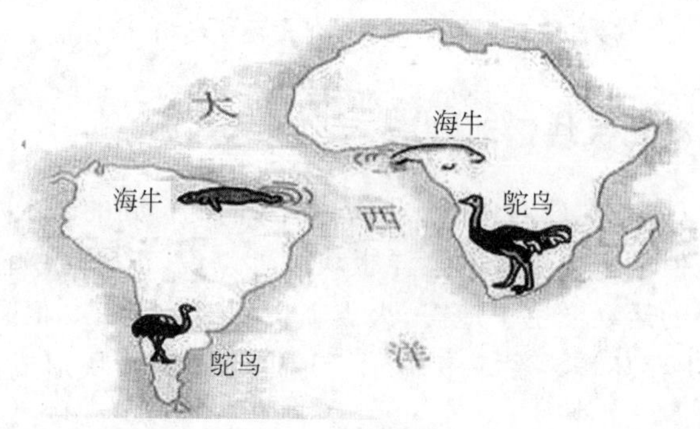

◎图 1.11　两块大陆看上去就像是两块拼板

没有证据表明培根当时会真正想到，这些相似性是因为两块大陆曾是一个整体，后来分裂向地球两边漂移而造成的结果。然而，如果你做一个拼板游戏，把南美洲的图形剪下来，移到地球的另一边，会看到巴西的凸出部分恰好可紧贴在西非的凹进部分。如果稍微把北美洲扭转一下，几乎刚好与欧洲对接，格陵兰岛弥补了它们在北方留出的空隙。后来的地质和生物学研究为我们提供了重要的证据，现今为大洋所隔开的大陆曾经是连在一起的。比如，西非的岩石构层与巴西的岩石构层几乎完全吻合。就连两个大陆上的动植物种类也都是同宗同系(图 1.11)。

1858 年，美国人斯奈德出版了他绘制的展示地球大陆接合的地图。他认为，当地球冷却下来时，在地球的一边形成了一整块的陆地。由于这种单一的超级大陆很不稳定，于是它会破裂，而分裂出的板块各自移开。这可以说是最早的大陆漂移的猜想。

大陆漂移学说之父应该是德国人魏格纳。他并没有像其他人一样只是去猜想大陆漂移的可能性，而是建立了一个具体的模型，并在 1915 年出版了他的专著《海陆的起源》，系统地介绍了他的大陆漂移学说。

目前认为大陆漂移学说是“板块构造理论”的一部分。那么大陆板块为什么会产生漂移呢？一般认为有以下几种主要的原因：①地球具有圈层结构。就物质的强度、密度和它们的行为表现来说，可以分为地心、中层圈、软流圈及岩石圈。岩石圈是由冷而刚硬的岩石所构成，包括了地壳及一部分上地幔，其平均厚度约为100千米。岩石圈可再细分为许多独立的单元，每个单元有它自己的运动方向和速度。这样的每个单元称为板块。它们漂浮在灼热的岩浆流体上，随岩浆流动而运动。②地壳在地球自转偏向力和天体引潮力的作用下在软流层上运动。③地壳分为两层，上层是硅铝层，下层是硅镁层，硅铝层较轻，在硅镁层上运动。

关于地壳板块漂移的"动力"，美国人赫斯在1960年提出了"海底扩张学说"。他认为，由于大洋板块的厚度较薄，容易产生裂缝，裂缝中上涌出的地幔对流体物质就形成了海岭。这种缓慢的对流体将地幔物质带到海岭所处的地表，在那里向两边扩张，推动大陆板块分离，并利用从地表下挤出来的物质形成新的、年轻的洋底盆地。当然，对流使物质从一个地方上升，就会使物质在另一个地方沉降。对流产生的张力，使得薄且重的大洋地壳被往下拉到大陆地壳的边缘的下面，形成很深的海沟，最后融入软流层，完成了对流循环(图1.12)。根据这样的解释，大西洋正在逐渐变宽，以每年约2厘米的速度扩展；而太平洋则逐年缩小，北美洲在慢慢地移向亚洲。

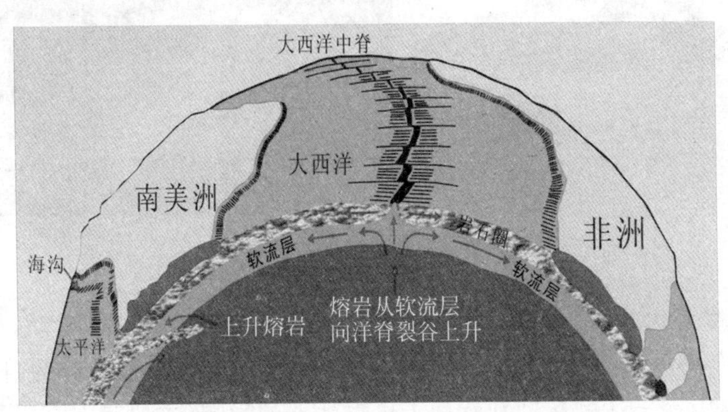

◎图1.12 海底扩张学说

目前，全球岩石圈共分为七大板块：亚欧板块、非洲板块、北美洲板块、南美洲板块、太平洋板块、印度洋板块和南极洲板块(图1.10)。除太平洋板块绝大部分处于大洋中外，其他六大板块均包括大陆及附近海洋。各大板块交界处因移动方向不同而分为生长边界(海岭、断层)和消亡边界(海沟、造山带)(图1.10)；板块交界处是地壳运动非常活跃的地方，板块与板块挤压形成高山、海沟，或张裂(拉伸)形成裂谷或海岭(海底山脉)，并形成火山和地震特别集中的地带。比如，非洲板块与印度洋板块不断拉伸造成红海不断扩大；亚欧板块与印度洋板块不断挤压造成喜马拉雅山脉不断升高；亚欧板块与美洲板块交界处，地壳不稳定，多岩浆活动造成冰岛地热资源丰富;亚欧板块与太平洋板块交界处,地壳不稳定造成日本多火山、多地震,等等。

1.3 沧海桑田

沧海桑田,我们多用它来形容不为我们注意的、但却会发生巨大变化的过程或者事物。我们的母亲河——黄河从 20 世纪 70 年代就开始部分断流(无水可流,图 1.13),到现在每年都有超过 140 天以上的时间您都有机会步行"渡过"母亲河。而且从公元 602 年到公元 1938 年,黄河入海口比较明显的改变(黄河改道)就发生了 26 次(图 1.14)。世界著名的撒哈拉大沙漠,很久以前那里曾经是"一片汪洋",今天的撒哈拉漫漫无边的黄沙就是来自大海的底部。6000 年前那里还是一片大草原,而现在它是世界上最大的沙漠。但是最近的探测表明,撒哈拉大沙漠地下有着世界上最丰富的淡水资源,在今后的演变过程中,沙漠会逐渐变成草地、湿地、森林……

◎图 1.13 黄河的沧海桑田

发生这些变化的原因可以说多种多样,大到宇宙尺度的天体运动,小到一个雨滴、一阵风,等等。涉及对地球整体形状、结构影响的,主要是地球的自转和公转,以及太阳、太阳系天体的运动和其他天体对地球的影响(主要是万有引力)。

1.3.1 地球的自转、公转及其变化

地球的自转产生昼夜变化,这似乎是亘古不变的真理。然而,当 20 世纪 60 年代人类发明了石英钟采用原子时,我们才发现,原来被我们作为时间标准的地球自转并不准确——地球很不老实,给我们带来春夏秋冬的地球公转也会产生变化,给地球(人类)带来灾难。

地球自转(图 1.15)是地球的一种重要运动形式,地球绕自转轴自西向东地转动,自转的平均角速度为 7.292×10^{-5} 弧度/秒,在地球赤道上的自转线速度为 465 米/秒。

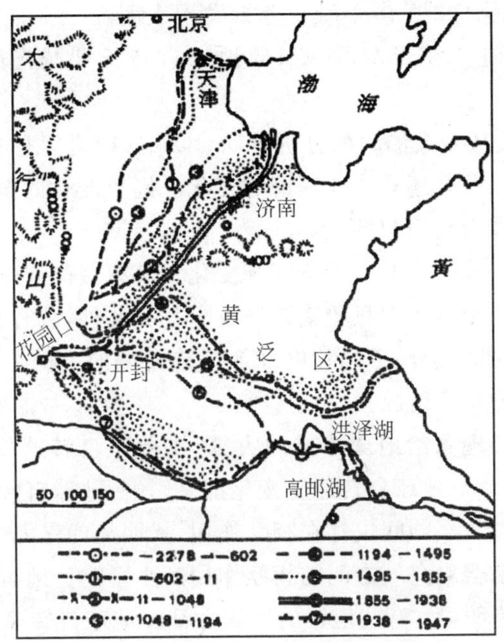

◎图 1.14　黄河断流和黄河改道

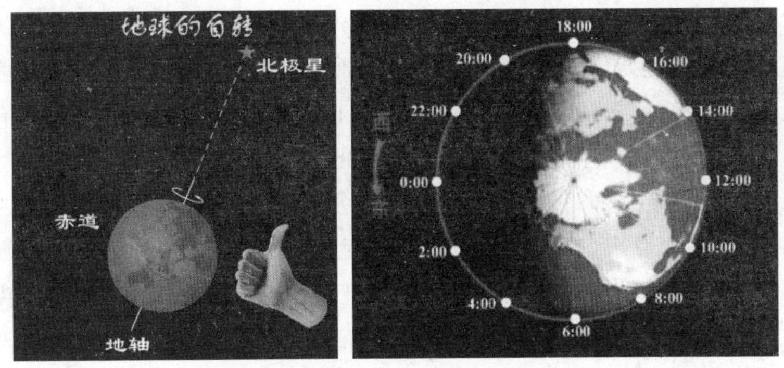

◎图 1.15　地球的自转带给我们太阳和星辰的东升西落，我们每天迎来的太阳和星辰都是在固定的时刻出现吗？

就一般的日常生活而言，地球的自转是匀速的。

但天文学和地球物理学的研究表明，地球自转存在着长期减慢、周期性变化和不规则变化 3 种变化形式。

地球自转的长期减慢使一天的长度在一个世纪内增长了 1～2 毫秒，自 1980 年以来的数据为每世纪 1.72 毫秒。然而，从古代珊瑚和牡蛎化石推算出来的日长长期变化值为每世纪 2.3 毫秒。这样就造成以地球自转周期为基准所计量的一天,2000 年来累计慢了 2 个多小时。考古发现表明在 3.7 亿年以前的泥盆纪中期地球上大约一年有 400 天左右。引起地球自转长期减慢的原因主要是潮汐摩擦。

20 世纪 50 年代从天文测时的分析发现,地球自转速度有季节性的周期变化,春天变慢,秋天变快,此外还有半年周期的变化。周年变化的振幅为 20～25 毫秒,主要是由风的季节性变化引起的。

地球自转还存在着时快时慢的不规则变化。其原因尚待进一步分析研究。

地球自转产生的影响最明显的就是昼夜更替!此外,日月星辰的东升西落;地球上不同经度处的时间差异;不同纬度处地球自转偏向力的差异,等等,都属于由于地球自转所产生的正常情况。

而由于地球自转现象给地球造成的灾害,主要是自转速度的不规则引起的。大气圈、水圈和岩石圈对地球自转速度变化都有影响,地球自转速度变化又反作用于这三大层圈。层圈与层圈间也存在相互作用,最明显的是海气之间的相互作用。岩石圈的异常变化也会对海气之间的相互作用产生影响。地震的发生与地球自转速度变化的关系较为明显:有些地区的地震大都在地球自转速度加快的年份或季节内发生;而有些地区的地震却明显地集中在了地球自转速度减慢的年份或季节内。其他的地球灾难与地球自转速度变化的关系还在研究之中。

厄尔尼诺现象可以作为全球大尺度气候异常和一些地区严重自然灾害的代名词。对这一现象与地球自转速度变化关系的研究,得出二者有密切的关联。多数人认为是大气和海洋异常活动(厄尔尼诺)引起地球自转速度变化,但也有一些人认为地球自转速度减慢是引起厄尔尼诺现象的首要原因。

地球公转一圈给我们带来一年,地球的公转产生四季,造成地球上的气候被分为“五带”。同时带来的还有昼夜长短的变化(图 1.16),不同季节太阳高度角以及太阳每天升起和降落时间及方位的改变,这些都可以称为地球公转产生的正常变化,或者说属于我们已经认识到、已经知道原因的结果。讨论地球公转所造成的灾难一般是指地球公转(速度)的非常规因素和那些人类不可知因素造成的结果。

一般来讲,地球的公转速度大约为 30 千米/秒。每年的一月初地球公转到达近日点,公转速度最快;七月初地球公转到达远日点,公转速度最慢。一月初到七月初,公转速度越来越慢;七月初到次年一月初,公转速度越来越快,这符合太阳系天体的开普勒第二定律。目前的观察和研究发现,这些速度变化,对海洋和大气灾难(潮汐的不稳定、海啸、冰川的融化速度、超级热带风暴等)的形成影响较大,对地震、火山的影响相对较小。

但是,以上所述的毕竟还是属于我们认为的地球公转的常规变化范围,在地球

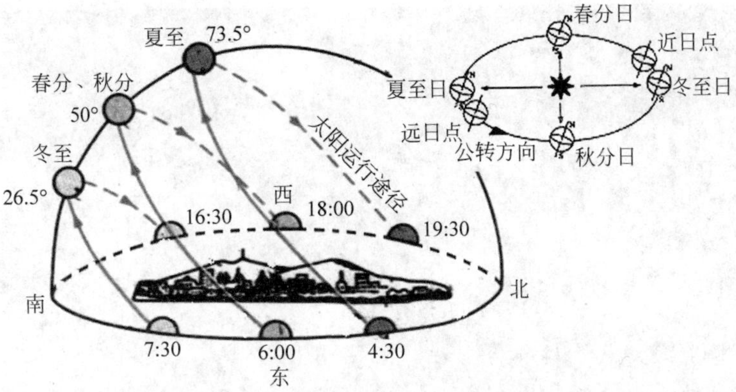

◎图 1.16 地球公转造成的太阳高度角变化以及地球的近(远)日点

物理学的研究中我们发现有一种影响地球公转速度长期变化的因素(周期),称之为米兰科维奇(Milankovich)循环,这是一个地球气候变动(主要影响冰河期)的长期影响。它与三种地球公转轨道的变化有关,这三种因素主要是通过太阳辐射变化量来影响地球的长期气候,是造成地球的冰期与间冰期的主要原因。第一种是地球公转轨道离心率的变化,约为九万六千年的周期。其间地球的轨道会在圆形与椭圆形之间变化,当轨道越接近圆形时,地球上的四季变化越不明显,冰河期越不易发生。第二种是地球自转轴倾斜角度的变化,以四万一千年为周期。地球自转轴的倾斜角度会在 21.5°～24.5°之间变化。角度越大,高纬度地区因接受辐射的时间差异较大,易形成冰期。第三种称为地球的岁差,即地球自转轴因受日月和大行星的引力而产生的进动,具有大约两万六千年的周期。会使得地球的南北极交替地"更靠近"太阳,从而影响地球的长期气候变化。目前,这三种变化以及其他若干不规则变化对地球的影响都处于探索研究阶段,还没有构成结论。

1.3.2 天体引力可能对地球造成的影响

其他天体对地球的引力效应到底有多大?对地球灾难产生什么样的影响?"行星大十字"、"五星连珠"等(图 1.17),都被某些人认为是地球的末日!

地球属于天体,宇宙中各个天体的运行有其内在的和外在的规律性,相互产生影响。其他天体的引力也会对地球的自转、公转,以及地球的形状、地球内部和表面的物质分布产生影响。这一切可以反映在地球上海岸线的曲折变动、海陆的分布不均、海水的涨潮落潮、沧海桑田的变迁,等等。而且还会使地球内部的应力分布状况发生改变,使地球内部在达到新的平衡过程中,造成地球内部物质的物理和化学性质的变化,从而可能引发火山和地震等地球灾难现象。

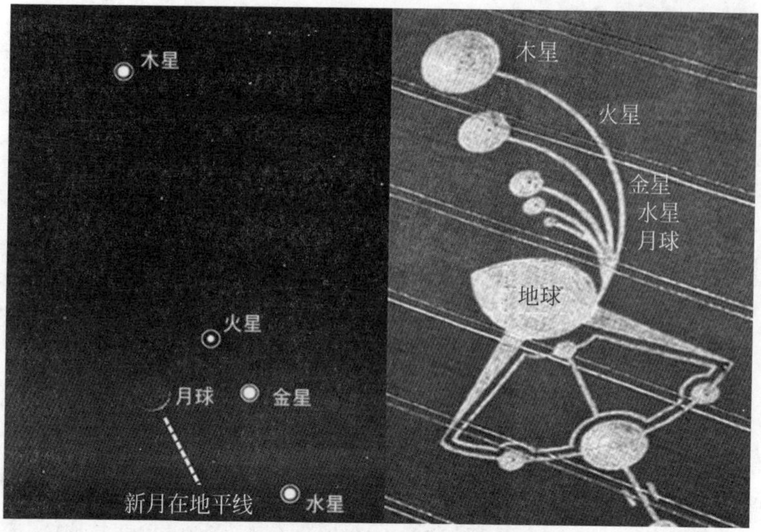

◎图 1.17　大行星的特定排列影响地球吗？

地球上的山脉、火山和地震带的形成和变化，就是在地球引力场变动的作用下，地球本身的物质为了维持自身的物理和化学的动态平衡，而使其物理变化和化学变化相互作用、相互促进、共同作用的结果。只不过是在不同的地区，或在同一地区不同的时期，所表现的剧烈程度不尽相同罢了。与此同时，也就使地质、地貌等状态更加趋向复杂，海陆的分布也就更加不规则。

也可以认为，天体引力场对地球重力场时空变化特性的影响作用，是地球与其周围的空间进行物质能量交换的一种形式。地球上的海陆变迁，山脉、火山和地震带等地理事物的存在和变化，就是宇宙天体引力场影响地球引力场而产生变化，地球本身物质结构为了维持自身物理和化学的动态平衡而产生的结果。

1.3.3　地质年代和冰河期

“第四纪冰川”、“恐龙灭绝”！冰川退行造成了“卡斯特地貌”。冰河期发生在什么时代？对地球灾难的形成有多大的影响？

前面我们提到地球公转轨道的变化会影响到地球上的冰河期。实际上它们之间的“因果”关系也正在研究之中。甚至目前的一些研究还认为，地球上近时期的“气候变暖”并不是地球大气中二氧化碳含量增加的结果，人为的因素也不是造成“气候变暖”的罪魁祸首。而是地球在宇宙中的运动(位置)有一个很长的轨道变化周期，目前的地球就处于一个整体温度上升的周期中(间冰期)，在若干年之后，地球会处于一个温度下降的曲线上，地球历史上冰河期的出现就验证了这一规律。

地球上的冰河期和地质年代有关，所以我们应该先给大家介绍一下地质年代。地质年代是按时代早晚顺序对地球历史时期的一种划分。

地质年代从古至今依次为：太古代、元古代、古生代、中生代、新生代(表1.2)。古生代又分为：寒武纪、奥陶纪、志留纪、泥盆纪、石炭纪、二叠纪；中生代又分为：三叠纪、侏罗纪、白垩纪；新生代又分为：古近纪、新近纪、第四纪；等等。

地质年代也可以作为计算地球的地质年龄的依据，一般有以下两种方法：

(1) 根据生物的发展和岩石形成顺序，将地壳历史划分为对应生物发展的一些自然阶段，即相对地质年代。它可以表示地质事件发生的顺序、地质历史的自然分期和地壳发展的阶段。

(2) 根据岩层中放射性同位素蜕变产物的含量，测定出地层形成和地质事件发生的年代，即绝对地质年代。据此可以编制出地质年代表(表1.2)。

表1.2　地质年代划分(地质年代表)

代	纪	世	距今年龄/百万年	主要现象
新生代	第四纪	全新世	0.01	未知
		更新世	2	冰川广布，黄土生成
	第三纪	上新世	12	第三纪山系形成
		中新世	25	地势分异显著
		渐新世	40	哺乳类动物分化
		始新世	60	被子植物繁盛
		古新世	65	哺乳动物大发展
中生代	白垩纪		140	海侵扩大，火山活动强烈，生物界变化显著
	侏罗纪		190	爬行动物兴盛，大煤田生成
	三叠纪		230	陆地扩大，爬行动物发育，哺乳动物出现
古生代	二叠纪		280	陆地增大，生物变化明显
	石炭纪		350	珊瑚礁发育，爬行动物出现，森林广布，煤田形成，地势差异大
	泥盆纪		400	鱼类极盛，两栖类出现，植物登陆
	志留纪		440	地势与气候变化大，造山运动强烈
	奥陶纪		500	海水广布，无脊椎动物大量发育
	寒武纪		570	浅海扩大，生物大量发育

续表

代	纪	世	距今年龄/百万年	主要现象
元古代	晚元古代	震旦纪	1000	冰川广布，蠕节虫化石(距今7亿年)，被囊动物化石(距今6亿年)
	中元古代		1800	火山活动强烈，真核细胞(距今12亿年)
	早元古代		2500	燧石藻(距今20亿年)
最古老的沉积岩 地球形成 地球形成初期			3800 4600 6000	原始细菌(Eobacterium)化石(距今30亿年)

冰河期又称为冰川时期、冰期，是指地球表面覆盖有大规模冰川的地质时期。两次冰期之间为一相对温暖时期，称为间冰期。地球历史上曾发生过多次冰期，最近一次是第四纪冰期。地球在40多亿年的历史中，曾出现过多次显著降温变冷，形成冰期。特别是在前寒武纪晚期、石炭纪至二叠纪和新生代的冰期都是持续时间很长的地质事件，通常称为大冰期。大冰期内又有多次大幅度的气候冷暖交替和冰盖规模的扩展或退缩时期，这种扩展和退缩时期即为冰期和间冰期。

冰期时期最重要的标志是全球性大幅度气温变冷，在中、高纬(包括极地)及高山区广泛形成大面积的冰盖和山岳冰川。由于水分由海洋向冰盖区转移，大陆冰盖不断扩大增厚，引起海平面大幅度下降。所以，冰期盛行时的气候表现为干冷。冰盖的存在和海陆形势的变化，造成气候带也相应移动，大气环流和海洋洋流都发生变化，这均直接影响动植物生长、演化和分布，造成地球灾难。

第四纪冰期以后，距今约1万年以来的时期叫冰后期。此期气候仍有过多次低量级的冷暖波动，如距今4000～6000年期间曾出现的较明显的寒冷期，使全球冰川一度扩展前进，被称为新冰期。最近一次较明显的小规模的冰川推进约在18世纪中期至19世纪中期达到最盛，通称为小冰期。

冰河期的成因至今没有得出令人感到满意的答案。一般认为主要与天文学和地球物理学有关。

从天文学角度认为，太阳本体光度的周期变化影响地球的气候。太阳光度处于弱变化时，辐射量减少，地球变冷，乃至出现冰期气候。地球轨道黄赤交角的周期变化也会导致气温的变化，其主要原因是受大行星摄动(引力)的影响。当黄赤交角大时，冬夏差别增大，年平均日射率最小，使低纬地区处于寒冷时期，有利于冰川生成。

与地球物理学有关的影响因素较多，有大气的，也有地质地理的，包括：

(1) 大气透明度的影响。频繁的火山活动使大气层饱含着火山灰，透明度降低，减少了太阳辐射量，导致地球变冷。

(2) 构造运动的影响。构造运动造成陆地升降、大陆板块位移、地极移动,改变了海陆分布和海、气环流形式,致使地球变冷。大气中的云量、海水蒸发和冰雪反射的反馈作用,也进一步致使地球变冷,促使冰期来临。

(3) 大气中二氧化碳的屏蔽作用。二氧化碳能阻止或减低地表热量的损失。如果大气中二氧化碳含量增加2～3倍,则极地气温将上升8～9摄氏度;如果大气中的二氧化碳含量减少55%～60%,则中纬地带气温将下降4～5摄氏度。在地质活跃时期,火山活动和生物活动使大气圈中二氧化碳含量有很大变化,当二氧化碳屏蔽作用减少到一定程度时,则可能出现冰期。

1.3.4 造山运动

造山运动是指地壳结构因为板块运动而产生的剧烈变化,属地壳变动的一种。这种作用会产生岩石高度变形的带状区域,称为造山带。造山运动是造成各大陆山地的主要机制,当大陆地壳因为造山运动产生褶皱和厚度增加时就形成山脉(图1.18)。

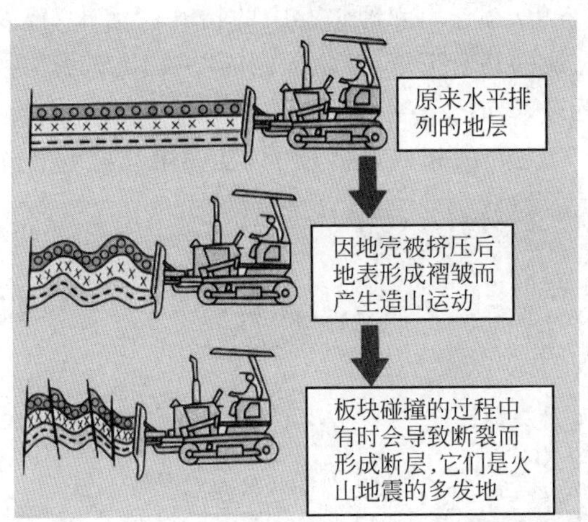

◎图1.18 可以说,地球历史上的造山运动是形成地球灾难的主要根源。火山爆发、地震,甚至地球上大的气候变化或多或少地都与造山运动有关!

造山运动一般是地壳局部受力,岩石急剧变形而大规模隆起形成山脉的运动,仅影响地壳局部的狭长地带。其速度快、幅度大、范围广,常引起地势高低的巨大变化;同时,随着岩层的强烈变形,也有水平方向上的位移,形成复杂的褶皱和断裂构造。褶皱断裂、岩浆活动和变质作用是造山运动的主要标志。世界上的火山带与岛弧造山带一致。板块的运动使相邻板块产生挤压碰撞,形成岛弧和山系,山体或岛弧就是板块的界线。这种运动在地貌上表现为高大的山系、链状的岛弧和伴生的深海沟，如喜马拉雅山系及西太平洋岛弧带。

喜马拉雅造山运动是中国大陆及周边地区发生的一次剧烈的构造运动。在喜马拉雅造山运动期间，印度板块经过长途跋涉之后撞上了欧亚板块（图 1.19），使整个欧亚板块东部再次受到了近南北向的挤压作用。

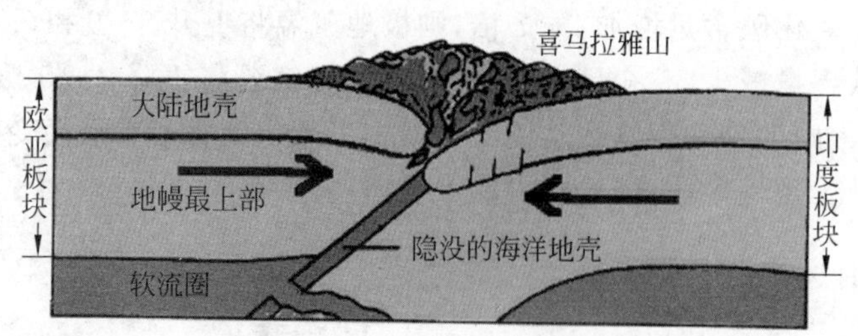

◎图 1.19 喜马拉雅山的形成

喜马拉雅造山运动过后，现代的中国地貌基本形成。在中国西部，喜马拉雅造山运动导致喜马拉雅山脉和青藏高原的迅速抬升，使后者成为“世界屋脊”，并导致昆仑山、天山、阿尔金山、祁连山和阿尔泰山的抬升（“活化”），以及塔里木盆地、准噶尔盆地、柴达木盆地的相对下降，新疆地区的“三山夹两盆”地貌就此形成。

在中国东部，近东西向的张裂作用则使中国地貌构造体系中的三大隆起带和三大沉降带（图 1.20）之间的相对高差加大，其中第三隆起带东边的大兴安岭-太

◎图 1.20 中国地貌复杂，基本形成“三个阶梯”分布

行山-巫山-雪峰山一线成为中国地貌第二级阶梯和第三级阶梯的分界线，而第三沉降带南段（即四川盆地）以西的横断山则连同祁连山、阿尔金山和昆仑山一起成为中国地貌第一级阶梯和第二级阶梯的分界线。这种三级台阶的地貌使黄河水系和长江水系最终得以全面形成。同时，由于闽粤沿海正断层的张裂，海南岛和台湾岛与中国大陆分离，断裂带在第四纪冰期过后遭受海侵，分别形成琼州海峡和台湾海峡。

1.4 祸及全球的地球灾难

地球自诞生以来，可以说是“多灾多难”的。比如说颇具神话色彩的世纪大洪水和诺亚方舟（图 1.21）。6500 万年前直径 10 公里的小行星撞击地球，虽然有墨西哥湾海底的陨石坑存在，虽然说恐龙可能就是那个时期灭绝的，可是离我们也太遥远了，或许我们更应该关注离我们较近的、人类现实经历过的地球灾难！

◎图 1.21 诺亚方舟和大洪水的故事真的发生过吗……

1.4.1 智利大海啸

据说，智利是上帝创造世界后的“最后一块泥巴”。或许正是这个缘故，这里的地壳总是不那么平静。根据板块结构学说，智利是太平洋板块与南美洲板块互相碰撞的俯冲地带，处于环太平洋火山活动带上。特殊的地质结构造成了它位于极不稳定的地表之上，自古以来，火山不断喷发，地震接二连三，海啸频频发生。

1960 年 5 月，厄运又笼罩了这个多灾多难的国家。从 5 月 21 日凌晨开始，在智利的蒙特港附近海底，突然发生了世界地震史上罕见的强烈地震。震级之高、持续时间之长、波及面积之广均属罕见，在前后一个月中，共先后发生不同震级的地震 225 次。震级在 7 级以上的竟有 10 次之多，其中 8 级的有 3 次。

5 月 21 日地震刚发生时，震动还比较轻微，大地只是轻轻地颤动着。和以往不同的是，这次它连续不断地发生。而且震级一次高于一次，震动越发剧烈。仓皇之中，人们东倒西歪，摇摇晃晃跑到室外。

然而，连续两天持续不断的震荡，使人们产生了不以为然的麻痹情绪。由于地震持续时间较长，而且破坏程度不大，人们不像开始时那样惧怕了，有人甚至搬进了破裂的屋子。当然也有相当一部分人心有余悸，他们担心更大的地震即将来临。

果不其然，5 月 22 日 19 时许，忽然地震声大作，震耳欲聋。地震波像数千辆坦克隆隆开来，又如数百架飞机从空中掠过，呼啸着从蒙特港的海底传来(图 1.22)。不久大地便剧烈地颤动起来。陆地出现了裂缝，部分陆地又突然出现了隆起，好像一个巨人翻身一样。瞬间，海洋在激烈地翻滚，峡谷在惨烈地呼啸，海岸岩石在崩裂，碎石堆满了海滩……

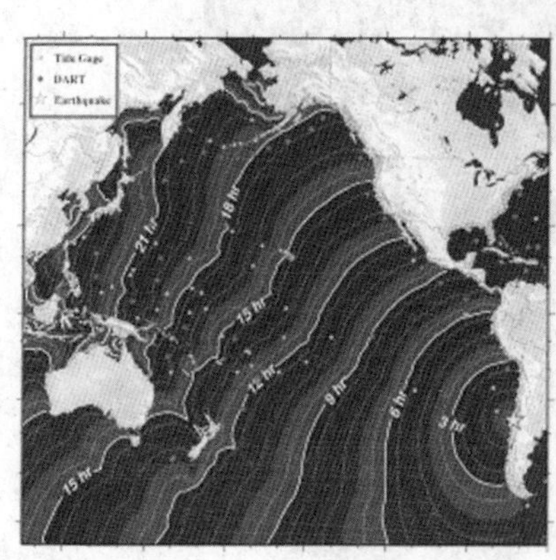

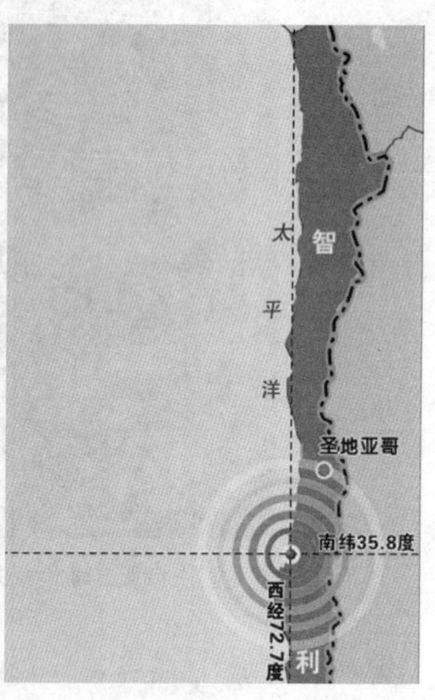

◎图 1.22　海啸波及的范围和大地震的位置

这次地震是世界上震级最高、最强烈的地震，震级高达 8.9 级，震中烈度为 11 度，影响范围在 800 公里长的椭圆内。大震过后，接踵而至的是大海啸。海啸波以每小时几百公里的速度横扫了太平洋沿岸，把智利的康塞普西翁、塔尔卡瓦诺和奇廉等城市摧毁殆尽，造成 200 多万人无家可归。

1.4.2 唐山大地震

1976年7月28日，北京时间3时42分，东经118.2°、北纬39.6°，在距地面16公里深处的地球外壳，比日本广岛爆炸的原子弹强烈400倍的大地震发生了。

中国新华通讯社于7月28日向全世界发布了这一消息。几天以后再次公布了经过核定的地震震级：里氏7.8级。

唐山，一座上百万人口的工业城市，在这场没有预报的特大地震中成为废墟。死亡人数达24万之多。

北纬40°线，被人们称为“不祥的恐怖线”。这里，发生了诸如美国旧金山、葡萄牙里斯本、日本十胜近海等无数次大地震。这次，地震这个恶魔又一次突袭了北纬39.6°——唐山成为它的牺牲品。

最早产生异常的是各处“水”的表现。7月下旬起，北戴河一向露出海面的礁石被海水吞没，而距唐山比较近的蔡家堡等海域，从前碧蓝蓝的海水变得浑黄。一位潜泳于秦皇岛海水下的人看见水下有一条明亮的光带(地光)，似一条不安的火龙。

7月27日深夜，比人类早觉醒一步的自然界发出了最后的灾难呼告！昌黎县看瓜的农民看到200多米高的上空忽然明亮(地表壳)，地面照得发白，西瓜叶、蔓照得清晰可见，如天亮一般。

3点42分许，唐山上空出现了几次强烈的蓝色闪光，地上狂风呼啸，惊雷轰响，大地疯狂地摇撼，几秒钟后，唐山破碎了，一片死寂，灰色的尘雾浓浓地笼罩着唐山，整个唐山没有一点声息。

就在这短短的几秒钟里，唐山市区和农村有65万多间房屋倒塌或受到严重破坏(图1.23)。此时绝大多数唐山人正处于睡眠状态，无数人遭此浩劫。

◎图1.23 被地震强烈扭曲的路轨和从高空俯视已成废墟的唐山。大地震给人类造成的灾难是毁灭性的。

在许多奇迹般的生还者中有一位妇女，她从所住的旅馆逃出仅 2 秒钟，旅馆便断裂成两半，并坍塌了。唐山大地震确切的死亡人数可能永远是个谜。官方公布的死亡人数是 14.2 万，但一些西方人士认为实际数字可能要高得多。

1.4.3 北美黑风暴

1934 年 5 月 11 日凌晨，美国西部草原地区发生了一场人类历史上空前未有的黑色风暴。风暴整整刮了 3 天 3 夜，形成一个东西长 2400 公里、南北宽 1440 公里、高 3400 米的迅速移动的巨大黑色风暴带。风暴所经之处，溪水断流，水井干涸，田地龟裂，庄稼枯萎，牲畜渴死，千万人流离失所。

开发者对土地资源的不断开垦，森林的不断砍伐，致使土壤风蚀严重；连续不断的干旱，更加大了土地沙化现象。在高空气流的作用下，尘粒沙土被卷起，股股尘埃升入高空，形成了巨大的灰黑色风暴带(图 1.24)。《纽约时报》在当天头版头条位置刊登了专题报道。

◎图 1.24 北美黑风暴。恶劣的气候(气象)？复杂的地理气象因素？还是人类和大自然的不和谐？

黑风暴的袭击给美国的农牧业生产带来了严重的影响，使原已遭受旱灾的小麦大片枯萎而死。同时，黑色风暴一路洗劫，将肥沃的土壤表层刮走，露出贫瘠的砂质土层，使受害之地的土壤结构发生变化，严重制约了灾区在风暴后农业生产的恢复。

继北美黑风暴之后，1960 年 3 月和 4 月，苏联新开垦地区先后再次遭到黑风暴的侵蚀，经营多年的农庄几天之间全部被毁，颗粒无收。3 年之后，在这些新开垦地区又一次发生了风暴，这次风暴的影响范围更为广泛。哈萨克新开垦地区受灾面积达 2 千万公顷。

1.4.4 秘鲁大雪崩

秘鲁位于南美洲西部，拥有一望无垠的海岸线，长达 3000 多公里。它又是一个多山的国家，山地面积占全国总面积的一半，著名的安第斯山脉的瓦斯卡兰山峰，山体坡度较大，峭壁陡峻，山上常年积雪，“白色死神——雪崩”常常降临于此。1970年5月31日，这里发生了一场大雪崩，将瓦斯卡兰山峰下的容加依城全部摧毁，造成两万多居民的死亡，受灾面积达23平方公里。

1970年5月31日20时30分，秘鲁安第斯山脉的瓦斯卡兰山，此时，在寒冷的地区，不少人都已沉睡于梦乡之中。突然，远处传来了雷鸣般的响声。随即大地像波涛中的航船，顿时失控，在疯狂、猛烈地颤抖着。紧接着，又从远处传来了天崩地裂般的响声，震耳欲聋，把人们从酣梦中惊醒。那些正在夜读、娱乐和工作着的人们，被这突如其来的响声惊呆了。人们不知发生了什么事，房屋便东倒西歪、吱吱作响地坍塌下来。

这时，人们才意识到地震灾祸已经降临。

那些还未及逃离屋子的人们，都被压在倒塌下来的乱砖碎石之中。外面，寒风凛冽，漆黑一片，谁也看不到谁，只听到隆隆的崩塌声。

忽然，又一阵惊雷似的响声由远至近，从瓦斯卡兰山峰方向传来。一会儿，山崩地裂，雪花飞扬，狂风扑面而来(图1.25)。

原来，由地震诱发的一次大规模的雪崩爆发了。

◎图1.25 1970年的秘鲁大雪崩。大地震造成的次生灾害，山体滑坡、雪崩，它们的威力是一般人无法想象的。

地震把山峰上的岩石震裂、震松、震碎，地震波又将山上的冰雪击得粉碎。瞬时，冰雪和碎石犹如巨大的瀑布，紧贴着悬崖峭壁倾泻而下，几乎以自由落体的速度塌落了九百米之多。

刚遭受地震袭击的容加依城，人们惊魂未定，又被接踵而至的冰雪巨龙席卷，大多数人被压死在冰雪之下，快速行进中的冰雪巨龙，又使许多人窒息而死。

这是迄今为止，世界上最大最悲惨的雪崩灾祸。

1.4.5 孟加拉国特大水灾

1987 年 7 月，孟加拉国经历了有史以来最大的一次水灾。连日的暴雨，狂风肆虐。这突如其来的天灾，使毫无任何准备的居民不知所措。短短两个月间，孟加拉国 64 个县中有 47 个县受到洪水和暴雨的袭击，造成 2000 多人死亡，2.5 万头牲畜被淹死，200 多万吨粮食被毁，两万公里道路及 772 座桥梁和涵洞被冲毁，千万余间房屋倒塌，大片农作物受损，受灾人数达 2000 多万人。

孟加拉国位于孟加拉湾以北，位于恒河平原的东南部，其西为东高止山脉，东为阿拉干山脉，北为喜马拉雅山脉。境内有河流 230 多条，每年的河水泛滥都使孟加拉国蒙受巨大的损失。加之这里地处季风区，印度洋上吹来的西南季风带着温暖而又饱和的水汽向低压区冲来。当受到山脉的阻挡时，产生降雨。这就使得地势平坦低洼的孟加拉国难逃水灾的侵袭(图 1.26)。

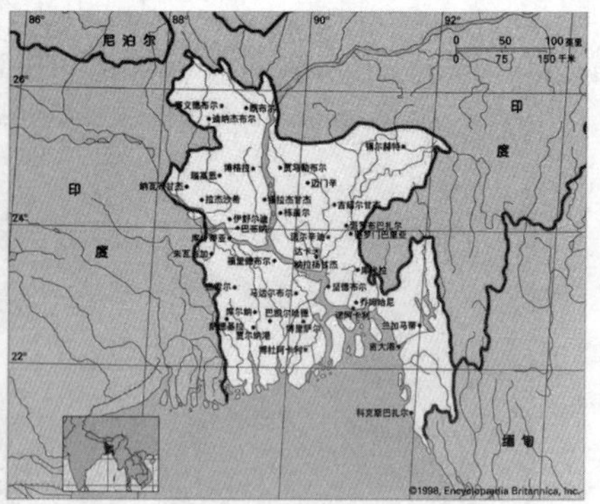

◎图 1.26 孟加拉国特大水灾。特殊的地理位置，集中爆发的天灾，造成了 20 世纪人类最大的洪水。

水灾给孟加拉国人民带来的不仅是贫困、饥饿，同时也滋生了大量的细菌。各种疾病在灾区流行，约有 80 万人染上痢疾，近百人丧生。

1.4.6 泰坦尼克号沉没

泰坦尼克号，一艘 46 000 吨的大船，一艘被认为是不可能沉没的巨轮。1912 年 4 月 15 日从南安普顿至纽约的处女航中，在北大西洋撞上冰山而沉没(图 1.27)。2208 名船员和旅客中，只有 705 人生还。

《造船专家》杂志也认为其“根本不可能沉没”。一个船员在航行中对一个二等舱女乘客说：“就是上帝亲自来，他也弄不沉这艘船。”

船员在第二天就把速度几乎加快到了泰坦尼克号的极限。一路上，泰坦尼克号没有发生什么大事。船上的电报员也忙着替头等舱乘客们拍发昂贵的私人电

◎图 1.27　泰坦尼克号沉没，可以说是巨大的冰山和狂妄的人类共同的作品。

报，大多是报平安的和股票买卖交割的指令。

一个风平浪静的夜晚，甚至一点风都没有。如果有的话，船员会发现波浪拍打在冰山上的点点鳞光。泰坦尼克号以 22.3 节(1 节＝0.514 米/秒)的速度在这片漆黑冰冷的洋面上极速航行(极限航速 24 节)着。在接到附近很多船只发来的冰情通报后，船长命令船员仔细观察。这一年因为是冷冬，冰山比往年向南漂得更远。

但是，泰坦尼克号的船员未能找到望远镜，他不得不用肉眼观测！23 点 40 分，船员发现远处有"两张桌子大小"的一块黑影，以很快的速度变大。他敲了 3 下驾驶台的警钟，抓起电话："正前方有冰山！"。接电话的六副通知了旁边的一副。一副立刻下令打响车钟："所有引擎减速！左满舵！三号螺旋桨倒车！"而事后证明这是一个最愚蠢的决定。当时最好的选择是所有引擎减速的同时用坚固的船头去撞冰山。这样泰坦尼克号只会船头受损，不会下沉。

在船员发现冰山到船体撞击冰山只经过了短短的 37 秒。

近代的事故分析结果说明，当时的炼钢技术并不十分成熟，炼出的钢铁参照现代的标准根本不能造船。泰坦尼克号上所使用的钢板含有许多化学杂质硫化锌，加上长期浸泡在冰冷的海水中，使得钢板更加脆弱。

更重要的一点是，那个时代正处于地球的一个小寒冰期，冰山的数量、规模和分布范围都要比往年多(大)。由于没有充分地考虑到地球物理和气候学的因素，所以，疏于防范造成了历史上著名的"冰山灾难"。

1.4.7　喀麦隆湖底毒气

帕梅塔高原是个美丽而令人陶醉的地方。

1986 年 8 月 21 日晚，人们正在酣睡之中，突然一声巨响划破了长空。不少人还没等弄清发生了什么事，就被夺去了宝贵的生命。

这晚，位于非洲喀麦隆西北部、距首都雅温得 400 公里的帕梅塔高原上的一个火山湖——尼奥斯火山湖，突然从湖底喷发出大量的有毒气体(图 1.28)，它犹如泛滥的洪水，沿着山的北坡倾泻而下，向处于低谷地带的几个村庄袭去……

◎图 1.28　喀麦隆的尼奥斯火山湖，海拔 1091 米，平均水深 200 米，它的表面一望平川，而在 500 米深的湖底，却溶解了数十亿吨的二氧化碳和甲烷，并且浓度仍然在上升。

次日清晨，喀麦隆高原美丽的山坡上，水晶蓝色的尼奥斯河突然变得一片血红，好像一只溃烂而愤怒的红眼睛。草丛里到处躺着死去的牲畜和野兽。尼奥斯湖畔的村落里，房舍、教堂、牲口棚完好无损，但是街上却没有一个人走动。走进屋里探个究竟，令人震惊的一幕映入眼帘，那里都是死人。这是多么凄惨的景象！死者中有男人、女人、儿童，甚至还有婴儿。

从幸存者的口里，人们知道了惨案发生的经过，伴随着昨晚巨响的，还有一股幽灵般的圆柱形蒸气从湖中喷出，整个湖水一下子沸腾了起来，掀起的波浪袭击湖岸，直冲天空，高达 80 多米，然后又像一柱云烟注入下面的山谷。这时，一阵大风从湖中呼啸而起，夹着使人窒息的恶臭将这朵烟云推向四邻的小镇。

据不完全统计，在这场灾祸中，至少有 1740 人被毒气夺去了生命，另外还有大量的牲畜丧生，加姆尼奥村靠火山湖最近，受灾也最为严重。全村 650 名居民中，仅有 6 人幸存。

这一喷毒事件，立即引起了各国的极大关注。尼奥斯火山湖也因此臭名昭著。日本、英国、美国、法国、意大利等国家，都迅速地派出了紧急救援队，并派出专家对尼奥斯湖喷发毒气的成分进行实测。经过一段时间的努力工作，终于查明了尼奥斯湖中所喷出的有毒气体成分。专家们一致认为，喷出的气体主要有二氧化碳，而恶臭则来自硫化氢，二者共同形成了湖底的毒气。

1.4.8　Novarupta 火山爆发

1912 年 6 月 6 日，伴随着阵阵剧烈的爆炸声和腾空而起的火山灰烟云，20 世纪最大的一次火山爆发开始了。远在火山喷发地1200公里之外的阿拉斯加木诺市的居民，在爆炸发生一小时后才听到远方传来的隆隆爆发声。

在随后的60小时里，强烈的火山爆发将浓黑的火山灰烟柱送入大气层。等到火山爆发结束，周围的地形已完全被夷平，大约30立方千米体积的火山灰将火山周围地区掩埋。这次火山爆发的喷发量超过了阿拉斯加历史上其他火山喷发量的总和，大约是1980年圣海伦斯火山喷发的30倍，是1991年Pina-Tubo火山喷发的3倍，而后者仅次于本次火山喷发，是20世纪规模第二大的火山爆发(图1.29)。

◎图1.29　20世纪最强烈的火山爆发

阿拉斯加科迪亚克岛距离Novarupta火山大约150公里，该岛居民最先遭遇到了火山喷发带来的严重后果。爆炸所带来的强烈冲击波和腾空而起达30公里高的火山灰烟柱，使得岛上居民陷入了一片恐慌之中。

火山爆发后的几小时之内，厚重的火山灰纷纷降落，给附近的小镇盖上了一层厚厚的"火山灰毯"，火山灰随着气流在空中漂浮了三天。科迪亚克岛的居民因此而无法外出，很多建筑因不堪火山灰的重压而垮塌。

火山灰造成了人们呼吸困难，并粘黏在眼睛里造成视觉模糊，扬起的灰尘遮天蔽日，白昼犹如黑夜。动物和人类若暴露在这样的环境中，很有可能会因窒息或找不到食物和水而死。

Novarupta火山会再次爆发吗？大家都很关心。可以肯定，阿拉斯加半岛上的大型火山爆发不会终止。据推算，在随后的4000年里，安克雷奇市(阿拉斯加半岛南部海港城市)周边750公里的范围内，至少会再发生7次Novarupta级别的火山爆发。这样的预测是基于这样一种事实——阿拉斯加半岛恰好位于活动板块边缘。

这些大型的火山爆发会产生巨大的局部性影响和全球性影响。局部性影响包括火山泥流、火山碎屑流、火山熔岩流和火山灰。

高纬度地区Novarupta级别的大型火山爆发对全球性的气候有很大的影响。

最新研究显示，高纬度地区的火山爆发与地球表面的温度变化以及很多地区的低降水量有着密切的关系。因此，1912 年的 Novarupta 火山大爆发和阿拉斯加其他的火山爆发被认为是造成北非干旱和温度剧变的罪魁祸首。

1.4.9　百慕大地区神秘灾难

在 20 世纪海上发生的神秘事件中，最著名而又最令人费解的，当属发生在百慕大三角的一连串飞机、轮船失踪案。据说自从 1945 年以来，在这片海域已有数以百计的飞机和船只神秘地无故失踪。失踪事件之多，使世人无法相信其尽属偶然。

所谓百慕大三角是指北起百慕大群岛，南到波多黎各，西至美国佛罗里达州这样一片三角形海域，面积约 100 万平方公里。由于这一片海面失踪事件迭起，世人便称它为“地球的黑洞”、“魔鬼三角”(图 1.30)。

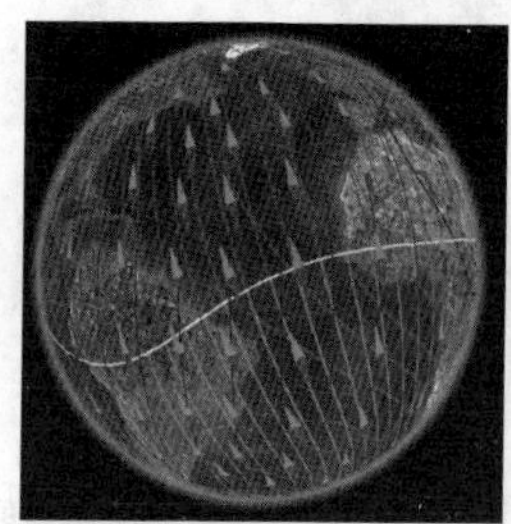

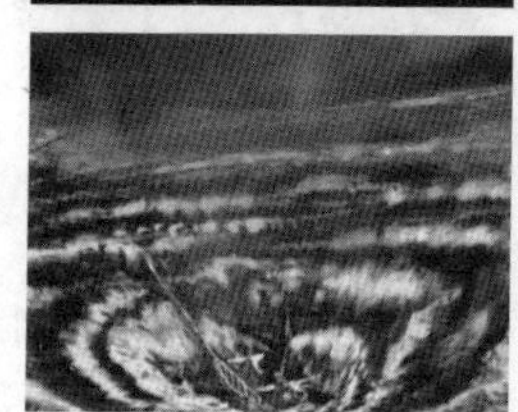

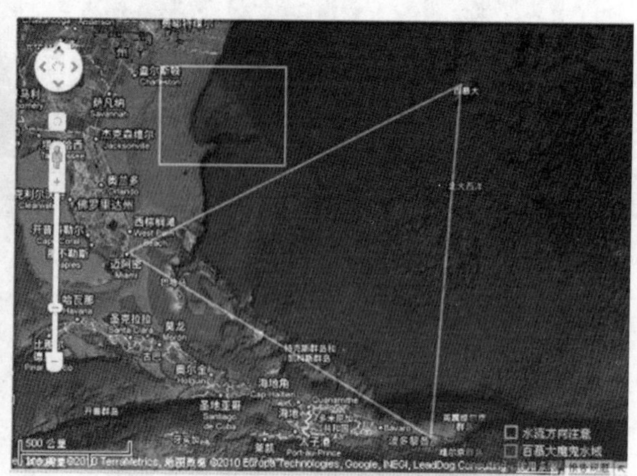

◎图 1.30　百慕大神秘灾难可以说是地球磁场异常和复杂海流的共同作用

据统计，自 1840—1945 年间，这片海域上空就有 100 余架飞机失踪，而这里消失的船只则更多。这些难以计数的失踪事件都有一个共同的特点——没有任何线索。任何船只、飞机和人员，只要是在百慕大三角区失踪的，就甭想再找到幸存者和任何残骸，所谓神秘就在这里。

所有试图对百慕大三角地区失踪事件做出合乎逻辑解释的人都遇到了无法摆脱的矛盾。于是就有人提出“超自然”理论，试图揭开这个世纪之谜。更有一部分研究者，把百慕大三角区发生的灾难与外星人和飞碟联系起来进行推断。他们的论点是：这里存在一个外星人的海底飞碟基地。因为多年来人们曾在这里观察到数不清的不明飞行物现象。这些失踪的飞机和船只正是被飞碟的乘员掠走的。

近代的考察和研究表明，百慕大三角地区存在着复杂海流、地球磁场局部异常、海水深度变化剧烈和气象、气候因素多变等多重的原因,造成了不断地有失踪事件发生。

1.4.10 通古斯大爆炸

通古斯位于苏联西伯利亚的贝加尔湖附近。1908 年,这里发生过一次极其猛烈的大爆炸,其破坏力相当于 500 枚原子弹和数枚氢弹的威力。

1908 年 6 月 30 日凌晨,一场罕见的惨祸降临到西伯利亚偏僻林区的游牧民头上。有目击者称:"当时天空出现一道强烈的火光,刹那间一个巨大的火球几乎遮住了半边天空。一声爆炸巨响之后,狂风袭来……"爆炸产生的冲击波,一直传到中欧、德国的波茨坦和英国剑桥的地震观测站,甚至华盛顿和爪哇岛也得到了同样的记录。

当时人们笼统地把这次爆炸称为"通古斯大爆炸"。1921 年有物理学家率领考察队前往通古斯地区考察。他们宣称,爆炸是因一颗巨大的陨星坠落造成的。但他们却始终没有找到陨星坠落的深坑,也没有找到陨石。只发现了几十个平底浅坑。因此,"陨星说"只是当时的一种推测,缺乏证据。在随后的两次考察时,都同时进行了空中勘测,发现爆炸所造成的破坏面积达 20 000 多平方公里。同时人们还发现了许多奇怪的现象,如爆炸中心的树木并未全部倒下(图 1.31(b)),只是树叶被烧焦;爆炸地区的树木生长速度加快;其年轮宽度由 0.4~2 毫米增加到 5 毫米以上;爆炸地区的驯鹿都得了一种奇怪的皮肤病——枣癞皮病;等等。

(a) (b)

◎图 1.31 通古斯大爆炸源于一颗小天体撞入地球后在大气层中的爆炸(a);爆炸使得倒伏的树木呈放射状分布(b)

对于这个事件的解释,当时众说纷纭。有人说是外星人所为,也有说法是一个飘逸在宇宙中的"太空黑洞"产生了爆炸。现在比较流行的解释是,一颗足够大的小行星爆炸造成了这次事件。那怎么没有陨石坑呢?你可能会问。实际上,小行星冲入地球大气层时会由于轨道方向和冲入角度的不同,具有不同的速度,而且差异很大,在 12~72 千米/秒之间变化。冲入通古斯的小行星由于速度很快,与大气的摩擦剧烈，在没有撞击到地面时就已经被熔化了。而由于剧烈的能量释放，在周围产生了类似核爆炸的效果。也可以说，那就是一场当量巨大的核爆炸！

1.5 世界各国创世故事

我们在这一章的开篇讲了一个盘古开天的故事。它是属于中国的。其他国家和民族的此类题材的故事又是什么样的呢？

在悠久的人类文化长河中，古人认为人类的起源进化以及宇宙的形成最富有离奇的神秘感，这种神秘感造就了全球各地的人们创造了关于世界（人类）起源的种种神话。以下的十大创世神话应该是其中比较有代表性的。

1.5.1 远古波斯信仰

波斯神话中认为至高之神阿胡拉·马兹达（图 1.32）创造了世界。

◎图 1.32 拜火教（索罗亚斯德教）神话中的至高之神

孕育了波斯文明的阿尔布兹山脉生长了 800 年终于接触到了天空，雨水从阿尔布兹山顶流下形成了瓦卡什海和两条主要的河流。世界上第一个动物是生活在 Veh Rod 河旁的白色公牛，然而波斯恶神安格拉·纽曼将这只白色公牛杀死。之后太阳净化人类的种子长达 40 年之久，种子种下结出了大黄叶柄植物，这个植物成长后就成为最早的人类伴侣玛什耶和玛什耶那。

在拜火教神话中，至高之神阿胡拉·马兹达与恶神安格拉·纽曼之间的战斗共持续了 12 000 年，在第一个 3000 年里，阿胡拉的光明世界与安哥拉的黑暗世界并存，最早的人类也经受着邪恶黑暗的诱惑误导。恶神安格拉并没有像杀死白色公牛那样杀死玛什耶和玛什耶那，而是误导他们两人对安格拉进行崇拜信仰。经过 50 年之后，玛什耶和玛什耶那生育了一对孩子，然而在恶神安格拉的诱导下，这对伴侣却将自己的两个孩子吃了。之后，至高之神阿胡拉恢复了玛什耶和玛什耶那的善良本性，越来越多的孩子出生，他们最终成为早期人类。

1.5.2 巴比伦神话

埃利什与水神阿普苏和蒂马特产卵生育了数代天神，这些晚辈天神中伊阿是长兄，他的身边有许多个弟弟。然而，这些年纪不大的小天神很吵闹，让阿普苏和蒂马特无法入睡，于是阿普苏密谋策划要杀死这些小天神，然而消息不胫而走，伊阿抢先动手首先将阿普苏杀死。蒂马特得知噩耗后发誓要进行报仇，她创造了许多怪物，其中包括：疯狗、蝎人、半牛人和巨龙等。伊拉和女神达姆基娜(图 1.33)创造了马杜克(长着四个眼睛和四个耳朵)，马杜克成为伊拉和达姆基娜的保护武神，在马杜克和蒂马特的恶战中，马杜克用一支箭射中了蒂马特的心脏。马杜克将蒂马特的身体撕成两半，创建了天与地，之后马杜克创造了人类，让人类去做天神不愿做的苦力差事，如：耕作和商业买卖等。

1.5.3 远古埃及神灵

在埃及古代神话中，最初世界是混沌无序的。天神阿图姆希望自己具有灵魂和肉体(图 1.34)，之后他创造了一座小山，否则在这个混沌的世界里他没有立足之地。阿图姆是一个没有性别的天神，他的眼睛能看到一切事情。他从嘴里吐出一个儿子舒——空气之神，然后又吐出了一个女儿特夫努特——湿气女神。他们两个天神负责重新改变宇宙混沌状态的任务，舒和特夫努特建立了土地之神格布和天空之神努特，起初格布和努特互相缠绕在一起，但是格布将努特举了起来，逐渐新的世界秩序建立了起来，但是舒和特夫努特消失在黑暗之中。阿图姆挖出了自己的眼睛用来寻找舒和特夫努特，最后舒和特夫努特再次返回到阿图姆的身边，阿图姆十分高兴，眼泪激动得流了下来，每当一滴眼泪落在地面上就形成了一个人类。

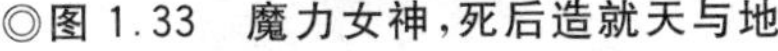

◎图 1.33 魔力女神，死后造就天与地

◎图 1.34 埃及古代天神希望自己具有灵和肉

1.5.4 古代墨西哥

阿兹特克族神话中地球母亲是科特利卡尔，这个名字是“蛇裙”的意思，在神话中她被描述得很可怕，她戴着一个由人手和心脏组成的项链，她的裙子是多条毒蛇

盘绕在一起(图 1.35)。地球母亲特利卡尔最初体内注入一把黑曜石刀怀孕生育了月亮女神科由尔齐圭,后来又生育了 400 个儿子,变成了南部天空的群星。之后天空中飘落一个长着羽毛的球状物,科特利卡尔发现并将这个球系在自己腰间,却导致自己再一次怀孕。这次意外怀孕使月亮女神科由尔齐圭和 400 个儿子十分震惊和愤怒,然而在科特利卡尔肚子中的胎儿正是战争和太阳之神胡特兹罗普特,他从母亲的子宫里跳出,他刚一出生就身披盔甲,很快他就长大了。胡特兹罗普特为了安慰母亲科特利卡尔,攻击了月亮女神科由尔齐圭,在火蛇的协助下杀死了她,胡特兹罗普特将她的头颅割下来抛向天空,这颗头颅变成了天空中的月亮。

◎图 1.35　阿兹特克神话中的地球母亲

1.5.5　中国古代神话

宇宙之卵漂浮在永恒空间之中,它包括两个反作用力:阴和阳。经过无数次轮回,盘古诞生了,宇宙之卵中较重的部分——阴下落形成了地面,较轻的部分——阳上升形成了天空。盘古担心天和地再次融合在一起,就用手脚支撑着天和地,他每天长高,1.8 万年之后天空已有 9 万里高,盘古的任务完成后也就死亡了,他的身体部分变成了宇宙的基本物质。女神中的女娲非常寂寞,她从黄河水中捞出泥巴来制作泥人,这样第一个人类出现了(图 1.36),随后她用树枝蘸上泥巴向地面上甩,无数个小泥点形成了众多的人类。

1.5.6　日本神话

天神创造了两个兄妹:哥哥伊奘诺尊和妹妹伊奘冉尊,他们站在原始海洋的一个漂浮桥梁上,使用天神的珠宝长矛在原始海洋中搅拌形成了第一个岛 Onogoro(图 1.37),在这个岛上,他们兄妹结婚生活。天神对此责怪他们违反协议,这一对夫妇便开始用珠宝长矛在原始海洋中形成了日本岛和许多神灵,然而在诞生火神时,伊奘冉尊死亡了,伊奘诺尊十分悲痛,跟随伊奘冉尊的灵魂来到由黄

◎图 1.36　明(阴阳)结合为人

泉掌管的地狱，伊奘冉尊吃下了黄泉的食物不得再次超生。当伊奘诺尊突然看到伊奘冉尊腐烂的尸体时异常惊惧并开始逃离，伊奘冉尊的灵魂非常愤怒便一直追赶伊奘诺尊。最终，伊奘诺尊从地狱洞窟中逃脱出来，他将自己与一块巨石捆在一起，永久地与死亡进行分离，他不想再去地狱。

◎图 1.37　手拿长矛的哥哥妹妹

1.5.7　印度神话

在最早的吠陀梵语的吠陀经中描述了古印度神话，无比巨大的神灵普鲁沙长着数千个头、眼睛和脚，他包裹着整个地面，他的十根手指延伸可以扩展空间。当天神们向普鲁沙献出祭品时，普鲁沙身体上生成清澈的黄油，这些黄油形成了鸟类和动物。后来普鲁沙的身体转变为世界万物的基础，以及形成火神阿格尼、主管雷雨及战争的天神因陀罗等，同时，从他的身体上建立了印度社会的四个等级：牧师、武士、平民和仆人。根据之后的历史发展，三位一体的宇宙最高永恒实体——梵天出现了(图 1.38)，他是一切众生之父，此外，三位一体的天神还包括守护之神毗瑟挐和破坏神施瓦。梵天创造了宇宙万物，并持续了 43.2 亿年，之后破坏神施瓦摧残了宇宙秩序，并开启了新的循环，使每个人得到了松缓，当前的宇宙循环状态还有数十亿年才能结束。

◎图 1.38　三位一体的天神

1.5.8　希腊神话

公元前 8 世纪希腊诗人赫西奥德所记述的神话史诗中，原始宇宙的混沌状态起始于最早的神灵，包括大地女神盖亚，盖亚创造了优利纳斯(最早的至上之神，是天的化身，是大地女神的儿子和配偶)，优利纳斯掌管天空，并保护盖亚，他与盖亚生育了许多天神和怪物，其中包括长着 50 个头和 100 只手的赫卡同刻伊瑞斯，眼睛有车轴大小的独眼巨人。盖亚与优利纳斯共生育了 6 个儿子和 6 个女儿。优利纳斯非常不喜欢几个相貌怪异的儿女，便将他们监禁在塔尔塔罗斯(地狱底下暗无天日的深渊)。对此，大地女神盖亚非常愤怒，她将一个巨大的镰刀给了自己最年轻的儿子克罗诺斯，并告诉他相应的谋杀优利纳斯的计划。当优利纳斯接近盖亚试图亲热时，最年轻的儿子克罗诺斯突然冲出来将优利纳斯的生殖器割下，当优利纳斯的血液流在地上时(图 1.39)，形成了巨人族怪物和复仇女神。

◎图 1.39　天神之争

1.5.9 犹太教和基督教共同的神话

犹太教《旧约》和基督教《圣经》包含了两个神话起源故事，这两个故事被现今的犹太教和基督教所认可信仰。在第一个神话故事中，上帝说，“让这儿出现光芒！”随后光就出现了，在 6 天的时间里，上帝创造了天空、陆地、行星、太阳和月亮、包括人类的所有动物。第 7 天上帝进行休息，凝视着自己的成果，感到十分欣慰。在第二个神话故事中，上帝在地面上创造了第一个人类——亚当，上帝为亚当创造了一个伊甸园让他无忧无虑地生活，但是禁止他吃下伊甸园树上结的果实，这些果实来自善良和邪恶意识之树。亚当的生活太寂寞孤单，于是上帝从亚当身体上抽出一根肋骨创造了第一个女人夏娃。一条会说话的大毒蛇诱惑说服夏娃吃了禁果，之后夏娃又说服亚当也吃下了禁果(图 1.40)。当上帝发现此事后，驱除亚当和夏娃离开伊甸园，让他们成为凡人。

◎图 1.40 亚当和夏娃

1.5.10 挪威等地流传的北欧神话

古代的北欧人认为，在最初还没有地，没有海，没有空气，一切都是包孕在黑暗之中的时候，有名为“万物之主宰”(奥尔劳格)的力存在着。它是不可见的，不知从何而来，然而却存在着(相当于中国的混沌天神)。

之后是遥远的洪荒时代，天地一片混沌，没有沙石，没有大海，没有天空和大地。在这一片混沌的中间，只有一道深深开裂着的、无比巨大的鸿沟，叫做金恩加格之沟。整个鸿沟里面是一片空荡和虚无，没有树木，也没有野草。

在金恩加格之沟的北方，是一片冰雪世界——浓雾与黑暗之国尼夫尔海姆，在金恩加鸿沟的南方，是一片火焰之地——真火之国摩斯比海姆。从真火之国中喷射出的冲天火焰，溅出的火星落在金恩加鸿沟的两岸上，也落在鸿沟旁边堆积着的冰丘上。冰块遇到高热的火星后溶化成水汽，又被从尼夫尔海姆吹来的强劲寒风再次冻结起来。就这样循环重复，千年万年之中，在火焰国的热浪和冰雪国的寒气不断作用下，这些冰丘中诞生了最初的两个生命——母牛奥都姆布拉和始源之巨人伊米尔。巨大的母牛以舔食冰雪以及冰地上的一些盐霜为生。而在母牛身下流淌出了四股乳汁，汇成了四条源源不绝的白色的河流。于是，庞大的伊米尔就以奥都姆布拉的乳汁为食(图 1.41)。

◎图 1.41　最富有戏剧性的神话

从伊米尔的双臂下面生出了一男一女两个巨人。接着，他的双足下面也生出来了他的一个儿子。他们的后代构成了两个巨人族。而前者称为兽，后者称为神。神是代表善的，兽是代表恶的，他们绝不能和平地共处。

最后，神战胜了兽成了世界的主宰。他们自称为亚萨神族(世界的柱石与支持者)，并且也有时间来做建设的工作了。他们要在这荒凉的太空中创造一个可居住的世界。

他们利用死去的伊米尔的尸体开始创造一个舒适而美丽的世界。他们将伊米尔的巨大尸体滚进那无底鸿沟，将他的肉塑成了大地，北欧人称为米德加德(Midgard，中央之地)，以置于那无底鸿沟的正中央，周围围以伊米尔的眉毛，算是大地与无垠太空之间的界墙。伊米尔的血和汗则成为海洋，环绕在他的肉体所构成的硬土的四周。他的骨头被造成了山，牙齿成为石，头发成为树木百草。这样布置好了，诸神又取伊米尔的颅骨很巧妙地悬于地和海之上，是为天体，取伊米尔的脑子改造为云。可是这青石板似的天必得有物托住了，方免得坠下来。所以诸神又将四个壮健的矮人命名为诺德里(Nordri，北)、苏德里(Sudri，南)、奥斯特里(Austri，东)、威斯特里(Westri，西)，使立于地之四隅，以肩承天。(伊米尔就相当于中国的盘古)

这样的世界，还得要光明，所以诸神又从穆斯帕尔海姆取了火来，把它们随意抛散到天空上，那就是群星。最大的火块留作创造太阳和月亮，用金车载着。但是驾这太阳和月亮的车，须得两位驭者，诸神看中了一对美丽的孩子：男的名叫玛尼

(Mani,月亮),女的名叫苏尔(Sol,太阳),使玛尼驾了月车,苏尔驾了日车。

虽然诸神创造了大地,准备作为人类的家,然而实际上,地上还没有人类。有一天,当诸神在海滩上散步的时候,海浪冲来了两截木头,一截是梣树(Ask),一截是榆树(Embla)。众神把它们捡起来后,觉得恰好可以作为创造一种完美的生物的材料,便开始用刀把它们分别雕刻成两个人形。由于众神精心雕刻,那段梣木成了一个栩栩如生的男人形状,而榆木则是一个女人的样子……

◎第2章

地球“魔咒”故事

上帝造好了摇篮

人类像是被播种的种子一样撒在地球的各个角落

我们是那么的渺小

那么的目光短浅，那么的恐惧失去我们所拥有的……

于是，各种“魔咒”的警示出现

各种“先知”的预言

《圣经》、达·芬奇、诺查丹玛斯、玛雅人，他们要做什么？

《圣经》中说：上帝把地球赐予了人类。高山、湖泊、大海、平原创造了不同的种族和文化。据说，最早人类是采用同一种语言，同一种文化的。他们不断努力地改变着世界。在大洪水之后，人们在两河流域的史纳尔地区齐心协力修建了一座通天的高塔——巴别塔(图 2.1)。

◎图 2.1　人们希望与天神们交流，并可以获得平等的生存环境，也希望通天的巴别塔可以支持住塌下来的天。所以，人们齐心协力建造通天高塔。

上帝下来，看到人们建造的城市和高塔，上帝意识到，只要人们讲一种语言，不论他们决定做什么事情，都会成功。于是上帝“打乱了他们的语言”，使他们再也不能明白彼此的话，并且将他们驱散到了世界各地。巴别塔的名字 Babel 与 Babal 很相似，前者源于巴比伦语 Bab-ili，意思是“上帝之门”；而后者来源于希伯来语，意为“混乱”。

人类从诞生就伴随着各种混乱。几乎每个世纪尤其是世纪末端都会出现各种各样的“地球魔咒”、“人类魔咒”。是人类“混乱”的语言造成的误解？还是人类出于对大自然认识的缺乏而产生的恐惧？或是人类为了摆脱各种各样的“地球灾难”而刻意(下意识的)“制造”出了这些“魔咒”？记得在我们的生活普遍比较贫困，医疗条件很差的时候，女人生孩子就是在过“鬼门关”。孩子也是很难养活，许多的父母就给他们的孩子起名叫“狗剩”、“臭蛋”、“招娣”、“留根”等。希望孩子能“破解”困苦生活的“魔咒”。这是一种逆向思维？还是对生活的一种无奈之举？

也许种种的“地球魔咒”多多少少刻画了人们的这种心理。许许多多的“地球灾难”、“人类灾难”魔咒。

我们从《圣经》讲起。

2.1 《圣经》故事

2.1.1 诺亚方舟和大洪水

《圣经》的《起源篇》讲道："地球也在上帝的面前堕落了，它充满了暴力行为。上帝看着地球，看到了它的堕落，因为地球上所有的生物都走向了堕落。于是上帝对诺亚说，该是所有生物的生命终结的时候了，因为地球已经被他们彼此之间的暴力所覆盖。看，我将会让它们和地球一起毁灭。"

……上帝吩咐诺亚："看，我确实要把洪水带给地球，让所有的生物毁灭，在那里将没有天堂下生命的呼吸，地球上的一切都将要灭亡。""七天之后，我将会让地球上下四十昼夜的雨，我所创造的每一种有生命的物质都会因此而在地球表面毁灭。""你要把你所有的房子都带到方舟上去，因为我在我面前的你的后代身上看到了正直。"(图 2.2)

◎图 2.2　圣经中讲述了地球上发生大洪水的故事

……七天过去了，洪水淹没了地球……所有深水的源泉都被打开，天堂之窗也打开了。地球上下了四十昼夜的雨。

而据考古学家研究，这样的一场大洪水在地球的历史上确实发生过。与此相关的"黑海淹没论"就提到，每天 15 立方千米的水注入黑海地区，这场大洪水持续了至少 300 天，超过 9 万平方公里的土地被洪水淹没，黑海海平面涨了好几百米。专家认为这一场大洪水与冰川周期有关。约 12 000 年前，世界的大部分的确被冰川覆盖，而黑海曾经是一个被农田包围着的淡水湖。而公元前 5600 年地球进入温暖期，世界大部分地区的冰川开始融化，大量的水涌入海洋，引起世界范围内的大洪水，大洪水通过土耳其的博斯普鲁斯海峡进入黑海。水流的力量大约是尼亚加拉大瀑布的 200 倍，这场大洪水使黑海从一个淡水湖变成了咸水湖。碳探测年代和声呐成像的结果支持了这种猜测，还确认了古代的海岸线，从而能够证明大洪水确实发生过。

看来，从地球的地质演化史来看，的确有一次这样的地球灾难发生。世界上的很多民族都有关于大洪水的传说。

古巴比伦的《吉尔伽美什史诗》写道："洪水伴随着风暴，几乎在一夜之间淹没了大陆上所有的高山，只有居住在山上和逃到山上的人才得以生存。"

出土的公元前3500年前的苏美尔泥版文书中记载着："那种情形恐怖得让人难以接受，风在空中可怕地呼叫着，大家都在拼命地逃跑，向山上逃去，什么都不顾了。每个人都以为战争开始了……"

中国的古代文献中，《山海经·海内经》写道："洪水滔天，鲧窃息壤以湮洪水。"《孟子·滕文公》中写道："当饶之时，天下犹未平。洪水横流，泛滥于天下。水逆行，泛滥于中国。"《淮南子·览冥训》中写道："望古之际，四极废，九州裂，天不兼覆，地不周载，火炎炎而不灭，水泱泱而不息。"《楚辞·天问》中写道："洪泉极深，何以填之？地方九则，何以坟之？"

古代墨西哥人记载着："天接近了地，一天之内，所有的人都灭绝了，山也隐没在了洪水之中……"

玛雅人也提到："发生了大洪水……周围变得一片漆黑，开始下起了黑色的雨。倾盆大雨昼夜不停地下……人们拼命地逃跑……他们爬上了房顶，但房子塌毁了，将他们摔在地上。于是，他们又爬到了树顶，但树又把他们摇落下来。人们在洞穴里找到了避难的地点，但因洞窟塌毁而夺去了人们的生命。人类就这样彻底灭绝了。""这是毁灭性的大破坏……一场大洪灾……人们都淹死在从天而降的黏糊糊的大雨中。"

大约12 000年前左右，上一期人类文明似曾遭受了一次特大洪水的袭击，那次洪水也导致了大陆的下沉。考古学家陆续发现了许多关于那次大洪水的直接和间接的证据。人类文化学家也通过研究世界各地不同民族关于本民族文明起源的传说证实人类曾经历过多次毁灭性的大灾难，并且如此一致地记述了在我们本次人类文明出现之前的某一远古时期，地球上曾发生过一次造成全人类文明毁灭的大洪水，而只有极少数人得以存活下来。资料显示全世界已知的关于大洪水的传说有600多则。包括中国、日本、马来西亚、老挝、泰国、印度、澳大利亚、希腊、埃及及非洲、南美、北美土著等各个不同国家和民族的传说中都保留着对一场大洪水的记忆。虽然这些传说产生于各自不同的民族和文化，但却拥有极其相似的故事情节和典型人物。对于这一切证据和现象，用偶然或巧合是根本无法解释的。

2.1.2 世界末日和种种地球灾难

种种地球灾难的发生，似乎在《圣经》中都有提及。

上帝(神)知道人们都非常关心世界末日(地球灾难，图2.3)，所以出于爱心，也是为了帮助人们在灾难来临之前做好准备，就派他的儿子耶稣来帮助人们。

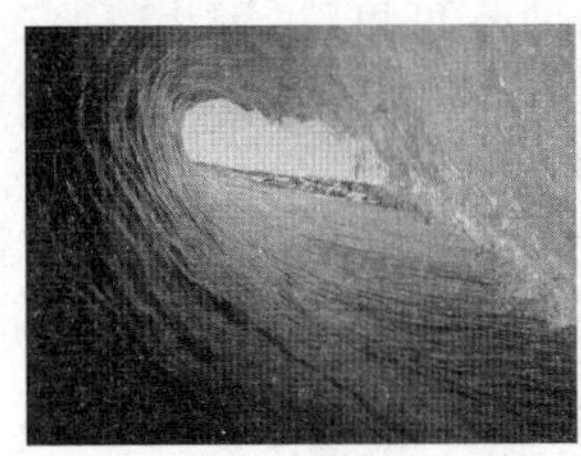

◎图 2.3 人们怎样面对世界末日的来临?

耶稣说世界末日来到之前,其间会有许多事情发生:

世界末日之前,世界各地有许多的战争。国家与国家打仗,人与人争斗(为了争夺越来越少的资源);

世界末日之前,世界上会有很多地方发生饥荒(气候的异常变化造成粮食大量减产);

世界末日之前,世界上会有很多地方发生地震(地球变得越来越不稳定);

世界末日之前,会有两种人出现。第一种人会冒充耶稣(邪教组织);第二种人是假先知,声称自己有特异功能,预言地球灾难;

世界末日之前,世界上会发生很大的灾难,是史无前例的大灾难。但是这个灾难持续的时间不会很长。(全球性的? 持续很短时间? 是天体撞击吗?)

耶稣对世界末日到来的景象还做了很具体的描述:

世界末日那一刻,全世界的人会同时看到灾难的发生;

世界末日那一刻,太阳会变黑,不再发光,月亮也是;

世界末日那一刻,天上的星星会从天上坠落,天体都要震动。

看来,耶稣预言的更像是一种宇宙大灾难。无论怎样,这体现出人也好,神也罢,对世界灾难都是十分关心的!

2.2 达·芬奇密码

人类对地球、对大自然的系统和全面的认识,得益于科学体系的建立。无数的科学家为此做出了贡献。若细数这些贡献,非要给这些科学家排个等级高低的话,那宝塔尖顶端站着的只能是两个人——牛顿和爱因斯坦,他们的贡献有些是“不可思议”的。

有这样一个“段子”。说在人类的科学技术体系建立之前,人类对大自然的认识处于混乱和宗教意识的愚钝之中,上帝看到了,就对牛顿说,你下去帮帮他们吧!于是经典的、宏观层面的科学体系建立起来了;当人类认识到,我们还需要认识微观和宇观(大尺度)的世界时,上帝又给我们送来了爱因斯坦。上帝说:爱因斯坦,该你下去啦! 的确,他们都是在科学史上开创性的人物。

而在人类历史上另一个人物的出现，可以说是更加地不可思议，因为，他几乎在所有领域的贡献都是顶尖水平的。达·芬奇——伟大的科学家、艺术家、发明家、雕塑大师……他还是伟大的预言家？

2.2.1 《最后的晚餐》预言地球将毁于大洪水

有梵蒂冈的研究人员对外披露，在达·芬奇的名画《最后的晚餐》(图 2.4)中发现了真正的“达·芬奇密码”。预言地球将在 4006 年于一场大洪水中毁灭。

◎图 2.4 达·芬奇的油画《最后的晚餐》

这个密码就掩藏在《最后的晚餐》中耶稣背后那扇半月形的窗户上，那里面隐藏着一个关于“数学和占星术”的密码。这个密码是用黄道 12 宫(星座)和拉丁文中代表一天 24 小时的 24 个字母给出的。达·芬奇做出这样的预言：4006 年 3 月 21 日，将会有一场“全球大洪水”降临人间，而同年的 11 月 1 日将是人类“最后的晚餐”，末日会在那天降临。但达·芬奇认为这场毁灭性的灾难同时也将是“人类的新开始”。

达·芬奇不但是一位艺术家，也是一位涉猎极其广泛的科学家，同时他还是一位生活在“艰难时代”的虔诚信徒。估计这正是他把人类灭亡的“密码”隐藏在他的作品中的原因吧。

2.2.2 《安吉里之战》预言人类将毁于暴力战争

三大壁画作品中，《安吉里之战》的知名度最低，但它被专家认作达·芬奇最精彩的作品，是“杰作中的杰作”。

壁画内容取材于 15 世纪佛罗伦萨和米兰之间的战争，是达·芬奇最大的作品，也是他少有的关于军事题材的美术作品。达·芬奇在壁画中展示了战争中人与战马的躯体痛苦、恐怖的纠缠，透露出达·芬奇对人性暴力的看法。许多人认为《安吉里之战》当中透露出达·芬奇的另外一个预言：人类终将毁灭于自身的暴力。而这个主题恰恰与他在自己的笔记本中作出的预言相吻合。

◎图 2.5　达·芬奇的三大壁画作品之一《安吉里之战》。其他两幅被认为比它更有名，分别是《最后的晚餐》和《蒙娜丽莎》。

在他的笔记本里，你可以找到一些谜样的话语，不知道到底是双关语还是玩笑。比如："世间将会出现这样的生物，他们永无止息地互相攻杀，每一方都有巨大的损失和频繁的死亡……神灵，你为什么不打开那些进入你峡谷和山洞的深深裂缝吞没他们，为什么不向他们展示你温情的那一面，而是像魔鬼那样的冷酷与残忍？"

全球地震频现，日本海啸和核危机又起，让所有的科幻电影中的恐怖镜头都相形见绌。这让人不禁又想起了达·芬奇。一次又一次，他的作品好像都成功地预言了一个他根本不可能了解的时代。他画出了坦克、飞行器、挖掘机的结构图，这些全都在 20 世纪成为现实。他的画作也在预言地球的灾难？

2.3　诺查丹玛斯和行星大十字

2.3.1　诺查丹玛斯和他的《诸世纪》

诺查丹玛斯精于相术、数学、医学和星占学，他给很多人讲解过去和未来，甚至能道出别人所思。

《诸世纪》虽然写得极晦涩，含意难明，但字面相当清楚，有不少法国或欧洲地名，也有很多灾难的词语。

人人都知道大难当头，就是不知道何时、何地、何事！

这种神秘感令《诸世纪》更具吸引力。诺查丹玛斯如何写作预言的文章并没有人知道，人们只能从他留下的文字中找寻答案。在《诸世纪》一开头有提及他的预言是天主有意把天机泄露给他(图 2.6),甚至连纽约世贸惨剧,有人确信《诸世纪》也有预言。

在他那个时代,法国人对他十分信服仰慕。甚至法王亨利二世都召请他入宫,请他为国家预言吉凶祸福。他离开宫廷之后,花费了四年的时间完成了《诸世纪》。全书分成十二卷,各卷收有一百篇四句诗,每一篇诗都是预言,预言未来世界将会发生可怕的事件。现在,仅存的两部《诸世纪》的原版收藏在法国国家图书馆及大英博物馆,据说大英博物馆所珍藏的是 1558 年初版的最古版本,但是第十一卷和第十二卷的两百首诗,现在已经七零八落,第十一卷仅剩下两首诗,第十二卷只有十一首诗,几乎等于全部失传。

◎图 2.6　诺查丹玛斯的《诸世纪》

2.3.2　1999 年的“行星大十字”

20 世纪末人类大劫难的预言,主要来自日本的五岛勉等人的鼓吹,而其更深的源头就是来自诺查丹玛斯。在他的《诸世纪》中,第十卷上有一首诗预言了 1999 年人类将面临空前的劫难,诗里这样描写道:“ 1999 年 7 月,恐怖魔王从天而降,蒙古大王重新出现,这期间,战神以幸福的名义主宰世界……”(图 2.7)

◎图 2.7　诺查丹玛斯 1999 年的预言

400多年前的预言，随着科学的巨大进步，似乎已经没有多少人再去注意了。然而，到20世纪70年代，日本的五岛勉又写下《1999人类大劫难——诺查丹玛斯恐怖大预言》一书，声称请人通过计算机计算发现，1999年8月18日那天，天空中太阳、月亮和九大行星将组成“十字架”形状，宣称这乃是“最凶兆”的象征，也恰好印证于400多年前诺查丹玛斯所预言的人类大劫难。届时，洪水地震、瘟疫饥荒、世界大战以至外星人入侵，种种无情的天灾人祸将使人类最终难以跨越20世纪。此言一出，真有点惊世骇俗的味道，令众多不明真相的世人备感忧虑和恐慌。

简单地说，五岛勉“发现”在1999年8月18日那天，太阳系九大行星（冥王星被排除出大行星行列是2005年的事情）以及太阳和月亮的空间位置将排列成一个大十字架，地球位于大十字架的中心。在五岛勉为“大十字架”所画出的示意图上（图2.8），用钟表表面作比方的话，地球就位于指针的旋转轴上，水星、金星和太阳在“12点”方向，即狮子座内；天王星和海王星在“6点”方向，即宝瓶座内；这两个方向上的天体构成了十字架两条直线中的一条。与此垂直的另一条直线上，则分别是“3点”方向上位于金牛座内的木星和土星，以及“9点”方向上天蝎座内的火星、冥王星和月亮。

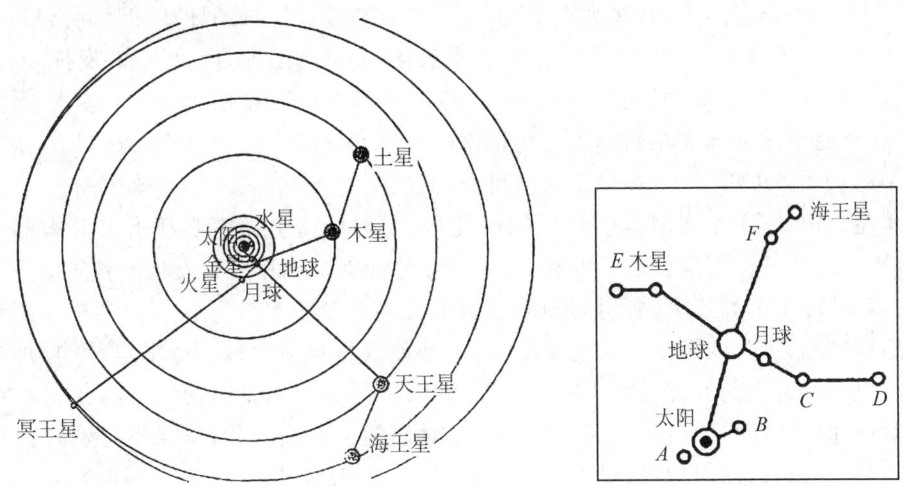

◎图2.8 “行星大十字”分布示意图

五岛勉认为太阳系天体在天空形成十字架是极为凶险的现象，而届时这些天体所在的星座又分别象征着猛狮、毒蝎、洪水和狂牛，它们预示了地球上会出现的种种灾难。

那么所谓行星大十字的真相究竟如何呢？

首先，“天行有道”。日月行星都是在万有引力的支配下沿着各自固定的轨道运动，有着几乎稳定的周期。由于它们运行的轨道大小、速度快慢各有不同，有时会形成比较特殊的相对位置排列，也是符合自然规律的事。我国古代很早就注意到了大行星在天空中的会聚现象，比如古代把“五星连珠”（即金、木、水、火、土五颗行星运行到接近同一个方向上）视作祥瑞，十分注意观测。根据现代天体力学规律，我们能够十分精确地回溯或预报太阳系各天体的空间位置。它们在各时刻的位置从定期出版的《天文年历》中很容易查到。而根据推算，上一次太阳系“十字连星”出现于公元前110年，没有史料表明当时世界上发生了巨大的灾难。预计2000多年后，这种排列还会出现。也依然不会对地球有什么灾难性的影响。

1999年8月18日那天，几大行星相对星座所处的位置与五岛勉的预言并不一致。所谓日月行星集中于狮子、天蝎、宝瓶和金牛等四个星座中，并非事实，五岛勉只说对了其中的两个，即太阳和金星是在狮子座中，冥王星在天蝎座。而且，当天水星、金星恰好运行到与太阳接近同一方向，被太阳光所遮盖，无法看到。天王星、海王星和冥王星过于遥远，为目力所不及，实际上肉眼可见的只有火星、木星和土星这三颗行星，而且由于出现的时刻不同，在同一时间里只能同时看见两颗行星。

总之，五岛勉声称“行星大十字”的现象来自高速计算机的计算，但他所展示的天体排列图像并不是科学计算结果的客观表述，而是加上他自己任意的发挥，利用宗教的象征性符号牵强附会，喻为“最凶兆”，误导视听。事实上，预言这种“大十字”排列将引发地球灾难是毫无科学根据的。稍有一些天文知识的人都知道，太阳系中的物质，99.8%以上集中于太阳自身，而剩下的0.1%左右又大多分布于土星和木星。由此，不论太阳系中行星如何排列，太阳系的引力中心都不会有大的变化，不会造成任何行星轨道的混乱，更不会在地球上引起什么大灾难。

以地球上的潮汐为例，引起潮汐的引力几乎完全来自月亮和太阳。月亮因为离地球很近，产生的潮汐力远比太阳大，而其他大行星对地球产生的潮汐力，加在一起也不及月亮的万分之六。8月18日太阳和月亮形成直角，是小潮，正是潮汐力对地球影响最小的时候。至于行星的相对位置再怎么变化，只要不“擅自”跑离自己特定的轨道撞向地球，对地球就几乎不会产生任何影响。

有人还担心，“大十字”会产生强烈的电磁辐射粒子，引起地球上大范围的火山爆发，这也是经不起事实推敲的臆断。因为行星的电磁辐射即使存在也是微乎其微，能影响到地球的只有太阳的辐射。太阳上的黑子、耀斑爆发等现象和带电粒子流的冲击有着11年左右的周期性。太阳活动的增强的确会使地球上的灾害天气有一定程度的增加，也会危及到短波通信的进行，甚至有可能影响某些传染病的流行和交通事故发生的频率。但这是每隔11年就有的正常现象，并不会引发火山爆发，而且太阳的活动也与行星的排列无关。

至于五岛勉说行星各具象征，星座代表洪水猛兽，会引来人间劫难，更属无稽之谈。星座本身并非实体，组成星座的恒星与现实和神话中的生物风马牛不相及，它们在宇宙空间彼此往往相距成千上万光年之遥。一些恒星在天空排列成一定形状，是因为我们从地球上看去的投影效果。某个行星在天空的恒星背景上巡游，会不时进入某个星座，这也只是从地球上看到的表观现象。星座的名称只是古代人们根据想象而人为赋予的，硬要将它们与某种生物的特性或性格联系起来，我们只可用荒唐二字来评说。

2.4 神秘的玛雅人

几千年前神秘的玛雅文明就已经基本消失了。几千年后的2012年玛雅人“五个太阳季”的世界末日“预言”却给地球造成了令人不可思议的恐慌。

2.4.1 玛雅文明

在我们儿时的记忆里，人类的文明史中有四大文明古国。玛雅文明似乎并不包含在内，但是给我们留下印象最深的却是曾经神秘存在、又神秘消失的玛雅文明(图2.9)!

◎图2.9 神秘产生又神秘消失的玛雅文明

玛雅人故事的重新发现开始于1839年，美国探险家斯蒂芬斯率队在中美洲热带雨林中发现古玛雅人的遗迹：壮丽的金字塔、富有的宫殿和用古怪的象形文字刻在石板上的高度精确的历法。随后的若干年各类专家纷至沓来，在中美洲的丛林和荒原上又发现了许多处被遗弃的玛雅古代城市遗迹。玛雅人在既没有金属工具，又没有运输工具的情况下，仅仅凭借新石器时代的原始生产工具，怎么能创造出这样灿烂而辉煌的文明遗迹呢？

玛雅(Maya)文明是拉丁美洲古代印第安文明的杰出代表，以印第安玛雅人而得名。约形成于公元前2500年，主要分布在墨西哥南部、危地马拉、巴西、伯利兹以及洪都拉斯和萨尔瓦多西部地区。玛雅文明诞生于公元前10世纪，分为前古典期、古典期和后古典期三个时期，其中，公元3—9世纪为其鼎盛时期。

玛雅文明是哥伦布发现美洲大陆之前人类取得的。它在科学、农业、文化、艺术等诸多方面，都作出了极为重要的贡献。相比而言，西半球这块广阔无垠的大地上诞生的另外两大文明——阿兹台克(Aztec)文明和印加(Inca)文明，与玛雅文明都不可同日而语。

但是，让世人们百思不得其解的是，作为世界上唯一一个诞生于热带丛林而不是大河流域的古代文明，玛雅文明与它奇迹般的崛起和发展一样，其衰亡和消失更加充满了神秘色彩。8世纪左右，玛雅人放弃了高度发展的文明，大举迁移。他们创建的每个中心城市也都终止了新的建筑，城市被完全放弃，繁华的大城市变得荒芜，任由热带丛林将其吞没。玛雅文明一夜之间消失于美洲的热带丛林中。

考古学界对玛雅文明湮灭之谜，提出了许多假设，诸如外族入侵，人口爆炸，疾病，气候变化……各执己见，给玛雅文明涂上了浓厚神秘的色彩。

2.4.2 玛雅人的五个太阳季和地球灾难预言

"地球并非人类所有，人类却是属于地球所有。"

——玛雅预言

今日，仍有200万以上的玛雅人后裔居住在危地马拉低地以及墨西哥、伯利兹、洪都拉斯等处。但是玛雅文化中的精华如象形文字、天文、历法等知识已消失殆尽，未能留给后代。

根据玛雅预言上的表述，现在我们所生存的地球，已经是在所谓的第五太阳纪，到目前为止，地球已经过了四个太阳纪，而在每一纪结束时，都会上演一出惊心动魄的毁灭剧情(图2.10)。

第一个太阳纪是马特拉克堤利(Matlactil Art)，地球最后被一场洪水所灭，有一说法称就是诺亚的洪水。

第二个太阳纪是伊厄科特尔(Ehecatl)，地球被风蛇吹得四散零落。

第三个太阳纪是奎雅维洛(Tleyquiyahuillo)，则是因天降火雨而地球步向毁灭之路，乃为古代核子战争。

第四个太阳纪是宗德里里克(Tzontlilic)，是地球在火雨(火山)的肆虐下引发大地(震)覆灭而亡。

玛雅预言也说，从第一到第四个太阳纪末期，地球皆陷入空前大混乱中，而且往往会在一连串惨不忍睹的悲剧下落幕，但地球在灭亡之前，一定会事先发出

◎图 2.10 玛雅人预言 2012 年是“世界末日”

警告。

玛雅预言的最后一章，大多是年代的记录，而且这些年代的记录如同串通好的，全部都在“第五太阳纪”时宣告终结，因此，玛雅预言地球将在第五太阳纪迎向完全灭亡的结局。当第五太阳纪结束时，必定会发生太阳消失、地球开始摇晃的大剧变。根据预言所说，太阳纪只有五个循环，一旦太阳经历过五次死亡，地球就要毁灭，而第五太阳纪始于公元前 3113 年，历经玛雅大周期 5125 年后，迎向最终。而与现今公历对照这个终结日子，就在公元 2012 年 12 月 22 日前后。

玛雅预言中第五太阳纪有关的地球灾难预言有以下五种说法。

1. 玛雅地球灾难预言 1——世界末日

美国玛雅文化研究专家阿维尼表示，“在玛雅历法中，1 872 000 天算是一个轮回，即 5125.37 年。”玛雅人的“长历法”把最初的计算时间一直追溯到玛雅文化的起源时间，即公元前 3114 年 8 月 11 日。根据“长历法”，到 2012 年冬至时，就意味着当前时代的时间结束，长历法于是重新从“零天”计算，又开始一个新的轮回。阿维尼认为，“这仅仅是一个重新计时的思想，与我们每年元旦或周一早上重新开始一年或一周的新生活完全一样。”类似我们国家的“天干”、“地支”。

2. 玛雅地球灾难预言 2——两极倒转

某些关于世界末日的预言声称，到 2012 年，地球将会两极倒转，地球外壳和表面将会突然分离，地心内部的岩浆将会喷涌而出。美国普林斯顿大学地质学家亚当姆·马尔卢夫认为，岩石中的某些磁性迹象表明，地球可能发生过这样剧烈的磁场变化，但是这一过程是一个持续数百万年的缓慢过程，如此缓慢以至于人类根本感觉不到这种变化。据研究考证地球自起源以来已经发生过至少 6 次南北磁极的倒转，地球目前还是“完整无损”的。

3. 玛雅地球灾难预言 3——天体重叠

根据“天体重叠”的预言，太阳在天空中的线路将会穿过银河系的最中央。许多人担心这种天体错位将会让地球处于更为强大的未知宇宙力量的牵引之下，会加速地球的毁灭。NASA 资深科学家大卫·莫里森坚决否认了这种说法。他解释说："2012 年绝对不会出现这种可怕的'天体重叠'现象。"20 世纪末的 1999 年，也曾经有人预测了太阳系天体的"十字架"排列会造成宇宙灾难，从而使人类无法进入新世纪的预言！

4. 玛雅地球灾难预言 4——行星撞地球

有些人预测，一颗神秘的 X 行星正在向地球的方向飞来。据说，如果行星正面撞上地球，地球将会因此而消失。即使两者只是轻轻擦过，也会造成地球引力的变化，从而引起大量小行星撞击地球。这种未知行星真的会在 2012 年出现吗？莫里森对此也坚决否认："本来就没有这个天体存在。"目前世界上最大的天文观测网络——VLBI 系统和其他巡天观测体系，正在昼夜不间断地监测着超过 10 万颗与地球轨道交叉或接近的小天体。所以，X 行星的存在毫无根据，即使有小天体意外地接近地球，我们现在也完全有能力制止它与地球相撞。

5. 玛雅地球灾难预言 5——太阳风暴

太阳的能量爆发通常会有大量的太阳耀斑产生。太阳耀斑是有规律可循的，其爆发周期大约为 11.2 年。剧烈的太阳耀斑可能会破坏地球上的通信设施以及其他一些地面事物，但是科学家们从来没有说过太阳会释放出强大的太阳风暴足以烤焦整个地球，至少是短期内不会出现这种现象。太阳的年龄已经超过 50 亿年了，太阳早期演化阶段的剧烈变化没有"摧毁"地球，目前太阳基本上处于"中年阶段"的稳定期。所以大的太阳爆发"摧毁"地球的可能性更是不会发生的。

2.5 世界十大落空的地球灾难预言

这些惊世骇俗的预言，包括 2012 年地球即将灭亡的玛雅预言，绝不是什么新玩意儿，事实上已经存在了上千年。很多人喜欢给出预言，很多人喜欢相信预言，这源于人们对于未来不确定性的忧虑，也源于哲人、统治者、有权势的人过于大胆的猜测和为了实现其目的的狡诈。就因为他们是猜测或说谎，所以绝大部分预言被证实是失败的。

2.5.1 最古老的预言之一——亚述预言

早在公元前 2800 年，在亚述人的一块泥板上就刻着这样的字迹：

"我们的地球在今后将不断堕落，很多迹象表明世界正加速走向灭亡。受贿和腐败随处可见，孩子不再服从家长的指令，每个人都想写一本书，而世界的终结将不可避免。"

这应该是人类历史上最古老的末世预言。

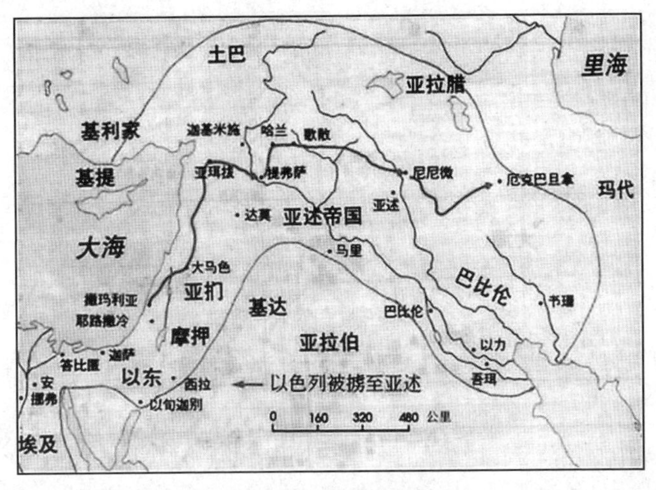

◎图 2.11 亚述帝国版图

然而看看周围我们显然发现，世界并没有结束。就是提出预言的亚述人，在给出预言后 400 年，他们逐步建立了强大的帝国，以美索不达米亚两河流域为中心，最强盛时帝国的疆界包括了所有中东地区，也就是今天的欧洲和地中海一带。历经将近 2000 年，公元前 900 年，亚述帝国达到最辉煌顶峰，成为不可一世的大帝国，但是在公元前 612 年，帝国灭亡，其时巴比伦军队攻占了帝国首都，不过按照古代帝国的标准，一个文明能持续存在 1800 多年已经是相当不错的。

亚述帝国结束后，世界依旧继续，后者见证了前者的灭亡和著名预言之落空。

2.5.2 耶稣的第二次降临

1213 年，教宗英诺森三世曾写道：

“灭亡之子已经升天，他引诱太多男人背离真理，去追逐世俗和肉体的快乐。但是我们将信仰交托给上帝，他给我们启示好的(耶稣的第二次降临)终将会来到，罪恶的世界即将灭亡，其出现到灭亡的时间，根据圣约翰《启示录》将是 666 年后，而到现在为止，接近 600 年已经过去了。”

被预言的时间是 1284 年，但是在那 7 年之后，最后一次执行十字军东征的欧洲君主也失败了，当年苏丹哈利尔征服了亚特古城（位于今天的以色列境内）(图 2.12)。基督教会征服“圣地”的愿望落空，也没有人看到耶稣第二次转世，直到今天阿拉伯文化还影响着数十亿人的生活。

2.5.3 油画上的恐怖画面

文艺复兴时代是人类艺术创新和认知能力大大提高的黄金时期，但是这个时

◎图 2.12　十字军东征

期同样也标志着大量灾难性预言的重新回归。为什么会这样呢？芝加哥大学研究中世纪历史的大卫·奈恩伯格说："计时器的进步和天文学知识不断丰富都产生了要制定统一日历的需要，但是与此同时，从欧洲人的观点看，又发生了很多大灾难，例如土耳其人攻占君士坦丁堡，这些事件和一些数字意外吻合让欧洲的命理学家重新痴迷于预言。"

一些艺术家将预言融进艺术创作中，文艺复兴时期著名画家桑德罗·波提切利就是其中之一，蕴含其预言的著名画作是《基督的神秘诞生》(图 2.13)。画作的最下方有几个小魔鬼被压在石头下面或者钉在地上，画作上还有希腊文的题词，隐含着预言。题词是这样写的：

"我，桑德罗，在 1500 年底绘制这幅画，此时意大利正处在混乱中，正处在根据圣约翰《启示录》第 11 章描述的、魔鬼被释放 3 年半的中间，这些魔鬼在第 12 章中被锁住，就像我描绘的那样。"

◎图 2.13　《基督的神秘诞生》

历史学家分析，波提切利受到了来自多明戈派传教士萨佛纳罗拉的影响，此人将16世纪初期称为世界末日来临前的一个时期，也就是所谓的“苦难日”，并预言基督将于1504年左右再临人世。萨佛纳罗拉号召在“苦难日”来临前，所有富人和穷人都应该为罪恶忏悔，同时拒绝世俗的快乐。为了证明世界末日即将到来，萨佛纳罗拉曾写道：“上帝的剑会快速降到世界，以战争、灾害和饥荒的形式。”

2.5.4 从未到来的德国洪水

1499年，德国著名数学家和天文学家约翰尼斯·斯图弗勒预言，一场巨大的洪水将在1524年2月20日吞没整个世界。他的预言根据是研究了天空上20个星座的连接处，其中16个星座预言“水”。此后，在欧洲有超过100种小册子被印刷，宣传这个预言，与此同时很多相关产业大大兴旺。最受益的当然就是造船业，人们联想到《圣经》里大洪水下幸存的诺亚方舟，其中最夸张的是德国贵族伊格里黑姆伯爵，他在莱茵河上建造了一艘3层楼高的大船。

尽管1524年对欧洲来说是非常干旱的一年，但是在2月20日那天，德国一些城市的上空的确飘起了小雨，市民们大为恐慌，拥挤在伊格里黑姆伯爵的大船前，希望能抢到个位置，结果是混乱中数百人被踩死，而伯爵本人也被石头砸死了。

大洪水并未如期而至，约翰尼斯事后表示计算出现了一点失误，准确的洪水时间应该是在1528年，但此时这位最著名算命师的名声已经完全被毁了。其实他的一些预言还是十分准确的，根据德国历史学家在1588年发表的一本历史书记载，约翰尼斯曾预言自己会在一天因为“坠落物体”危及生命，结果他选择那天在家里度过，可是在和朋友们交谈的时候，他不小心碰掉一个书架上的书，书正好砸在脑袋上，虽然没有死但是严重受伤。

2.5.5 新英格兰上空的黑色天幕

1780年5月19日早上9点，美国新英格兰地区的上空变成漆黑色。后来的《哈泼斯》杂志发表文章这样描述当时的场景：鸟儿皆在尖叫，乌鸦在白天大叫，就好像在半夜叫一样，所有动物都显得惊恐不安。这种现象估计是因为森林大火的浓烟所致，同时当天是大雾天气而更显得恐怖，但是当时的人们没有这样的理解力，他们认为更糟的事情发生了——“末日审判”到来，人们纷纷哭嚎着跪在地上祈祷、忏悔，祈求上帝宽恕。

黑幕在午夜时分结束，天上终于重新出现星星，但是人们的恐惧持续，并因此让一个一直隐晦的基督教派“颤震派”找到了发展机会。当时这个教派刚刚在纽约附近立足，他们找准机会宣扬世界末日学说，并告诉信徒具体如何做才能得到救赎，短时间内吸引了大批信众。

黑幕那一天中最突出的一个人就是康涅狄格州的州议员亚伯翰姆·丹弗伯

特,天色漆黑的时候州议会正在开会,当时很多议员认为审判日到来,希望能休会忏悔。亚伯翰姆说:"审判日如果没有来就没有必要休会,如果来了,我选择完成我的责任。"后来著名诗人惠蒂埃曾在 1866 年首次出版的《大西洋人》月刊上称赞亚伯翰姆的态度。

2.5.6 大金字塔中的预言

对于很多预言师和占星师来说,1881 年都是标志性失败的一年。首先是 16 世纪世界著名的预言家"希普顿妈妈"预测:"世界末日将在 1881 年到来。"这个预言最初在 1641 年出版,但是当时距离 1881 年还遥远,很多人认为这是十几代人之后的事情,因此引起的恐慌有限。1862 年这个预言再次被出版,后来当然没有实现,而书的作者自己也承认,加入这个预言以及其他预言,例如预言电报和蒸汽机的发明,无非是为了提高书的销量而已。

但是还是有很多人预言 1881 年将是世界末日的一年,其中包括基督教派"耶和华见证人",此教派认为 1881 年耶稣将降临审判世界。另一个权威证据来自使用特殊的金字塔几何学推算世界大事的神秘学专家查尔斯·皮兹·司密斯,他认为埃及的大金字塔不是埃及人建造的,而是《旧约》中的主教在神灵的指导下修建的。因此他根据金字塔的结构分析大事,其中包括计算世界末日,而他的预测同样是 1881 年。他的预言在 1881 年 1 月 5 日发表在《纽约时报》的专栏里,他写道:"根据观察,在大金字塔里一共有 1881 个小洞(图 2.14),因此如果大金字塔的神明显现,地球已经进入历史上最后一年。"

◎图 2.14 埃及大金字塔也成为失败预言的道具,里面的结构居然和世界末日的年份联系起来。

1881 年的末日论在欧洲尤其是英国的影响很大,因为查尔斯·皮兹·司密斯是苏格兰人,据说当年人们晚上多半不在家里过夜,都是在野地里、教堂里跪着祈祷,但是世界还是照样迎来了1882年的元旦。

2.5.7 哈雷彗星引发的恐慌

彗星因为拖着长长的尾巴,好像扫帚一样,一直以来被人们认为是不祥的预兆,1910年哈雷彗星的再次来临引起了大恐慌(图2.15)。虽然以前流传的很多世界末日的预言都没有实现,但是哈雷彗星被很多人认为是对人类的威胁。1910年年初的时候,英国和爱尔兰的一些作家表述观点,认为哈雷彗星来临是德国入侵的先兆,而巴黎人在之前经历了塞纳河泛滥淹没城市,也将这归咎为哈雷彗星的不是。但是最大的恐慌来自于芝加哥的约克天文台,1910年2月,天文台宣布观测到哈雷彗星的尾部携带着含氰的毒气。《纽约时报》的文章报道说,法国著名天文学家卡米拉·弗拉马里翁相信,这些毒气可能透过大气层污染地球,造成星球上所有生物死亡。

◎图2.15 1910年哈雷彗星回归的壮观场面

很多科学家无论自己是否相信毒气说都选择安慰公众,著名天文学家帕西瓦尔·罗威尔解释说,彗星的尾气非常稀薄,几乎和真空相当,就算进入大气层也不会有太多影响。但是预言的恶果已经产生,人们蜂拥购买防毒面具或者"彗星丸"——据说是毒气的解药,真不知道是什么厂商发这样的无良财。随着彗星来临的日期越来越近,大城市的居民开始恐慌,很多人用纸把钥匙孔堵住,或者在地下室里准备密封房。根据《纽约时报》的报道,最极端的例子是,一个人躲在大木桶里,然后要求朋友把他放到12米深的干井里。

在5月哈雷彗星安全掠过地球之后,《芝加哥论坛报》用显著标题写道《我们还活着》,尽管这多少有点多余。哈雷彗星可能是第一个有科学依据而不是宗教误解的"天启恐慌"。有趣的是,出生于1835年—— 另一个哈雷彗星年的美国作家马克·吐温，对自己死于1910年的准确预测倒是与彗星的这次降临恰巧相合。

2.5.8 行星成行

1974年，约翰·格尔宾和史蒂芬·普莱格曼合著了一本当时非常畅销的"科学"著作《木星效应》，警告说在1982年3月10日，木星和其他几大行星将排列成行，届时行星的引力联合，尤其是大体积行星木星和土星的引力，将引起大地震或者太阳耀斑，或者两者兼有。大地震的严重程度将把整个旧金山夷为平地。这本书有相当的可信度，因为两名作者都是在剑桥大学接受过教育的著名天文学家，其中约翰·格尔宾还是权威科学杂志《自然》的编辑。尽管有很多科学家批评《木星效应》，认为这是纯粹的天文想象，但此番言论还是在一般民众中引发极大恐慌。在"灾难日"即将到来的最后几天，人们用电话轰炸当地的天文台，就连遥远的东方，当地媒体都发表文章安慰民众，称天文现象和自然灾难没有必然联系。

3月10日，灾难日终于安全度过，事实上，我们唯一能感知的行星会合的引力效应是可能在某些地方发生潮汐，潮峰比平常高0.04毫米或者是其他。一年之后，约翰·格尔宾和史蒂芬·普莱格曼又合作出版了《木星效应反思》，同样是超级畅销书(怎么可能?)。

2.5.9 千年虫恐慌

至少这一次，恐慌性预言有人应承担责任。在20世纪，计算机的程序设计者都是用两位数字表达年份，而不是4位数。于是人们认为在2000年1月1日全世界的计算机系统都会瘫痪，因为这些已被预先设定好程序的机器不明白00就代表2000年而不是1900年，也因此"千年虫"电脑恐慌产生了：所有的软硬件都可能因为日期的混淆而产生资料流失、系统"死机"、程序紊乱、控制失灵等问题，如此造成的损失以及灾难是无法估计和想象的。一些学术界人士为电脑程序员辩护，表示他们当时的设计思维是符合逻辑的，因为电脑技术刚刚起步的时候计算器内存非常宝贵，用两位数字表示年份是节省电脑内存继而节省资金的做法。

千年虫警报响起后，《独立报》警告说有可能引发核战争，因为控制核武器按钮的电脑系统可能发生错乱；国际货币基金组织预测，一些发展中国家的经济可能因此陷入混乱；当时美联储的主席格林斯潘担心，千年虫可能会引发商家囤积货品，造成物资紧张；CNN则警告说美国的牛奶供应将完全枯竭，因为奶牛农场的所有电子设备都会失灵。

当然，此时的人类已经成熟很多，面临恐慌性预言学会了开始冷静思考，在接近1999年年末的时候，一项调查显示，9%的美国人认为微软电脑公司已经有了解决问题的办法，只有3%的美国人认为“千年虫”可能引发大问题，而1998年同一时期，还有34%的受访者担心会有大问题。为了解决“千年虫”，全世界范围内花费了数百亿美元，至今关于这些钱花得是否值得的辩论还没有消停。

2.5.10 人造黑洞

欧洲粒子物理研究所(CERN)启动了大型强子对撞机，由此拉开了通过高速粒子对撞的系列实验来探索宇宙起源之谜的序幕。然而，从实验一开始，外界便遍布各种危言耸听的“世界末日论”，有的说实验可能产生黑洞，顷刻间吞噬地球，还有的说实验将诱发奇异粒子，引发一连串的灾难性反应。

从20世纪90年代开始，媒体就在报道大型强子对撞机有可能产生人造黑洞，进而吞噬整个地球，如今这已成为极富争议的物理话题。2008年9月，大型强子对撞机首次启动，它埋藏在法国、瑞士边境地下巨大的圆形隧道，周长超过27千米。实验管道将维持在零下271摄氏度的极低温。这时会出现奇妙的超导现象，粒子在管道中将几乎不受任何阻力，因此它们可以以让人惊讶的速度发射出去——那将是光速的99.999 999 1%。尽管这些粒子的质量非常小，但超高速度使之带上了巨大能量。一旦它们彼此相互碰撞，将发生剧烈的爆炸。这样的爆炸能量类似宇宙“大爆炸”时发出的能量，因而能给科学家提供研究宇宙形成的线索。

然而，一些怀疑论者抛出了悲观的末世论，认为高能量的粒子相互碰撞每秒钟就能产生一个迷你黑洞，这些黑洞最终将吞噬地球。这一潜在的黑洞加工厂一时引起全球恐慌，媒体纷纷报道。致力于保卫人类免受人们周围各种威胁伤害的非营利性机构“救生艇基金会”也声明，人造黑洞会威胁地球上的所有生命。

之所以会有这样的观点存在，是因为在量子物理界，没有人能说任何事情“绝对不可能发生”，也就是物理学家们都奉行“无绝对”原则，按照这样的原则，我们的厨房水龙头里有怪物爬出来也是有可能的。

但是很多科学家坚持利用粒子碰撞产生的黑洞是无害的。因为所有的黑洞都要释放出宇宙射线，小黑洞所释放的物质要远远多于其吸收的物质，因此，在它们吸收物质之前自己就早已瞬间蒸发了。其实一直以来地球就沐浴在足够可以形成黑洞的宇宙射线和粒子对撞之下，但一直也都没有被摧毁。另外几乎所有粒子加速器生成的黑洞都必须达到足够的速度才能逃脱地球的重力，即使一年生产出1000万个黑洞，也大约只能捕捉到其中的10个，让它们围绕加速器中心运转。而这些被捕捉到的黑洞又是如此地渺小，假设让它穿过一块相当于地球到月球距离厚度的铁块，它也不会撞倒任何东西。它们吞噬一个质子需要大约100小时的时间，要吞噬1毫克地球物质就需要花费比宇宙年龄还要长的时间。

不管结论如何，令很多人“安心”的是，大型强子对撞机在工作9天后就因出现技术问题而关闭，由于它的工作温度接近“绝对零度”，所以在启动前它必须完成降温工作，并进行相应的试运行，一旦出现问题，就必须又恢复到室温修理。这种反复升温、降温的工作让重新启动时间不断推迟。

2.6 未来地球可能的十大灾难"预言"

英国宇宙学家马丁·里在他出版的新书《最后的世纪》中预言，地球在未来200年内将面临十大迫在眉睫的灾难，人类能够幸免的机会只有50%。

1. 粒子实验可以吞噬地球

科学家通过粒子加速器使粒子达到光速后，互相进行碰撞，来研究微观世界的能量定律。由于被研究的物质是如此之小，人类也许从不担心粒子会对人类形成什么威胁。但是最近，一些严肃的科学报告指出，在美国长岛的粒子加速器实验(所创造的能量要大于欧洲粒子物理研究所的大型强子对撞机)或相对论重离子碰撞实验，可能会产生一个微型黑洞(图2.16)，它将慢慢吞噬地球上的一切物质，包括地球。

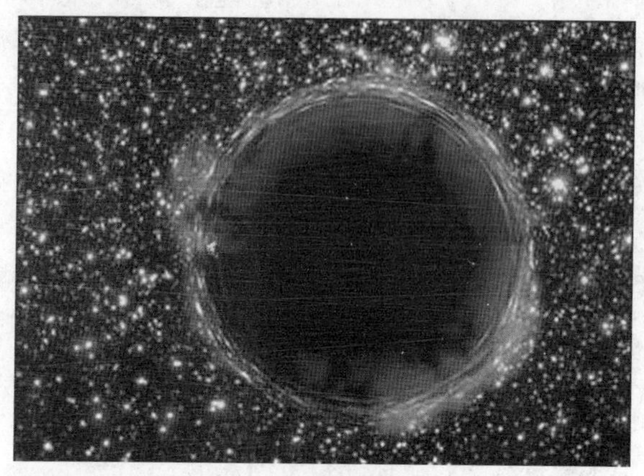

◎图2.16 迷你黑洞

2. 机器人接管世界

经常有报道称，计算机的速度又达到了每秒多少亿次，一些科学报告甚至认为，到2030年，计算机或机器人将拥有和人类大脑一样的储存容量和处理速度，甚至能完全代替人类思考。科学家甚至预言，即使是无意识状态下的机器人，同样也能对人类构成威胁。

3. 纳米机器人

科学家希望通过纳米技术的研究，在短期内制造出尺寸更小、速度更快的电脑晶片，而长期的目标则是制造微型机器人，或称之为纳米机器人。它们可以被注射进人的体内，毁灭癌细胞和修补被损坏的人体组织，同样，纳米机器人还能够通过处理各种化学物品制造出有用的科学原料。然而，据一份科学报告称，纳米机器人能自我复制，将它们穿过的每一样物质的结构都复制成它们自己，而人类无法阻止这种过程发生。

4. 生化武器的危害离人类并不遥远

在20世纪60年代，随着抗生素和抗滤过性病原体的发明，人类充满信心地认为我们已经永远征服了各种传染疾病，所有病毒都可以被抗生素杀死。不幸的是，更多的病毒开始转变它们的基因以抵抗抗生素的作用。到现在为止，让医学家们束手无策的病毒不减反多。

基因工程走得更远，人类已经可以通过修补DNA改变生物体，用高科技改变一些动物或植物的遗传基因，人造染色体不久也将被用于医学和农业科学上。然而，这些善意的基因技术或许也将带来一场意想不到的灾难。人类也许认为自己操作的是一种友好的生物基因，然而它们可能会以某种科学家意想不到的方法毁灭庄稼、毁灭动物甚至人类。

生化武器病毒对人类来说是最大的威胁之一，以前它很难被制造，然而目前因特网上的一些生化病毒制造信息却使其变得十分容易。

5. 超级火山爆发

地球上曾遭遇过至少六次毁灭性的火山爆发，相对于这些超级火山的爆发，意大利埃特纳火山只是小巫见大巫。英国伦敦大学的地球物理学教授比尔·麦格在他的著作《走向世界尽头》一书中认为，下一场超级火山爆发只是一个时间问题。

6. 地震引发世界经济危机

人类无法预知地球是否还会再发生一次类似1923年那样的东京大地震。在那场地震中，20万人死亡，经济损失达500亿美元。科学家估算，如果人类再遭受一次类似1923年的东京大地震，世界股票市场将如自由跳水，欧洲和美国经济将彻底崩溃。

7. 小行星撞毁地球概率大过彩票中大奖

在地球过去的历史上，曾经多次被来自外太空的小行星或彗星撞击过，但这些天外来客由于体积较小，对地球构不成巨大的伤害。然而，科学家认为，一颗直径超过100米的小行星撞向地球，就将成为一场人类的灾难。如果一颗这样大的小行星击中伦敦，将能使整个欧洲毁灭。科学家通过测算，认为一颗直径1公里大小的小行星每隔10万年就会撞击地球一次，这种尺寸的天外物体将会引起全球性的生态灾难。而一颗直径10公里大小的天外物体将会夷平地球，使地球重现6500万年前恐龙灭绝的灾难。据英国索尔福德大学的杜肯·斯蒂尔的研究，大约有1500颗直径1公里大小的小行星已经或正在掠过地球的轨道。

8. 热死——地球温室效应日益明显

在过去的一个世纪内，地球温度上升了0.6摄氏度，这直接导致了地球上由风暴、洪水、干旱等引起的各种天灾成倍增加。据统计，2000 年发生的地球天灾数是 1996 年的两倍，科学家预测，在 21 世纪，这些灾难数将以 6 倍的比率增加。最新科学研究结果证明，北冰洋冰块正在大量融化，这些都将加速地球气候变暖，使未来的人类在温室效应的热浪中"渐渐死亡"。

9. 战争和核武器

自人类发明核武器以来，在核威慑的保护伞下，人类战争非但没有减少，反而增加了。自 1950 年以来，地球上发生过 20 次灭绝人性的大屠杀，超过 1000 万人死亡。事实上，随着美苏冷战的结束，人类面临的核威胁变得更加严重。据数据统计，目前全世界有 31 000 多枚核武器，只要千分之一被人滥用，就足以导致人类末日提早来临。

10. 不可抗力

除了以上九种人类可能面临的威胁外，科学家将最后一种威胁归之于大自然的不可抗力。宇宙中存在很多未解之谜，而每一种神秘的力量都足以对人类未来命运产生至关紧要的影响。有科学家认为，宇宙中哪怕数百万光年以外的一颗超新星爆炸，都将潜在影响地球在太空中的命运。也就是说地球也可能会"躺着中枪"。

◎第3章

天上的石头雨和地下翻滚的恶魔

太阳吹来了的“中微子流”、

太空中下起了“石头雨”、地下的恶魔翻滚嚎叫

天体撞击、火山、地震、雪崩、海啸……

哪一个能给地球造成灾难？甚至毁灭人类？

这一章的故事我们从意大利庞贝古城的覆灭讲起。这个故事从小就震撼了我，威怒的维苏威火山、繁华洁净的庞贝古城、瞬间朝着城市奔流的火山岩浆、来不及躲避的人群和抱在一起无奈地面临死亡的大人和孩子……一切的一切，几十年来都在脑海中挥之不去！

如果你有机会去意大利，一定要抽时间去庞贝古城遗址看看，去见证一下大自然的威力(图3.1)。

◎图3.1　庞贝古城的覆灭

庞贝古城位于那不勒斯东南五十公里左右，由伊特拉斯坎人始建于公元前六世纪。前91年时归属罗马人，此后一度极盛，富庶不逊于罗马。公元79年，维苏威火山爆发，庞贝古城毁于一旦。在火山灰的掩盖下它长眠了1700年，直至1748年的考古发掘。

维苏威火山——欧洲大陆唯一的活火山。在意大利南部那不勒斯东南10公里处。海拔1280米。公元79年8月24日的一次大爆发，将附近的庞贝、赫库兰尼姆、斯塔比奥等城全部湮没。以后山坡林木茂盛，葡萄遍植。维苏威火山在1131年前曾有7次喷发，至1631年、1944年又有两次大爆发。现仍在活动中。

火山爆发是地球的一种能量释放，是一个自然的过程，然而，多少年来它带给人类的灾难数不胜数，当然，还有地震、海啸、太阳风，等等，在伴随着地球成长的同时也会给地球带来灾难。

3.1　来自太阳的“骚扰”

太阳打个“喷嚏”、地球就会感冒，太阳如果“咳嗽”，地球差不多就要得肺炎啦。

太阳是太阳系的主宰！它带领着八大行星、上百颗卫星、超过十万颗的小行星以及数不清的流星、彗星和弥漫在太空中众多的行星际物质组成了尺度超过一亿光年的太阳系。

太阳的质量占到了整个太阳系质量的99.865%，如果你还没有意识到太阳质量的庞大，你可以做一道算术题：100－99.865＝？相信你就能体会到太阳对太阳系的主宰作用!

阳光普照大地给地球上的动物带来了温暖,给地球上的植物带来了光合作用的"原料"。实际上,人类能够获得的所有能源全部来自于太阳,甚至人类、生物的起源和演化也得到了太阳的"恩赐"。

然而,超能的太阳也并不平静。太阳"中微子流"、太阳黑子、太阳风、太阳的耀斑爆发,都会给地球带来灾难。

3.1.1 太阳"中微子流"

中微子,是一种比电子、质子、中子更低一个"层次"的基本粒子。大多数粒子物理和核物理过程都伴随着中微子的产生,其中就包括太阳发光的质子-质子链过程:

质子+质子→氘核(重氢)+正电子+中微子

本来这属于一个纯粹的理论物理问题,怎么会和地球灾难联系在一起了呢?这里面包含了两个故事,一个和太阳系的起源有关,就是科学史上有名的"太阳中微子丢失之谜";另一个直接关联到了地球灾难(中微子加热地球),始作俑者可以推到玛雅人那里,实际上还是一些人在利用伪科学来危言耸听。我们先讲后面的一个故事。

在电影《2012》中,太阳活动峰年的到来使太阳中微子加热了地核,最终导致地球灾难。真是这样吗?我们只需回答下面的三个问题,读者就可以自行判断。

问题一:2012是太阳活动的峰年吗?

早在19世纪,人类就认识到了太阳活动规律的周期,大约每11.2年会出现一次高峰。据有太阳活动的记载以来我们正在迎来太阳的第25个活动周期,而这个周期的太阳峰年,并不是2012年,而是2013年。

那么2013年的太阳峰年会不会造成地球毁灭?NASA研究太阳活动的科学家强调:"这只是一个普通的太阳活动周期,和历史上其他的太阳活动周期并没有什么不同。"

而且,分析近年来的太阳资料表明"实际上自太阳活动第19周期以来,太阳活动高峰年的活动强度一直在逐渐减弱。以太阳活动的典型代表太阳黑子的出现而言,目前预测第25周期的太阳黑子平均数为90个,不及第19周期的1/2。"

问题二:太阳中微子真的可以加热地核吗?

太阳活动爆发的主要产物是高能粒子、电磁波和日冕物质(图3.2)。它们在到达地球后主要对卫星、通信系统、电网等高精密度电子设备产生影响和破坏,对日常生活的影响非常微小。

绝大部分的太阳高能粒子到达地球附近时都会被地球本身的磁场屏蔽,进而转向,只有少数粒子能从地球磁场"防护罩"的薄弱点——两极附近进入高层大气

◎图 3.2　太阳风的主要成分是高能粒子流，中微子只是其中的一部分。而且地球磁场阻挡了太阳风的绝大部分，使之不能直接“作用”于地球。部分太阳风粒子与地球大气作用形成极光。

上空(图 3.2)。此时，地球大气就会起到防护作用，拦截这些粒子。

中微子以其强悍的穿透力而著称。从太阳内部产生后，它以接近光速运动，能直接穿越地球直径那么厚的物质，地球对它而言就像是透明的。但中微子只参与非常微弱的弱相互作用，100 亿个中微子中只有一个会与物质发生反应。如果中微子真的能与地球发生反应的话，那它也能跟太阳内部的其他物质发生反应(太阳的热核反应集中于太阳的内核)，从太阳内部产生到离开太阳表面能量就已经消耗掉大半了。

问题三：为什么偏偏是中微子来加热地球呢?

这就要给大家来讲“太阳中微子丢失之谜”的故事了。

通过前面我们给出的太阳热核反应的发生式，我们能够看到，中微子是太阳热核反应的生成物，那么我们通过研究太阳中微子的特性，发现它的变化规律也就能够推断出太阳内部的一些情况。

科学家从 20 世纪 70 年代开始做这件事，麻烦也就随之而来了。无论怎么测来测去，接收到的中微子数量总是比根据太阳活动模型和粒子物理理论计算出来的要少，实验值在理论值的 1/3～2/3 之间徘徊。也就是说，有一部分来自太阳的中微子“失踪”了。这就是所谓的太阳中微子失踪之谜。

很显然有下述可能：①我们的太阳活动模型错了，也许太阳核心的温度并不像估计的那么高，所以算出来的理论预期值就是错的；②有一些太阳中微子在旅行途中“变味”了，成了别种类型的中微子。

进一步的理论研究表明，中微子有三种类型，不妨理解成三种“味道”：电子味、μ味和τ味。太阳产生的中微子主要是电子味的。根据现代物理学的所谓“标准模型”，中微子没有静质量，而不同味道的中微子要相互转化，必须具有静质量。也就是说，如果是上面的第2种情况，标准模型就不大标准，需要修正了。加拿大、美国和英国的科学家研究了他们的观测结果表明，事实正是如此。

科学家在加拿大安大略省 Sudbury 的一个镍矿中建造了一个巨大的中微子探测器，进行了据说是迄今最精确的中微子测量。这个探测器叫 Sudbury 中微子观测站(SNO)。它位于地下2000米处，体积相当于一座10层大楼，使用1000吨超纯重水。之所以要搞得这么麻烦，还是因为中微子那异常的穿透力——这对于传播过程来说固然是桩好处，对接收端来说却颇为痛苦，因为难以找到有效的方法来留住它。幸好中微子能穿透100光年厚的固体铅块只是个平均算法，偶尔也会有一些中微子与物质粒子发生反应，产生一抹微蓝的光芒，称为切伦科夫辐射。在水箱外面装上一大堆光探测器接收这抹蓝色光芒，便可捉到中微子的踪迹。不过中微子究竟还是太难与物质反应了，1000吨超纯重水的效率也不过是每天10个中微子而已。

科学家声称，将 SNO 的观测结果与其他一些中微子探测试验的数据相结合，可以发现有些太阳释放出的电子味中微子确实在旅途中变成了其他味道的中微子。考虑到这一因素的话，实验值与理论值倒是很吻合的，所以太阳模型暂可不必修改，而标准模型就大有问题，“需要新的物理学来把新的实验结果融合进去。”

看了上面的说法，你可能会说这个和地球灾难有关吗？开始我也是这样问自己，那么怎样才能把中微子与地球灾难联系起来呢？我们无法钻进“谣言”制造者的脑子里去看，所以只能做一些主观推断：也许他们知道“太阳中微子失踪之谜”这段著名的历史疑案，又看到了太阳中微子具有超乎寻常的穿透力的描述，就会产生这样的臆想——那么强的穿透力，能量一定很强！大部分太阳中微子“找不到了”，那就是地球的核心物质把它们吸收掉了，这么大的能量被吸收，当然会极大地加热地球内核了，地球内核温度急剧增加，地球薄薄的外壳不堪“热浪”的压力——然后地球爆炸。

3.1.2 太阳活动周期和地球灾难

太阳的活动具有周期性，这在几千年前的玛雅人和中国人都有记载。为什么太阳的活动周期会被发现并被记载下来呢？一定是人们认识到了太阳的活动会极大地影响地球，甚至造成灾难。

太阳活动的周期性，体现在太阳耀斑和太阳黑子(图3.3)的周期性出现。

太阳活动的周期性也称为太阳活动的磁周期。最早研究太阳活动周期现象的是曾任伯尔尼天文台台长的鲁道夫·沃尔夫，他在研究另一个天文学家海因里

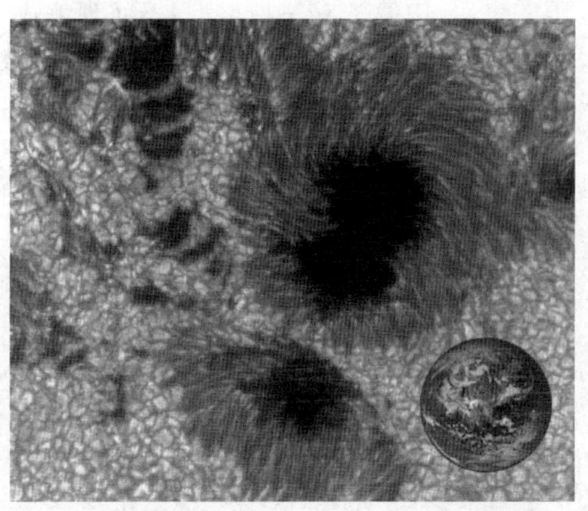

◎图 3.3 太阳黑子是发生在太阳表面的巨大的气体旋涡，小黑子一般有 1000 千米，大的可以有 20 万千米。太阳黑子"看上去"很黑，实际上它的温度一般在 4000 摄氏度左右，相对于 5800 摄氏度的太阳表面温度来说，就显得黑啦。太阳黑子的磁场很强，磁场爆发时发生太阳耀斑。

希·施瓦布的太阳黑子观测资料时发现了太阳活动周期。

太阳活动周期对地球和人类活动有什么样的影响呢？

长期的影响包括冰河期的长短、地球大气和海洋温度的长期变化、地球板块漂移的速度等等。

对地球的中短周期影响，目前并没有十分确切的根据。典型事例比如厄尔尼诺和拉尼娜现象，是太阳的周期变化影响地球自转，从而影响太平洋表面温度变化，还是其他的原因，目前还在研究中。

实际上，由于天体间的相互影响十分复杂，所以到目前为止有关太阳活动对地球的影响还都是处于利用"相关度"进行分析阶段。主要涉及四个方面：

(1) 太阳"爆发"时，强烈的太阳粒子流和变强的 X 射线和紫外线对地球上空的电离层(图 3.4)形成干扰，导致无线电短波通信系统受到不同程度的影响。

(2) 地球自然环境受太阳活动的影响，出现相对应的自然灾害。资料分析表明，凡是在太阳黑子的活动高峰年，我们就会发现地球上出现反常的特异性气候的几率明显增大，如厄尔尼诺现象、地震、海啸等自然灾害的发生率普遍比太阳黑子的低峰年要高，反之而言，当处于太阳黑子活动的低峰年时，地球上的气候就会相对正常、稳定。

我们从图 3.5 中可以看到，年平均降水量是随着太阳黑子数的改变而变化的，其中存在着正相关与负相关两种关系。

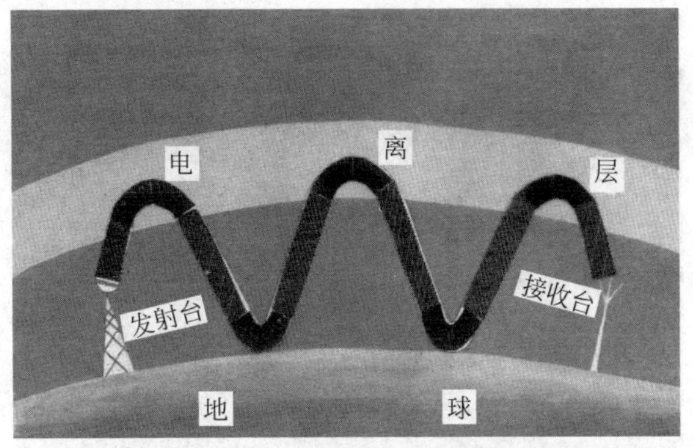

◎图 3.4 地球大气中的电离层，人类通信的长波信号就是靠它不断地反射传播。

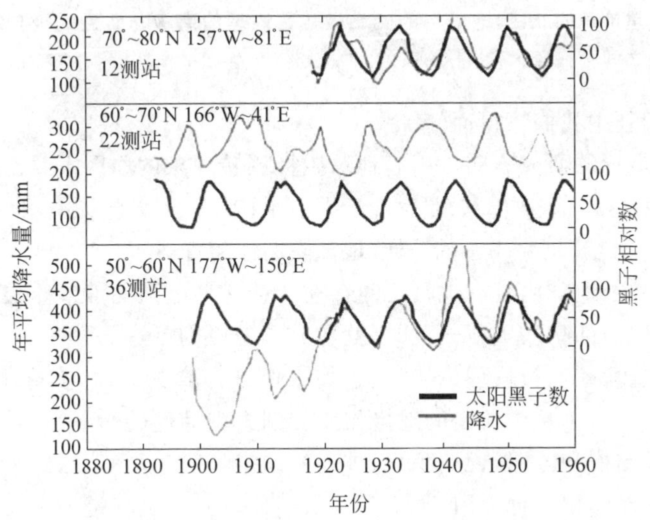

◎图 3.5 太阳黑子数与年平均降水量的关系图

(3) 太阳活动对地球磁场变化的影响

太阳风中的带电粒子流，能强烈地干扰地球的磁场（图 3.6），使其受到扰动，进而产生"磁暴"现象。出现"磁暴"现象时，磁针会出现剧烈颤动，无法正确地指示方向。使地球上的无线电短波通信系统受到干扰，严重时甚至会出现通信的中断。

另外，有研究表明，地球磁极倒转现象的原因也和太阳活动有关。关于地球磁极倒转现象，也被人视为重大的地球灾难之一。地球物理学的研究显示，地球自产生以来已经发生过 6 次磁极倒转现象了。距上一次磁极倒转现象已经过去了 7000 万年，从时间周期来看下一次的地球磁极倒转现象早该发生了。而且，据说以往 6 次的地球磁极倒转每次都伴随着大约 50％的地球生物会灭绝，而人类是否

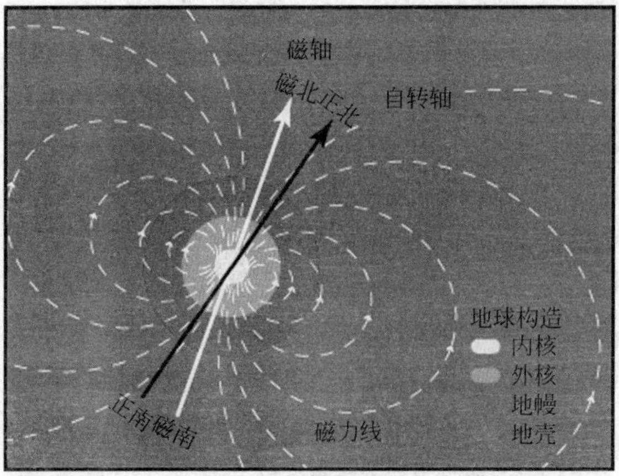

◎图 3.6 整个地球就是一个巨型磁场。地球地磁场的磁南极就是地理的北极，地磁场的磁北极就是地理的南极。而且磁极与地极之间存在着大约 11°的夹角。

在被灭绝的行列中我们不得而知。

实际上，最近的研究表明。引起地球磁极倒转现象的原因大致有三种：

第一种说法，地球(太阳系)是存在于银河系这样一个大磁场中，随着太阳带领着地球和八大行星绕银河系中心的公转，地球磁场也随着银河系的大磁场不断地变化。

第二种说法，地球内核和地幔之间存在一个磁性极强的液体流层，当地球活动剧烈，造成地球内部物质重新分配时，就造成了磁极的更迭。

第三种说法，地球板块理论认为，诸如大西洋洋脊的结构，实际上在地球的主要大洋中都有分布。从中涌出的地幔物质受到太阳活动的影响在不同的时期呈现出不同的磁性结构和方向，长期积累、排列的结果，就造成了地球磁极倒转。

不论是上面的哪一种原因，我们都认识到地球磁极倒转是一个长周期的、缓慢发生的过程，并不会给地球造成一个“惊天动地”的大灾难。

3.2 天体撞击

说到天体撞击，大多数人会想到 6500 万年前的那颗小行星撞击地球。它的影响足够巨大，造成了不可一世的恐龙的大灭绝。但它也是足够地遥远，遥远到我们都不能依靠追溯，而只能依赖于猜想才会记得它。可是，最近俄罗斯发生的天体撞击事件就不是想象或猜想啦！它的确是在光天化日里发生了；的确是给我们造成了很大的破坏和影响；的确是出乎了我们，甚至于监测地外小天体运行的科学机构的意料之外。

那么,天体撞击是一件足可以毁灭地球的事件吗？历史上发生过多少被人类记录下来的天体撞击事件？面对“天外来客”的攻击我们有办法吗？

让我们先来给大家介绍一下这些可能造访地球的“邻居”吧！

3.2.1 太阳系的小行星带

介绍地球的“邻居”,你自然首先要提到的就是时刻伴随着我们的卫星——月亮啦！实际上月亮不是邻居,月亮和我们是一家人。天文学上谈起地球一般我们都是说——地月系。

再远一点的,你会想到金星、火星。它们都是大行星,有足够的质量和稳定的绕日运行轨道。所以,它们只能和我们“隔空相望”,不算是邻居吧?！因为,邻居多少也应该是有交往的吧。

那我们地球还会有其他的邻居吗？如果我告诉你地球的邻居超过10万你可能会惊讶,而且这些小天体大多数都在人类的“监视”之中,你可能马上会说,是美国人(CIA)干的吧！

这些小天体我们称之为小行星,也包括一些彗星及其残骸。彗星来源于太阳系最外围的“奥特星云带”,而小行星则分别属于“火木小行星”带和“科伊伯小行星”带(图3.7)。

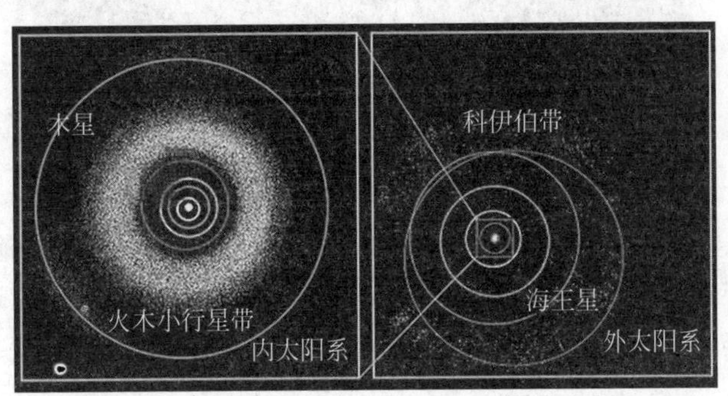

◎图3.7 “火木小行星”带(左)和“科伊伯小行星”带(右)

“科伊伯小行星”带离我们很远,以往并没有被我们所重视。即使近年来为人所知也不是因为天体撞击,而是因为原来的“第九大行星”——冥王星实际上就属于“科伊伯小行星”带的天体。所以,很明显它们和地球不可能发生关系(离得太远)。

“火木小行星”带(图3.8),从名称你就知道存在于火星和木星之间。这个小行星带的最早发现应该和一个德国的业余天文爱好者有关,他就是德国人提丢斯,他完全依据数学规律推断出太阳系各大行星距离太阳应该符合一个公式,现在都被称为提丢斯定律。在这个定律中,从离太阳最近的水星到最远的海王星,都基本上符合，唯独在火星和木星之间人们找不到那颗应该在那儿的大行星。而且，从意大利天文学家皮亚齐在1801年发现第一颗小行星，并命名为“谷神星”开始，到后来的“智神星”、“灶神星”，小行星就被不断地发现。1868年发现了100颗，1923年1000颗，1951年10 000颗，到1982年达到100 000颗，目前发现的小行星数目至少超过50万颗，而被命名的小行星超过12万颗。你也可能会问，不是应该有一颗大行星在哪里吗？怎么换成了这么多小行星！这在天文学界也是一个未解之谜。目前有两种说法：一是说，原来是有一颗和地球差不多大小的大行星，后来被木星引力或者是其他的未知力拉散了，形成了这么多小行星；第二种说法也和巨大的木星有关，我们前面向大家介绍了大行星形成的“星子”假说，在大行星形成初期，火木之间存在的那些“星子”，由于其成分的关系，更是由于受到强大的木星引力的干扰，而无法“团聚”形成大行星，就留下了这么多的小行星(星子)。

◎图3.8 火木小行星带中的小行星被认为接近百万颗，本身形状不规则，分布比较均匀。按成分基本分为三类：碳质、硅酸盐和金属。

这些小行星的分布基本均匀，但是受太阳和木星引力的影响，它们的绕日公转轨道呈一定的比例分布(基本是木星引力共振系数的倍数)。所以，他们之间的碰撞是经常发生的，半径超过10公里的小行星平均1千万年就碰撞一次，别认为间隔很久，1千万年在于天文学的时间尺度来说，算是碰撞频繁发生啦。

除去小行星之间的碰撞之外，由于小行星质量较小，容易受到其他天体的引力摄动而改变运行轨道。而当它们的轨道和地球轨道相交或者接近时，就有可能会冲入地球和地球相撞。图3.9是被北京(国家)天文台在1997年观测到的小行星(1997-BR)。1997年1月20日它被发现时(图3.9中A点处为其轨道与地球轨道交叉处)，其轨道与地球轨道的最近距离是0.0001天文单位(约15 000千米)，是当时的96颗潜在危险小行星中第三颗这么近的。尽管如此，它在今后相当长的时间内(至少在我们的有生之年)不会对地球构成真正的威胁。发现后引起国际小行星观测者的极大关注,不仅成为当年被观测次数最多的小行星,也是有史以来被观测最多的小行星之一。

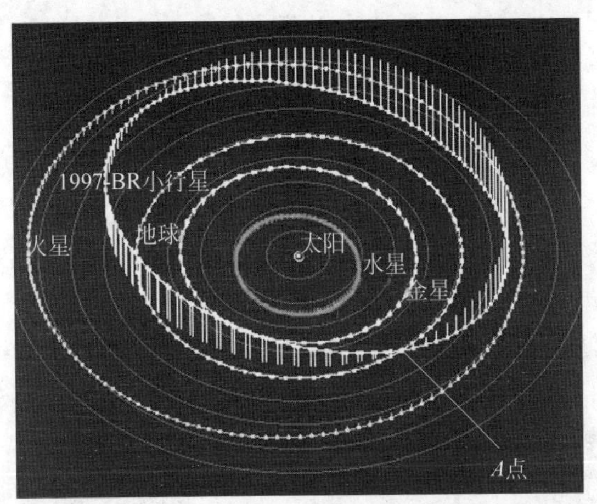

◎图 3.9　小行星(1997-BR)的运行轨道

小行星中真正可能对地球造成威胁的称为潜在危险小行星。它们的轨道与地球轨道的最近距离小于 0.05 天文单位(约 750 万千米),直径大于 100 米。据估计,潜在危险小行星约有近 2000 颗。经过精确的计算分析,实际上真正能够与地球相撞的小行星几乎就是个位数,因为和地球接近是一个概念,而和地球相撞是另一个概念。它需要地球和小行星同时刻通过它们的轨道交叉点(图 3.9 中的 A 点)。所以,这一天文灾难是很少发生的。

3.2.2　著名的撞击事件

小天体的撞击事件会给地球(人类)造成什么样的灾难呢?天崩地裂的直接撞击是不可能发生的,因为能与地球本体产生直接撞击的天体,本体的尺度要足够大,而达到这样尺度的天体在达到地球轨道范围之前就已经被木星、土星那些“大家伙”吸引过去了。

地球历史上,被直径超过 10 公里的小天体撞击的次数极少,据估计应该在 5 次以内,而且都是发生在人类产生之前。不过它们造成的灾难可以说是毁灭性的,主要是破坏了地球的生态系统(大气环境)从而造成生物体的大规模灭绝。比如,6500 万年前的那一次,就彻底地摧毁了不可一世的“恐龙王朝”。

所以,小天体撞击地球可能产生的灾害主要是碰撞引起的爆炸,以及爆炸引起的火灾、地震和海啸。另外还有由碰撞引起尘埃扩散所带来的寒冷化,以及因氮气燃烧而产生的酸雨等灾害。让我们一起看看历史上著名的小天体撞击事件都对地球产生了什么影响吧。

1. **第一次大撞击："火星"撞地球**

针对这一事件我们先声明两点：第一，这一次"撞击"是否存在？目前还有极大的争议；第二，不是真的火星和地球相撞了，而是体积类似火星大小的，被称为 Theia 的天体撞击了地球。

这一次大撞击被认为发生在 45 亿年前。那时地球还初生不久，处于混沌状态。地球的分层还没有完成，尽管地核已经形成，地壳却还未出现，地球表面是岩浆的海洋。这时，Theia 小天体撞向了地球。对比起以后撞击地球的天体，Theia 的体积绝对是"足够的"大了，有火星那么大，也就是说直径达到了地球的一半，算是名副其实的"火星"撞地球吧！

据说，这个碰撞可谓惊天动地(图 3.10)，Theia 自身完全毁灭，绝大部分被地球兼并了。但是地球也损失惨重。一大堆岩浆在剧烈的碰撞后，如同井喷一般，一飞冲天，脱离了地球，而这堆岩浆日后就形成了月球(这只是月球形成的各种假说中的一种)。

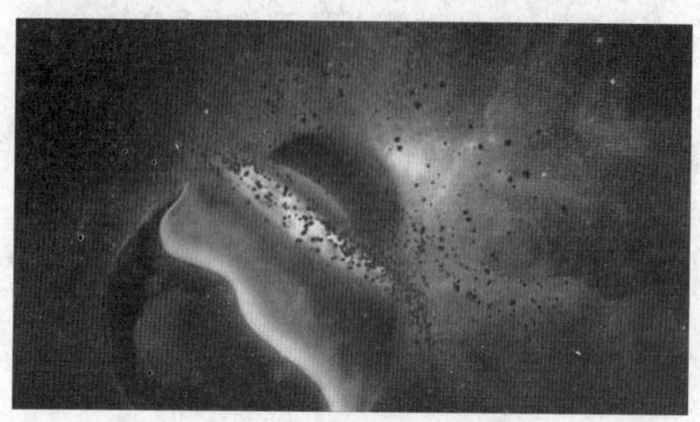

◎图 3.10 "火星"撞地球应该是这个样子吧？

实际上，目前谈论月球起源最多的说法有三种："情人说"——月球原来是一颗绕太阳公转的小行星，由于离地球太近，而被俘获。有证据表明，这个俘获过程进行了最少 5 亿年，最后完成应该是 39 亿年前；"母女说"——这个说法是说月球是由地球分裂出去的，而且分出去留下的那个"大坑"形成了太平洋。但是，这个说法证据不足(月球表面物质与太平洋洋底物质不类同)。而且，分裂的原因也不是撞击，而主要是太阳和大行星对地球赤道隆起物质的吸引造成的；"姐妹说"——认为地球和月球产生于同一个宇宙区域。

以上三种说法都不支持"火星"撞击地球产生月球的说法。

2. **第二次大撞击：真正毁灭性的小行星雨**

地球遭受的第二次大冲击当数 40 亿年前到 39 亿年前的一轮小行星冲击(图 3.11)。小行星是处于火星和木星之间的一群小天体。40 亿年前，小行星带受到某些因素的影响，其带内无数的小行星向类地行星冲去，火星、地球、月球、金星和水星无一幸免，史称晚期重型轰炸事件(Late Heavy Bombardment，LHB)。这场轮番轰炸持续了几百万年。

◎图 3.11 地球遭受的"晚期重型轰炸事件"。这次撞击的证据由于地球表面的沧桑巨变，我们在地球上已经找不到了。但是，我们在几乎没有大气的月球上发现了这一事件的证据。

据估算，在这个过程中在地球上形成了约 2 万个直径大于 20 公里的陨石坑，其中大约有 40 个直径在 1000 公里以上，还有几个直径甚至达到 5000 公里。其他类地行星和月球同样也是伤痕累累，直径大于 20 公里的陨石坑都有成千上万个。在这种密集的冲击下，地球长期处于一种固化和半融化之间的状态，几乎每 100 年，地表就会重新塑造一次。

这次撞击的剧烈程度没有第一次大，但是造成的影响巨大。首先，在撞击时地壳已经基本形成，而这一次撞击使得地壳又要重新塑造一次。结果是，在目前的地球表面我们找不到比 39 亿年更古老的结构存在；第二，生物的进化是一个漫长的过程，目前的资料显示最早的生物可能产生于 38 亿年前，但是，并不排除在此之前也有生物产生，而它们被毁于这次撞击。

3. 第三次撞击：古生代群的终结

如果说 LHB 的袭击可能只是摧毁了地球上的生命的话，那么发生在两亿五千万年前的处于二叠纪和三叠纪之交的撞击灾难就确确实实是生物界的灭顶之灾了。

二叠纪末的大灭绝是生物史上最严重的灭绝事件，对海洋生物尤甚。据统计，有 57%的海洋生物的科完全灭绝，灭绝的海洋生物物种更高达 95%。陆地上的情况也好不了多少，48 个科的四足兽，仅仅有 12 个科存活下来。这个事件也标志着古生代的结束和中生代的开始。

这个大灭绝事件的成因被认为是多种因素的共同作用，火山爆发、地震和地壳板块碰撞等都是原因。而这一切的罪魁祸首，就是一颗小行星的冲击。根据相关证据显示，在二叠纪末期，曾经有一颗小行星一头撞向地球的南极洲（图 3.12）。当时所有的大陆都是连成一体的，南极洲的位置和现在的相差不远。碰撞之后，早已酝酿多时的火山爆发、地震和地壳板块迁移被一下子激发出来，最终导致了这次史上最严重的灭绝事件。

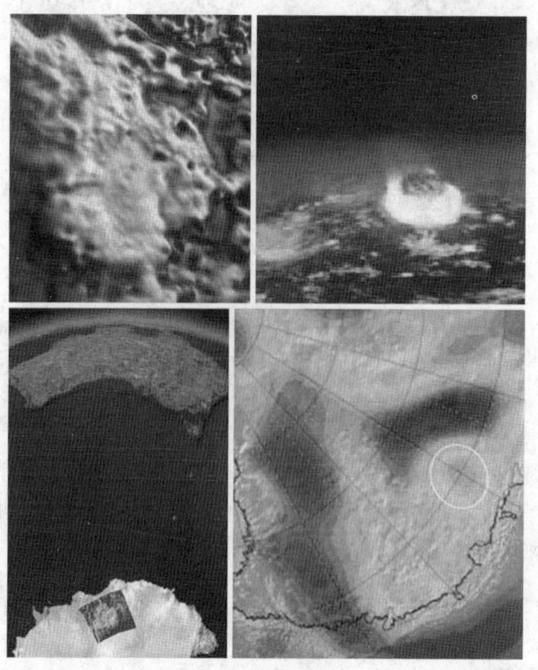

◎图 3.12　两亿五千万年前撞击在南极洲的小行星

4. 第四次撞击：恐龙时代的终结

第四次撞击是最为人所知的一次，发生在 6500 万年前。当时一个直径约 10 公里的小行星直接撞向现在墨西哥的 Yucatan 半岛，撞出一个直径达到 180 公里的大坑。这个大坑是目前能确认位置的最大的陨石坑（图 3.13）。

在撞击点 800 公里之外的海地，找到一种含有 glass spherules 的黏土，时间上正和这次撞击吻合，而这种黏土只有在 1300 摄氏度的高温下才能产生，可见当时冲击的威力有多大。据科学家估计，当时冲击的威力相当于 1 亿个百万吨的 TNT 炸药，而一个氢弹的威力只相当于区区几十个百万吨 TNT 炸药！有的科学家相信当时袭击地球的小行星还不止一个，因为在现在意大利的 Gubbio 和印度的 Deccan 平原（当时印度刚刚和非洲脱离不久，还没有连上欧亚大陆）也发现了类似同时代的陨石坑。如果那是真的，那么它们的联合作用就更加惊人了。

◎图 3.13　10 公里直径的小行星直接撞击地球，产生的爆炸力和由它造成的火山爆发、地震、海啸的共同作用，使得统治地球 1.5 亿年的恐龙灭绝。

恐龙在这次灾难中全军覆没，无一幸免(图 3.13)，绝大部分的鸟类灭绝了，北半球的有袋类动物也灭绝了。灭绝的四足兽的科高达 50%。在海洋方面，蛇颈龙和沧龙等海生爬行动物灭绝了，和它们一起消亡的还有大约 20%的软骨鱼和 10%的硬骨鱼类。

这个灾难中灭亡的动物虽然没有上一次的多，但是由于对陆生动物影响巨大，成为中生代和新生代的分界线。大部分爬行动物的灭绝为哺乳动物留下了广阔天地，在新生代，哺乳动物终于一扫一亿多年来被恐龙压制的“怨气”，从黑暗中走出来，成为地球上的统治性动物，也为人类的出现铺平了道路。

5. 史前和现代的著名天体撞击事件

前面提到的大撞击一般要数千万年才会发生一次，发生的更频繁的还是小规模的撞击事件。由于地球表面的侵蚀作用相当强烈，所以，很难发现它们留下的痕迹。得到确认的撞击事件有：

位于美国的巴林杰陨石坑，这是世界上第一个被确定的撞击坑，年龄约 50 000 年。

位于阿根廷的里奥夸尔托陨石坑，被认为是约 10 000 年前一个小行星以极低角度撞击地球的结果。

位于印度的洛那陨石坑湖，现处于一个有大量植物的副热带丛林中，年龄约 52 000 年。

位于澳大利亚的亨伯里撞击坑(年龄约 5000 年)和爱沙尼亚的卡里撞击坑(年龄约 2700 年)可能是同一个小天体分裂后分别撞击造成的。

大约 12 900 年以前被认为有一颗大彗星在北美洲五大湖北方劳伦泰冰原上空爆炸，甚至撞击冰原，使整个北美洲陷入大火之中。

最近的史前撞击被认为发生在非洲。在马达加斯加岛南方外海有四个巨大的尖顶形地形,它们都包含来自宇宙撞击影响造成的深海微化石和金属混合物。所有的尖顶形地形的尖端都朝向位于印度洋中部新发现的伯克尔坑。该撞击坑直径29公里,是巴林杰坑的25倍,位于3800米深的海底。专家判断应该是小行星或彗星在公元前2800—3000年之间撞击地球造成的,而且还产生了高度至少180米高的大海啸。

我国的历史记载,1490年在今天的山西省曾发生约10 000人遭到如下雨的"落石"打死的事件,部分天文学家认为这是一颗大型小行星破碎事件,不过打死的人数是不是有些夸张?

卡米尔陨石坑位于人烟稀少的埃及西部。在2009年被发现,探测表明撞击应该是在3500年之内发生的。

马辉卡撞击坑被判定是来源于1443年的一次撞击。现位于新西兰南岛的外海,直径约20公里。

阿拉伯的瓦巴陨石坑被认为是最近数百年内形成的。

近代最著名的有记录撞击事件是1908年发生在俄罗斯西伯利亚的通古斯大爆炸。这次爆炸事件可能是因为一颗小行星或彗星在该地上空5～10公里高处爆炸,造成2150平方公里之内约8000万棵树倒下(图3.14)。

◎图3.14　通古斯大爆炸倒下的树

最早被报道的陨石撞击伤亡事件是1911年埃及的一只狗被奈克拉陨石击中打死,该陨石是地球上不可多得的两块火星陨石之一。

首次人类被陨石打中的事件发生在1954年11月30日美国阿拉巴马州。一个重约4公斤的石质球状陨石撞破了安妮家的屋顶后撞入她家的起居室,她本人被严重撞伤。

6. 21世纪以来主要发生的小天体袭击事件

在2002年6月6日,一颗估计直径10米的小天体撞击了地球。这次撞击发生在地中海，介于希腊和利比亚之间，大约在东经 21°北纬 34°处的半空中发生爆炸。释放的能量估计为 26 000 吨黄色炸药，相当于一个小型的核子武器。没有人员伤亡。

在 2008 年 10 月 6 日，科学家计算出一颗近地小行星，2008 TC3，将在 10 月 7 日 0246UTC(苏丹当地时间 5:46) 撞击地球。这颗小行星如预期地抵达，这是第一次准确地预测到小行星撞击地球。之后，在地球表面上寻获数百颗的陨石碎片。因为此一事件发生在人烟稀少的地区，到目前为止，没有任何已经提出的报告提到它所造成的影响。

在 2009 年 10 月 8 日，一颗巨大的火球出现在印尼的波尼附近天空中。这个天体被认为是一颗直径 10 米的小行星，估计这颗火球释放出的能量为 5 万吨黄色炸药，或是 2 倍于广岛原子弹。没有人员伤亡的报道。

最近的一次天体撞击事件发生于 2013 年 2 月 15 日，一颗直径约 15 米，重达 7000 吨的陨石以每秒约 18 公里的速度冲进大气层，在俄罗斯车里雅宾斯克地区坠落，其释放出的能量相当于 20 颗原子弹，地球由此遭遇了百年来最大的一次陨石冲击(见图 3.15)。俄罗斯当地逾千民众因此受到伤害。

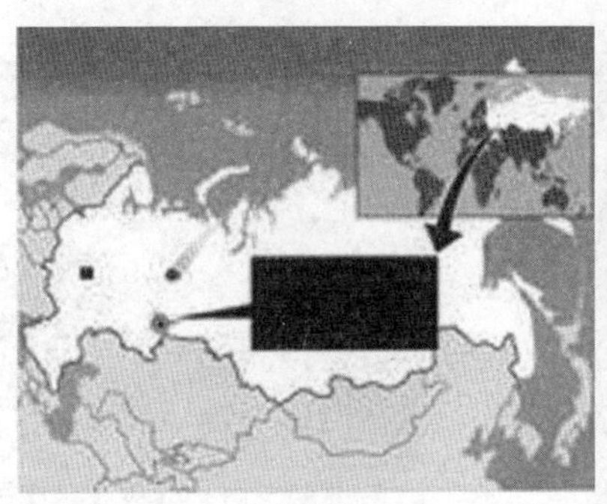

◎图 3.15　俄罗斯车里雅宾斯克地区发生陨石撞击

3.2.3　地球上的十大陨石撞击坑

1. 墨西哥希克苏鲁伯陨石坑

希克苏鲁伯陨石坑被掩埋在墨西哥希克苏鲁伯村(意思是“恶魔的尾巴”)附近的尤卡坦半岛下面(图 3.16)，这个远古陨石坑直径 170 公里。这次撞击发生在大约 6500 万年前，当时有一颗大小像一个小城市的彗星或小行星与地球相撞，产生相当于 100 兆吨黄色炸药的能量，在全球引起破坏性大海啸、地震和火山爆发。人们普遍认为希克苏鲁伯撞击导致恐龙灭绝。

2. 加拿大曼尼古根陨石坑

曼尼古根水库(曼尼古根湖)又被称作“魁北克之眼”，它是加拿大魁北克省中

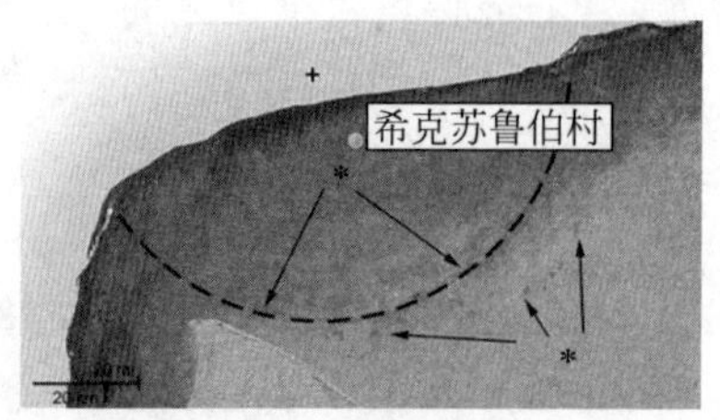

◎图 3.16　6500 万年前小行星撞击的陨石坑的地点

心的一个环形湖(图 3.17),位于一个远古侵蚀陨石坑的遗址上。大约在 2.12 亿年前,一颗直径约 5 公里的小行星撞上地球,产生一个直径 100 公里的大洞。它一直受到流经的冰河和其他侵蚀作用的影响,直到现在也不例外。

3. 塔吉克斯坦喀拉库尔湖

喀拉库尔湖位于比海平面高 3900 米的塔吉克斯坦帕米尔山脉中,直径约 25 公里,靠近中国边境。这个湖实际上是位于一个宽 45 公里的圆形凹陷处(图 3.18),这个凹陷处是在大约 500 万年前的一次陨石撞击中形成的。喀拉库尔湖是最近在卫星图片上发现的。

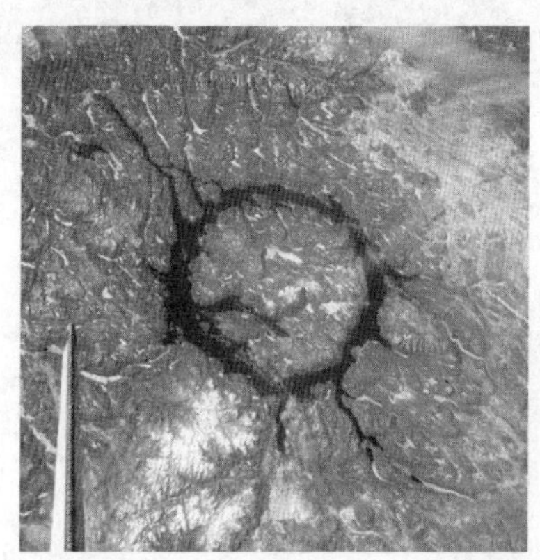

◎图 3.17　曼尼古根湖陨石坑位于地广人稀的加拿大,陨石坑形成了一个环形湖。

◎图 3.18　喀拉库尔湖陨石坑恐怕是地球上海拔最高的陨石坑吧?

4. 加拿大清水湖

加拿大魁北克省地盾上的两个环形湖(陨石坑),大约是在 2.9 亿年前由一对小行星在哈得逊湾附近发生撞击形成的(图 3.19)。两个陨石坑中较大的一个是直径为 32 公里的西清水湖,较小的东清水湖的直径为 22 公里。这些湖之所以会成为非常受欢迎的旅游胜地,可能是因为这里点缀的大量小岛形成了一系列美丽的小岛“链”。这些湖出名的另一个原因是它们拥有清澈见底的湖水。

5. **加拿大米斯塔斯汀湖**

米斯塔斯汀湖位于加拿大拉布拉多高原，3800 万年前的一次陨星撞击在这里留下一个直径 28 公里的巨大的洞（图 3.20）。从此向东流的冰河迅速下沉，边缘出现了一个湖，这就是加拿大米斯塔斯汀湖。它是东-北-东走向，方圆大约是 100 多平方公里的洼地。在湖中间有一个弓形小岛，它可能是复杂的陨石坑结构中间凸起的部分。

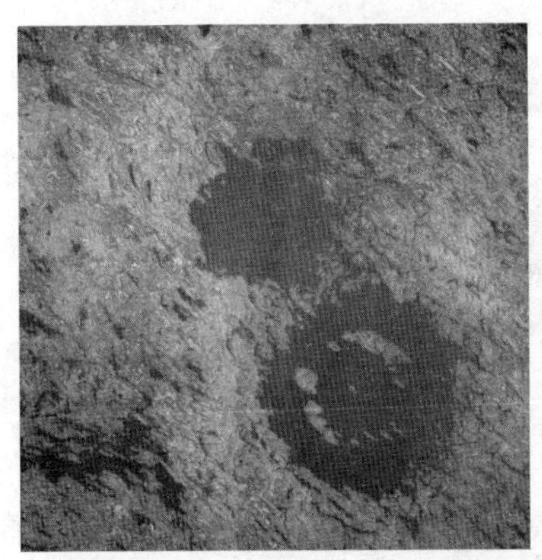

◎图 3.19 加拿大清水湖陨石坑，又是在加拿大！是因为那里地广人稀，所以小行星更愿意“慈悲”地光临那里？

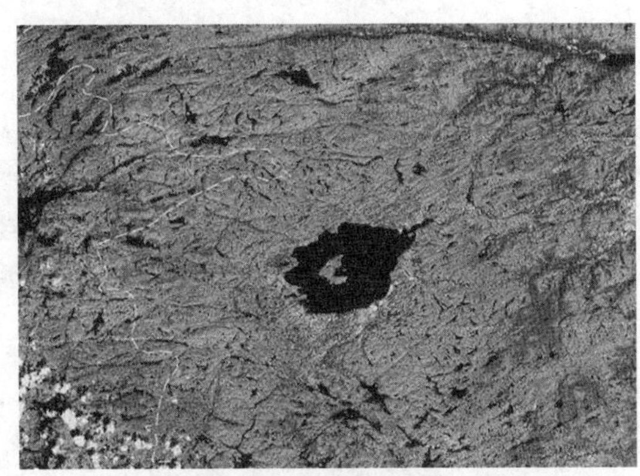

◎图 3.20 米斯塔斯汀湖真的也在加拿大吗？看来不只是地广人稀的作用啦，难道是高纬度造成的地球引力异常？

6. **澳大利亚戈斯峭壁**

大约 1.42 亿年前，一颗巨大的小行星或彗星（直径为 22 公里）以每秒 40 公里的速度在澳大利亚中心地区附近的北领地南部发生撞击，它释放出来的巨大能量，相当于 2.2 万兆吨黄色炸药爆炸。这次撞击形成了世界上影响最大的戈斯峭壁陨石坑。它的直径是 24 公里。我们今天看到的是一个巨大的侵蚀结构（图 3.21），显示这里曾发生过一次令人瞩目的重大事件。

7. **乍得湖奥隆加陨石坑**

奥隆加陨石坑是在 200 万到 3 亿年前形成的一个侵蚀陨石坑（图 3.22），它位于非洲乍得湖北部的撒哈拉沙漠地区。这个陨石坑是由一颗直径为 1.6 公里的彗星或小行星与地球相撞形成的，陨石坑的直径大约 17 公里。这种撞击大约每一百万年才发生一次。

8. **加拿大深水湾**

加拿大深水湾位于加拿大萨斯喀彻温省驯鹿湖西南端附近。它是一个非常引人注目的环形浅水湖，形状很不规则（图 3.23）。这个 13 公里的陨石坑由大约1 亿年前一个大陨石撞击该地形成的中间凸起的低洼的复合撞击结构组成。

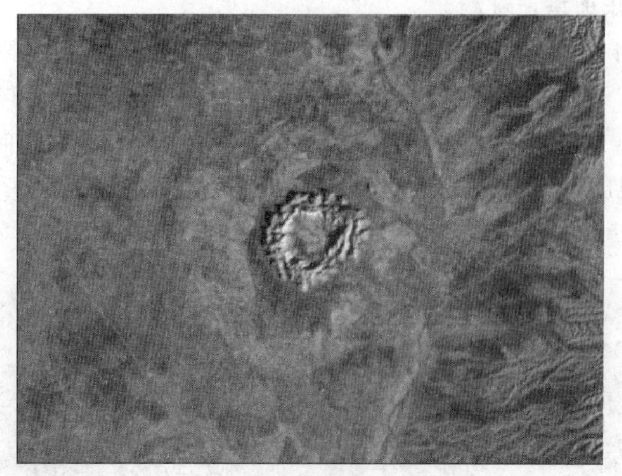

◎图 3.21　澳大利亚有很大面积的沙漠，所以陨石坑不能像在加拿大那样形成湖泊。

◎图 3.22　非洲也是陨石撞击的多发地，据说人们寻找陨石的最佳地点就是两极地区和大沙漠。

9. 加纳博苏姆推湖

湖位于加纳库马西东南大约 30 公里的西非大地盾的水晶矿床上，它是该国唯一一个自然湖。大约在 130 万年前，一颗陨石在这里与地球相撞，在地面上留下一个直径为 10.5 公里的洞。这个陨石坑逐渐充满水，形成现在我们看到的博苏姆推湖。博苏姆推湖周围被浓密的雨林环绕，非洲西部阿善堤地区的人认为这是个神明之地。他们认为这里是死者的灵魂向上帝告别的地方。

◎图 3.23 考虑去加拿大移民的同胞们要多想想啦，那里的确是地广人稀，可是，也的确是经常有“天外来客”光顾。

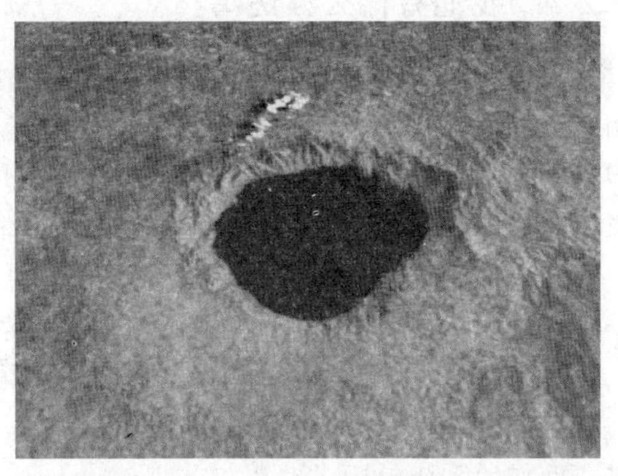

◎图 3.24 据说在博苏姆推湖中没有任何生物存在，湖周围的树木也只有一种类型。可能是陨石中带有辐射物质？

10. 美国亚利桑那州巴林杰陨石坑

大约 4.9 万年前，一个直径约为 50 米，重达几十万吨的镍铁陨石，以接近 6 万公里的时速撞向地球。这次撞击产生的陨石坑位于亚利桑那州弗莱格斯塔夫东部 55 公里处，它被命名为巴林杰陨石坑(图 3.25)，是有史以来保存最完好的陨石坑。这次撞击产生的能量相当于 2000 万吨黄色炸药爆炸产生的能量。

◎图 3.25 世界著名的巴林杰陨石坑属于私人所有

这个陨石坑的直径是 1.2 公里，深 175 米，边缘比周围平原高出 45 米。巴林杰陨石坑是在 1902 年被发现的，以丹尼尔·巴林杰(一位成功的矿业工程师)的名字命名。现在这个陨石坑仍属于巴林杰的家人。

3.2.4 我们有什么办法吗?

对于大大小小、数量众多的“天外来客”,我们有什么办法吗?虽然人类很聪明,但是对于大自然的“馈赠”也是无奈的。地球“爆炸”那样的场景是不会出现的,但是类似“陨石毛毛雨”的小麻烦会经常出现。

我们能够采取对付“天外来客”的办法无非是:

(1) 加强监测,建立一套全球性的可监测、能预报(防)小天体撞击的系统;

(2) 对处于“危险范围”内的小天体进行危险评级、确认,提前做好防范准备;

(3) 采取尽可能的措施消除或降低小天体撞击的危害。

目前来看,全球范围的小天体监测和撞击防范系统还没有建立。但是,已经和将要运作的系统包括:

美国的“天空卫士”项目。力求定位地球周边 90%以上直径不小于 1 公里的小行星的运行轨道,并确认哪些小行星可能会对地球造成威胁。目前地球周边约有 1000 颗符合上述条件的小行星,其中 93%已被定位。

俄罗斯行星保护中心计划以俄罗斯本土技术为基础建立一个名为“行星保护系统快速反应梯队”的地球保护盾牌,该盾牌被命名为“城堡”。这个反应梯队由多枚宇宙观测航天器、侦察卫星和太空拦截航天器构成。在小行星可能对地球构成威胁的那一天,这些航天器将共同作用,或改变小行星的运行轨道,或直接摧毁小行星。

德国宇航中心(DLR)的科学家们提出了防御小行星项目的“近地轨道保卫盾”计划。该计划需要近 600 万欧元的项目资金,其中欧盟计划投资近 400 万欧元,另有 180 万欧元来自相关科研机构及欧盟战略伙伴。该计划将在 2020 年以前正式实施。研究通过导弹炸毁、引力牵引和主动碰撞等多种手段,防范近地小行星撞击地球。

不是所有存在于地球周围的小天体都会和地球相撞的。国际上评价一个小天体的危险性,惯例是给出它的托里诺等级。

托里诺级数分别用白、绿、黄、橙、红五种颜色来区分危险程度,危险等级对应为 0 级到 10 级:

白色——“无关紧要的事件”,即天体与地球没有相撞的可能性,或者天体小到对地球造不成任何威胁。白色对应的等级为 0 级。

绿色——“需要仔细监测的事件”,表示天体会近距离经过地球,但撞击的可能性极低。需要谨慎地追踪确定它们的轨道,以重新计算撞击几率。大部分情况下,最终撞击的可能性会被排除,托里诺级数恢复到 0 级。绿色对应的等级为 1 级。

黄色——“需要关注的事件”,表示天体将会近距离接近地球,撞击的可能性较高,高于几十年内地球可能经历的撞击水平。精确确定这类天体的轨道将是优先任务。黄色对应的等级为2、3、4级。

橙色——"危险的事件"，表示与地球近距离遭遇的天体大到足以造成局部或者全球性的毁灭，撞击的几率超过一个世纪中地球可能经历的撞击水平。精确确定这类天体的轨道将是首要任务。橙色对应的等级为5、6、7级。

红色——"确定的撞击"，表示与地球确定撞击的天体拥有足够的大小，足以穿透大气层，造成局部的毁损或区域性的毁灭，甚至全球气候灾变。红色对应的等级为8、9、10级。

那么，如果小天体的等级超过5级，对地球和人类构成了足够的危险。我们怎样面对，有什么应对措施吗？目前想到的有以下的几种：

一是用核武器去炸掉它（图3.26），但麻烦的是爆炸很可能把它变成许多小"杀手"，把带有放射性的物体抛入不可预测的轨道，而且对于一些松散结构的近地小天体，爆炸所起到的作用又很有限。这种方法一直毁誉参半。

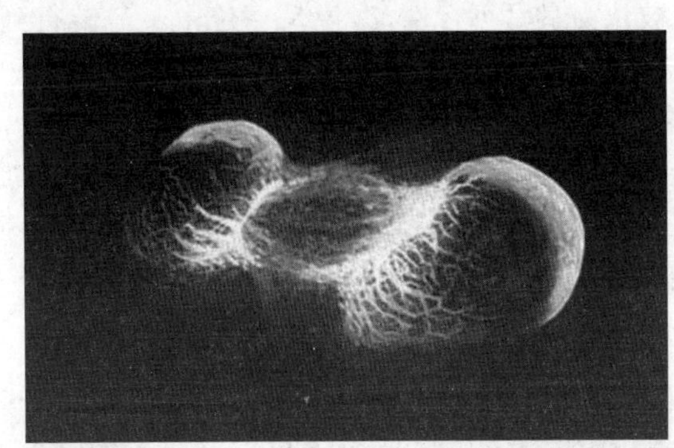

◎图3.26　好莱坞曾经演绎了这一方法，影星施瓦辛格带领一个爆破队"完成"了任务（所以，此人不死地球平安）。专家的评价是——不炸，是一颗小行星撞击地球；炸了，是N颗小行星撞击地球。

二是用太空飞船撞击它，改变其轨道或把它撞碎。这种方法比较有效，但如同用核武器一样，这也可能把灾难扩大数倍。

三是用航空器给它施加压力（即用机械力），使它加速或减速，从而改变其飞行方向（图3.27(a)）。这种方法比较理想，但不易实行。

四是用激光使它的表面物质向外发散，从而产生反向加速度使它改变飞行方向，或者用超强激光把它摧毁成对地球无害的小碎块（图3.27(b)）。这种方法也比较理想，但必须要有超大功率的激光系统。

五是用油漆涂料来改变它的颜色，影响它吸收太阳光和热量，通过热能的变化来改变其轨道。这种方法见效比较慢，另外所需的大量涂料如何运送也是个问题。

六是用火箭把一面巨大的风筝形太阳帆发送到它的上面，而张开的太阳帆利用反弹太阳光子所产生的压力把它逐渐推离原来的轨道。这种方法的技术要求较高，难度较大。

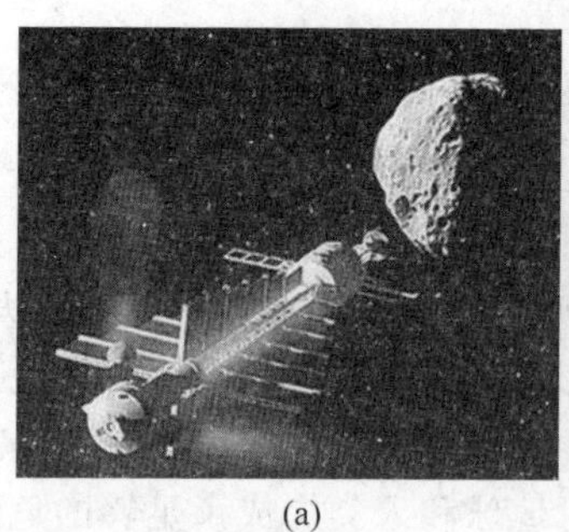

(a)

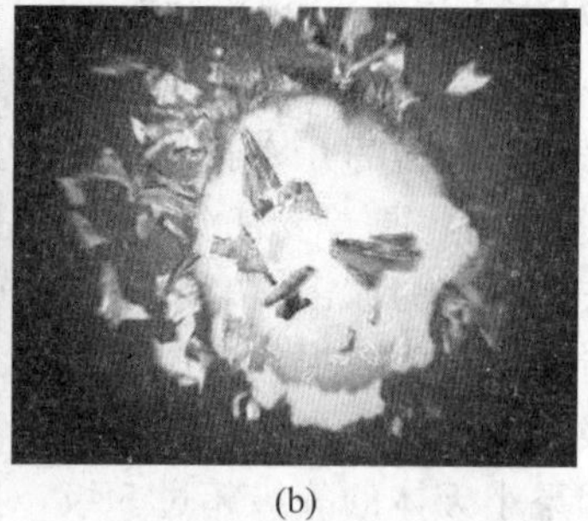

(b)

◎图 3.27 设法改变小行星的轨道(a);用强力的激光摧毁(b)

七是在它的表面插入一种像火箭那样的装置,让这种装置不断地喷出物质,像喷气式飞机那样,通过反作用力来改变其飞行方向。这种方法好像有点浪漫色彩。

最后一个办法被认为最具可行性,据说是一位由工科转行到天文学的学者提出的,就是利用太空中巨大的太阳能和多数小行星物质熔点较低的特性,建造一个巨大的聚光镜面,聚焦太阳能,只需要"烧掉"小行星的一小部分,就足以改变它的轨道。但是,如此巨大的聚光镜我们怎样把它带到太空呢?就是在太空中去"组装",它的技术难度也不低于"太空行走"。人类毕竟是聪明的,一面太大,我们改成多面(图 3.28),同样能达到效果。

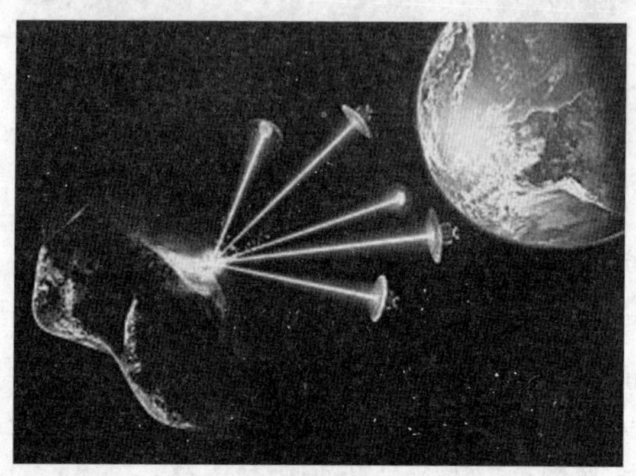

◎图 3.28 多面太阳能聚光镜面产生的效果,足以"烧掉"一部分小行星物质,从而改变它的运行轨道。

3.3 火山

庞贝城的故事我们还没有讲完。维苏威火山海拔 1277 米,是一座典型的活火山,数千年来,它一直在不断地喷发,庞贝城就是建在远古时期维苏威火山一次爆发后变硬的熔岩上的。啊?! 活火山……人们为什么要把自己的家安在那里? 一条理由就够了——那里可以产出全意大利最好的葡萄。

公元 79 年 8 月 24 日这一天,庞贝城市民像往常一样忙着各自的事。维苏威火山突然喷发了,刹那间,火山喷出的灼热岩浆遮天蔽日,四处飞溅,浓浓的黑烟,裹挟着滚烫的火山灰,铺天盖地降落到庞贝城。空气中弥漫着令人窒息的硫黄味,熏得人头昏脑涨。很快,始建于公元前 8 世纪繁华一时的庞贝城,就被五六米厚的熔岩浆和火山灰毫不留情地从地球上抹掉了。历史的记载也从此中断。

1748 年 4 月 19 日,人们在挖掘庞贝古城时,挖出的第一具人体残骸,旁边散落着一些古代金币和银币,显然,这个死者正匆忙地去抓滚落的金币,因火山爆发,厄运突降而暴卒了。

在新辟的古物陈列馆中,陈列着各种形状的人体遗骸,都是从火山灰和火山熔岩中掘出的。有的遗骸坐着,曲着两膝,左手托着右手的胳膊,右手蒙住脸部,一看便知是在瞬间死去的;有的趴在地上,两腿弯曲,显然是被岩浆冲倒在地而立即死去的;有一位男子,生前最后几秒钟为了保护母亲和女儿,竭尽全力,最终 3 人抱着死在一起(图 3.1)。

动物的遗骸也是奇形怪状,有一条狗三条腿朝上,一条腿向外抵抗,头部歪着在努力挣扎,企图逃脱凶猛的岩浆。从这些遗骸的形态中,可以看出当年岩浆挟着火山灰雷霆般地降临,居民们猝不及防,立即停止了呼吸的悲惨场景。至今这里已挖出几千具与城市同归于尽的人畜遗骸。

今天的庞贝城,人口约 1.5 万。由于好奇者想亲眼目睹被这座火山"洗礼"过的城市,每年来这儿的"观奇者"达 150 多万。1841 年,意大利政府在火山口不远处建立了维苏威火山观测台,观测报告表明,今后 200 年里,火山喷发还将发生,庞贝遗迹将面临第二次死亡。面对这种预告,人们将会采取什么行动呢?

3.3.1 火山面面观

我们真的是要把火山看成是在地下不断翻滚着的恶魔吗?

火山可分为死火山、休眠火山和活火山三类(图 3.29)。死火山是指那些保留火山形态和物质,但在人类历史时期和现今从未活动过的火山,这类火山在世界上的分布最广泛;休眠火山是指人类历史时期有过活动,但现今处于"休眠"状态的火山,休眠火山随着地壳的变动可能会突然喷发;活火山则是指那些现今仍在活动的火山。

整个地球大约有 500 座活火山,其中有近 70 座在水下,其余均分布在陆地上。在地球上几乎每年都有规模和程度不同的火山喷发(图 3.30),给人类活动和生存带来了很大的危害。全球大约 1/4 的人口生活在火山活动区的危险地带。据统计,在近 400 年的时间里,火山喷发已经夺去了大约 27 万人的生命。特别是在活火山集中的环太平洋地区，火山灾害更为突出。

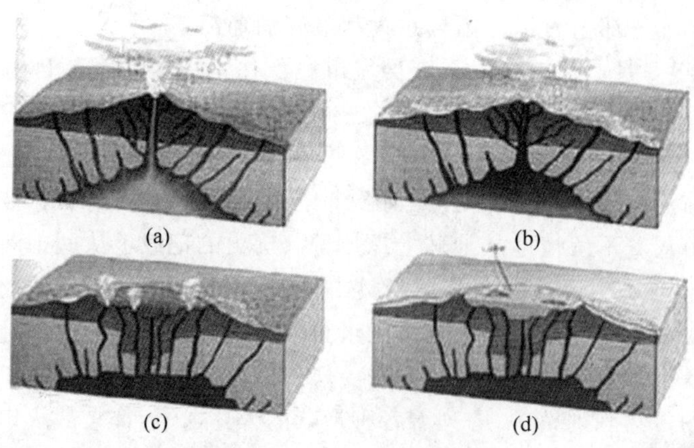

◎图 3.29　火山是有“生命”的。典型的生命周期为：(a)火山猛烈喷发阶段，大量物质由火山口喷出；(b)火山持续喷发阶段，火山喷出物质以气体为主；(c)喷发尾声阶段，气体沿火山口附近的大量的裂隙喷出；(d)进入休眠阶段，大量物质喷出后，火山口附近地面下降，形成火山湖，火山进入休眠。

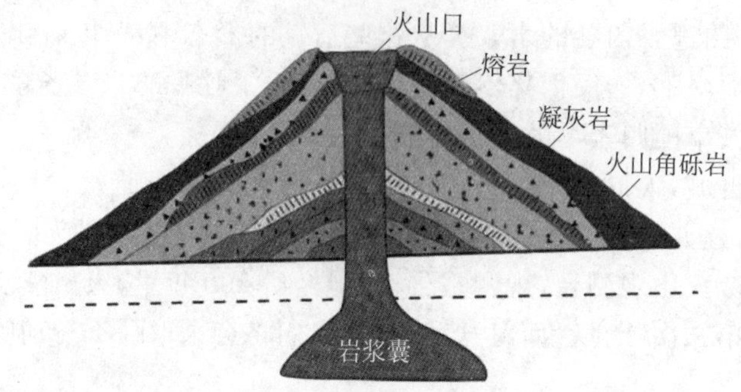

◎图 3.30　在火山形成区域地下 100～150 千米处，存在一个“岩浆囊”，当岩浆从地壳薄弱的地段冲出地表，就是火山喷发，而喷出的岩浆在地面上冷却后就形成了火山。

除 500 多座活火山外，还有 2000 多座死火山。主要分布在几个火山带上(图 3.31)。

(1) 环太平洋火山带。此火山带从南美西海岸，经中美、北美西部至阿拉斯加，再沿阿留申群岛、堪察加半岛、千岛群岛、日本列岛、中国台湾、菲律宾群岛、印度尼西亚群岛、新西兰而直到南极洲。环太平洋火山带在北美大陆渐行稀疏，但从阿拉斯加半岛开始，又沿一系列弧形的岛屿向西和西南方向延伸，到菲律宾群岛转向南至东南，直至南极洲而与安第斯山脉南端的火山相连接，形成著名的太平洋“火环”，其中有 400 多座活火山。

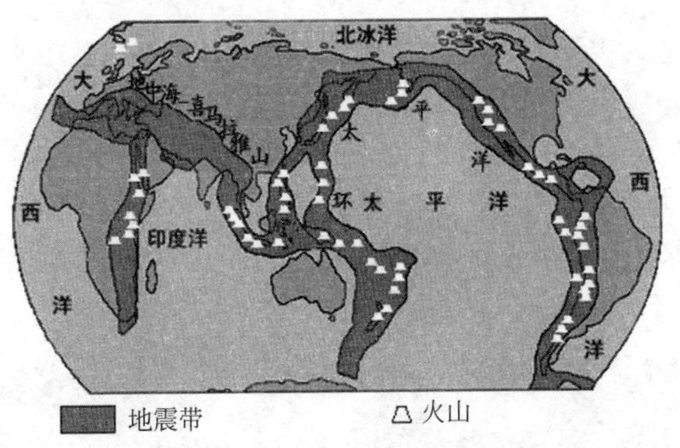

◎图 3.31 火山和地震总是伴随出现的

(2) 地中海火山带。它是一条横亘欧、亚大陆南部，大致呈东西走向的火山带。该火山带西起伊比利亚半岛，经意大利、希腊、土耳其、高加索、伊朗，东至喜马拉雅山，直到孟加拉湾而与环太平洋火山带汇合。

(3) 东非火山带。此火山带沿非洲大陆东部的大裂谷地带分布。东非大裂谷由北东而南西贯穿整个高原区，北起红海南端，南到赞比亚河口，长达 2500 千米。

火山较多的国家有日本、印度尼西亚、意大利、新西兰和美洲各国。日本全境有 200 多座火山，其中活火山占 1/3，印度尼西亚有 400 多座火山，其中活火山占 1/4。这两个国家都有"火山国"之称。

中国历史上也是个多火山的国家，只是近 100 年来没有喷发而已。中国的火山主要有长白山火山(1668 年、1702 年喷发，图 3.32(a))、五大连池火山(1720 年、1721 年喷发，图 3.32(b))、腾冲火山(1609 年喷发)和琼北火山(1883 年喷发)。

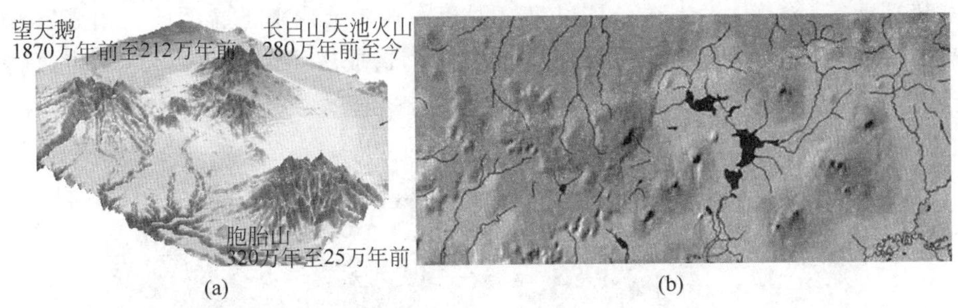

◎图 3.32 长白山火山(a)和五大连池火山(b)

3.3.2 火山的灾害和作用

火山灾害体现在直接灾害和间接灾害两个方面。主要有火山碎屑流、火山熔岩流、火山喷发物(包括火山碎屑和火山灰)和火山喷发引起的泥石流、滑坡、地震、海啸等。

火山碎屑流是大规模火山喷发比较常见的产物。公元 79 年意大利维苏威火山喷发就是火山碎屑流灾害的典型实例，也是有史以来规模最大的火山喷发事件之一。当时，六条炽热的火山碎屑流，很快埋没了繁华的庞贝城。印度尼西亚 1815 年 4 月的坦博拉火山喷发(图 3.33(a))，火山碎屑流如洪水猛兽夺去了一万余人的生命。后来，火山喷发带来的食物短缺和疫病蔓延，又造成八万多人随之死亡。

(a)

(b)

◎图 3.33　坦博拉火山喷发(a)和冰岛拉基火山喷发(b)

火山喷发，特别是裂隙式喷发，熔岩流经过的地域多，覆盖面积广，造成危害也很大。1783 年冰岛拉基火山喷发(图 3.33(b))，岩浆沿着 16 公里长的裂隙喷出，淹没了周围的村庄，覆盖面积达 565 平方公里。造成冰岛人口减少 1/5，家畜死亡一半。

通常，火山爆发会抛出大量的火山碎屑和火山灰(图 3.34(a))，它们会掩埋房屋、破坏建筑，危及生命安全。1951 年 1 月巴布亚新几内亚的拉明顿火山爆发，炽热的火山灰毁坏的土地面积大约 150 平方公里，造成房屋倒塌，2942 人丧生，危害严重。1963 年印度尼西亚阿贡火山爆发时，直接死于火山灰云的人数就达 1670 余人之多。

(a)

(b)

◎图 3.34　火山灰(a)和泥石流(b)

泥石流(图 3.34(b))是火山爆发引发的一种破坏力极大的流体,可以给流经地区造成严重的破坏。1980 年美国圣海伦斯火山爆发,炽热的火山碎屑和熔岩使山地冰雪大量融化,形成了汹涌的泥石流,从山顶倾泻而下,并引起洪水泛滥,造成 24 人死亡,46 人失踪。1985 年哥伦比亚华多德尔鲁伊斯火山爆发,火山碎屑流融化了山顶冰盖,形成大规模的泥石流,造成 2 万多人丧生,7700 余人无家可归,流离失所。

火山爆发还时常伴有大量气体喷出。有些火山喷发释放出的有毒气体足以致人于死地。1986 年 8 月喀麦隆尼沃斯火山喷发,有 1700 余人死于火山喷出的二氧化碳等大量有害气体。

看来,地下翻滚的恶魔——名副其实呀!

不过,世界上任何事情都存在着利弊两面。“恶魔”也有利于人类的一面。

它可以给人类创造土地资源,而且,火山喷出的火山灰使土壤肥沃,往往形成重要的农业区(庞贝的葡萄很甜)。

它还可以形成很多矿产资源,包括金属资源和非金属资源(如火山物质形成的夏威夷,图 3.35(a))。

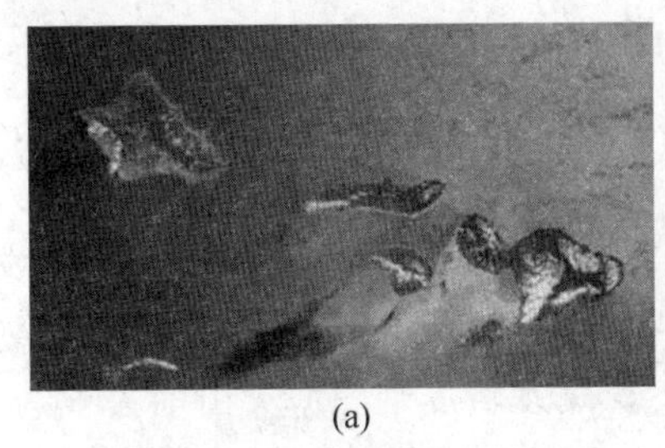

(a)

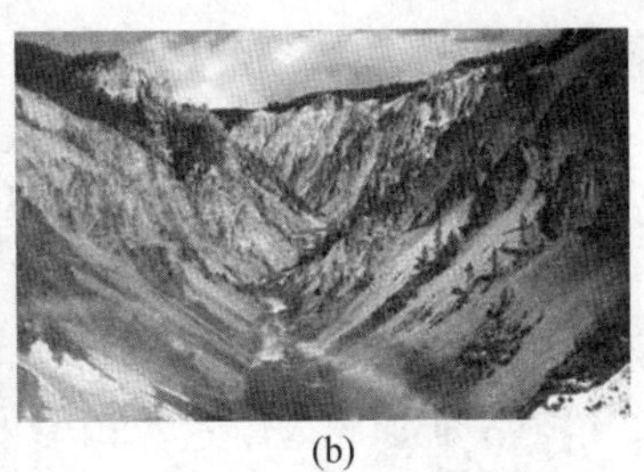

(b)

◎图 3.35　夏威夷火山岛(a)和美国黄石公园(b)

火山还是重要的旅游资源。世界上很多有名的风景区都是火山区,火山区成为当今旅游和疗养的热点地区(图 3.35(b))。

火山是地球的窗口。它将地下丰富的物质和信息带到地表,为科学工作者研究和了解地球内部组成和深层结构提供了必要的物理信息和物质基础。

3.3.3　有史以来最大的十次火山爆发

1. 中国西南部 2.6 亿年前剧烈火山爆发

英国研究团队对中国西南部一个火山岩层进行了研究,通过其中的海洋生物化石测算出当地在 2.6 亿年前曾发生过剧烈火山爆发(图 3.36(a))。此次火山爆发破坏力非常强大,研究人员相信它导致了二叠纪中期的物种灭绝。

2. 美国黄石国家公园 210 万年前强烈火山爆发

美国的黄石国家公园是一个地质活动活跃区域,有世界上最大的间歇泉集中

(a)

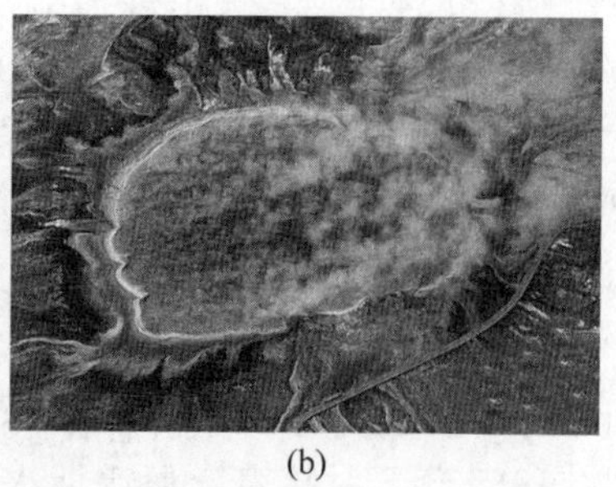
(b)

◎图 3.36　中国(a)和美国(b)的火山爆发

地带，全球一半以上的间歇泉都在这里。黄石国家公园的著名间歇泉有“老忠诚喷泉”、“七彩池”(图 3.36(b))等，这些地热奇观是世界上最大的活火山存在的证据。黄石国家公园火山曾数次喷发，破坏力强大，但是其爆发的规律性则更令人担忧。有史以来它有过 3 次大的爆发：210 万年前的爆发导致火山口形成，140 万年前第二次强烈爆发，再之后 70 万年前第三次强烈爆发，是不是该有第四次爆发啦……

3. 菲律宾 1991 年皮纳图博火山大爆发

1991 年菲律宾的皮纳图博火山大爆发(图 3.37(a))，造成了 800 多人死亡，尽管并不是人类历史上伤亡最重的火山爆发，但是此次火山爆发导致 10 万人无家可归，有 100 万人的生命安全受到威胁，造成 5 亿美元的财产损失。火山喷发的强度非常大，是 1980 年圣海伦火山的 10 倍，在 20 世纪所有火山喷发中位居第二位，仅次于 1912 年阿拉斯加州卡特迈火山喷发。爆发将皮纳图博火山削去了约 300 米，形成一个直径 2.4 公里的新火山口。此次火山爆发向大气中喷发了 2000 万吨的二氧化硫，大气中的火山灰尘埃遮天蔽日，遮挡阳光，使得全球气温降低了 1℃。火山灰尘覆盖了方圆近 4000 平方公里的区域，厚度达 5 厘米，农作物惨遭掩埋，房顶则披上了一层厚厚的尘衣。

(a)

(b)

◎图 3.37　皮纳图博火山大爆发(a)和海底火山大爆发(b)

4. 9300 万年前海底火山大爆发

9300 万年前海洋生物遭受到了火山爆发的毁灭性打击。那个时代，当陆地上的恐龙惬意地生活时，海底火山爆发(图 3.37(b))的大量增多导致大量海洋物种灭绝。当时的地球比现今温度要高许多，而且海水更为黏稠、运动缓慢。当地壳构造、板块移动导致海底火山爆发激增时，喷发的火山灰切断了海洋的氧气供应。海藻、蛤蚌和其他海洋生物大量死亡，沉入海床，最后变成了我们今天海底钻探的化石燃料——石油。

5. 印尼 7 万年前多巴湖超级火山爆发

多巴湖是位于印尼苏门答腊岛北部的一个火山湖，此湖呈菱形，长 100 公里，宽 30 公里，面积 1130 平方公里，是世界上最大的火山湖。7 万多年前，这里发生过一次超级火山爆发，导致人口锐减，并最终形成了今天的多巴湖(图 3.38(a))。关于此次超级火山爆发对早期人类所造成的毁灭性打击并没有文字记载，但是有科学家相信此次火山爆发改变了人类的进化史。美国伊利诺伊大学的施坦利认为，多巴湖火山大爆发喷发出 3000 立方千米的火山灰等物质，造成了绝大多数早期人类灭亡，只剩下 1 万名成年人存活。现代人类都是从这很少的 1 万人中演化而来。施坦利的假设并没有得到证明，不过多巴湖是人类历史上第二大火山爆发留下的遗迹。

(a) (b)

◎图 3.38　世界上最大的火山湖多巴湖(a)和远古动物的尸骨(b)

6. 美国西部 1200 万年前火山大爆发

在美国内布拉斯加州的一个国家公园内，有着奇特的尘暴化石底床(图 3.38(b))，这里完整地保存着远古动物的尸骨。在一千多万年前，犀牛、三趾马等动物来到这里饮水，被火山爆发的灰尘埋没，尸骨完整地保存在灰色的灰尘中。而导致远古动物厄运的就是发生在如今爱达荷州南部的火山爆发。此次火山爆发强度很大，喷发的火山灰覆盖了美国西部的大部分地区。许多动物瞬间毙命，还有许多动物因空气中悬浮的火山灰被吸进肺部，导致窒息死亡。

7. 希腊圣托里尼岛 3500 年前火山爆发

自从有记载的人类历史以来，可能没有哪次火山爆发如同 3500 年前发生在希腊圣托里尼岛的一次火山爆发留下如此深重的印记。那一次，代表克里特文明的城镇阿科罗提利被掩埋(图 3.39(a))。阿科罗提利位于圣托里尼岛的西南部，如今是一处可欣赏火山口风景的美丽村庄。阿科罗提利还是希腊重要的考古点之一，该小镇是当地人在废墟下重新建造的。从废墟挖掘出很多有价值的文物被送往雅典考古博物馆。被掩埋的小镇废墟保存了许多古建筑、美丽的壁画和弯曲的道路。许多科学家推测此次火山爆发还催生了许多神话传说。比如柏拉图的亚特兰蒂斯失落城市，以及圣经中埃及的十大灾难。

(a)

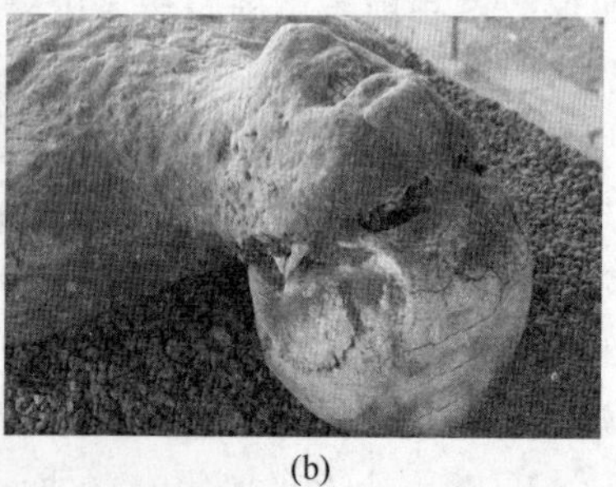

(b)

◎图 3.39　被掩埋的阿科罗提利(a)和来不及逃走的庞贝人(b)

8. 意大利公元 79 年维苏威火山大规模爆发毁灭庞贝古城

我们不得不再一次提到公元 79 年意大利维苏威火山的大喷发。玻璃一样的熔岩碎片、石块、晶体和灰尘从天而降，整整持续了一周时间。灼热的火山碎屑流毁灭了当时极为繁华的拥有 2 万人口的庞贝古城，其他几个有名的海滨城市如赫库兰尼姆、斯塔比亚等也遭到严重破坏。死亡人数估计超过 1 万。当考古学家把庞贝古城从数米厚的火山灰中挖掘出来时，那些古老的建筑和姿态各异的尸体都完好地保存着(图 3.39(b))。

9. 印尼 1815 年塔姆波拉火山爆发是有记载历史上最猛烈的火山爆发

相对于维苏威火山和庞贝古城，印尼塔姆波拉火山并不为很多人知晓，但是这次 200 多年前的火山爆发，是人类历史上最猛烈的火山爆发。爆发的火山伴着轰轰的巨响，不断向高空喷出大量的火山灰和气体，厚重的火山灰在以后 3 天内将附近 480 千米范围内的天空完全遮黑。在距火山几百千米以外的爪哇岛，天空黑得几乎伸手不见五指。直到 7 个月后火山才停止喷发。塔姆波拉火山的高度被削去了 1000 多米，火山上部失去了 700 亿吨山体，形成了一个直径达 6000 多米，深 700 米的巨大火山口(图 3.40(a))。释放的能量相当于广岛原子弹威力的 8000 万倍。厚厚的火山灰杀死附近岛屿的农作物，大约有 9.2 万人因缺少食物而被饿死。所形成的火山尘埃云至少让全球温度降低了 5 摄氏度。这种影响持续了一年多时间，一些欧洲人和北美人将 1816 年称为“没有夏天的一年”。

(a)

(b)

◎图 3.40 塔姆波拉火山形成的火山口(a)和培雷火山黑烟滚滚(b)

10. 加勒比群岛 1902 年培雷火山喷发

培雷火山位于加勒比海东部西印度群岛的马提尼克岛北部,高 1350 米,为全岛最高峰。位于马提尼克岛的圣皮埃尔市。1902 年还是著名的旅游胜地,但是当年一次剧烈的火山爆发,是造成了死亡人数最多的一次火山喷发,也是世界上损失最惨重的灾难之一。1902 年 4 月 23 日,火山山顶冒出黑色烟柱(图 3.40(b)),爆炸声如雷轰鸣,火山灰纷扬而下,将街道和屋顶蒙上薄薄一层。许多当地人并没有撤离,甚至有游客赶来要欣赏大自然奇观。忽然在 5 月 8 日早上 7 时 52 分,培雷火山开始猛烈地喷发,山体突然炸开,随着震天的巨响而来的是一条炫目的巨大火舌直冲天空,窜高数百米。1100 平方公里的马提尼克岛也似乎在颤抖。大量有毒的高温气体和火山灰挟带岩浆,猛烈喷发出来。所到之处,森林化为灰烬,房屋成了废墟,海水翻滚沸腾。顷刻间,山下的圣皮埃尔小城变成一片瓦砾,遭受了空前的毁灭,死伤无数。当地人要么被滚烫的火山熔岩吞噬,要么就窒息而亡,圣皮埃尔市当时有 3 万人口,最后只有 4 个人活了下来。

3.4 地震、海啸

如果我告诉你——法国首都巴黎就是地震造就的!你一定会对我讲:不会吧!你说反话吧。

巴黎是罗马人建造的,城市就建造在巴黎盆地中央。在《房龙地理》里是这样描述的:“几百万年前,这一地区被频繁的地震破坏得乱七八糟,山峰与山谷就像赌桌上的筹码,被扔过来扔过去。不同时期的四层厚厚的岩层被颠个不停,最终一个叠一个,就像常用来温暖老奶奶心灵的那些中国茶具中的茶托,摞在了一起。最底层延伸到布列塔尼,第二层直达诺曼底海岸,第三层就是著名的‘香槟地区’,第四层被恰如其分地称为法兰西岛。它被塞纳河、马恩河、泰韦河和瓦兹河包围着,巴黎正处于这个岛中央。这意味着安全——绝对的安全——它能最大限度地防止外敌入侵。”

3.4.1 地震和海啸

地震估计许多人都很熟悉。唐山、汶川、雅安这一连串的名字就足以勾起我们许多关于地震的记忆，而海啸对于陆地上的居民恐怕知道的要少得多，不过2005年的印度洋大海啸相信足以让你触目惊心。海啸往往都是由于地震所引起的，所以，我们把地震和海啸放在一起讲。

先说地震，描述地震要先明白“地震三要素（图3.41）”——时间、地点和强度（震级）。

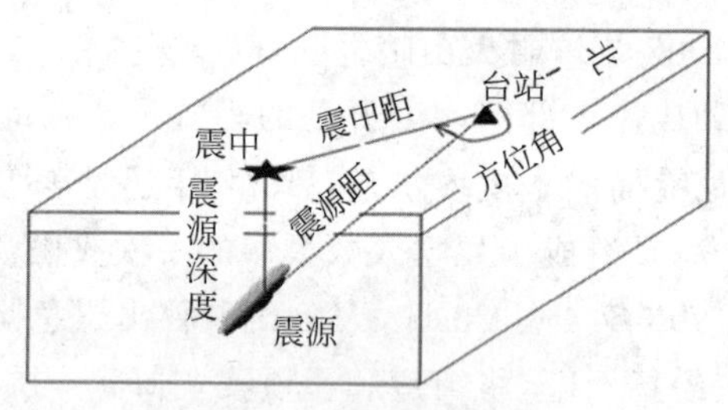

◎图3.41 “地震三要素”

根据地震震源的深浅，地震一般分为浅源地震（深度在70千米以内），中源地震（深度在70～300千米）和深源地震（深度超过300千米）。浅源和中源地震一般来自于板块运动或造山运动，而深源地震目前认为多来源于地幔和地壳之间的“耦合”运动。

地震具有巨大的能量，它的能量传递以地震波的形式进行。分为横波和纵波两种（图3.42）。怎样理解它们呢？横波是传播方向和波的震动方向垂直，而纵波是两个方向一致。就传播速度来说，纵波要比横波快。所以，地震总是让你先感觉到上下颠簸，然后再左右晃动，这样，如果您地震时恰好在楼上，感觉到楼在上下颠簸了，你会赶快向楼下跑吗？告诉你结果——地震的纵波先到，把您所在的楼上下颠散，等你跑到楼下，再左右晃动把已经散架的楼晃倒，你就被压在下面了……

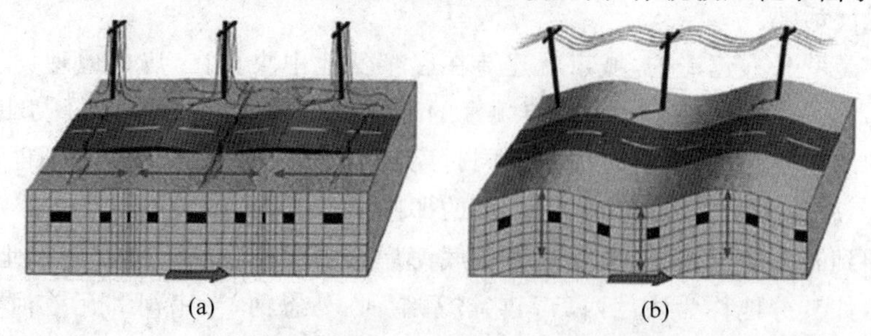

◎图3.42 地震的能量是用地震波来传播的，纵波上下颠簸，横波左右晃动。

地震的大小有两套评估系统。一套是靠人们的感官刺激和地震造成的破坏程度，称为相对评价，叫做地震烈度；另一套就是比较绝对评价的系统——震级，就是一次地震所释放的能量。所以，每次地震震级只有一个，而烈度则根据情况会有不同（比如，距震中越远烈度越小）。

地震的震级越大，震中的地震烈度也就越大，可参见表 3.1。

表 3.1　震级与烈度对应关系（参考）

震　级	2	3	4	5	6	7	8	>8
震中烈度	Ⅰ～Ⅱ	Ⅲ	Ⅳ～Ⅴ	Ⅵ～Ⅶ	Ⅶ～Ⅷ	Ⅸ～Ⅹ	Ⅺ	Ⅻ

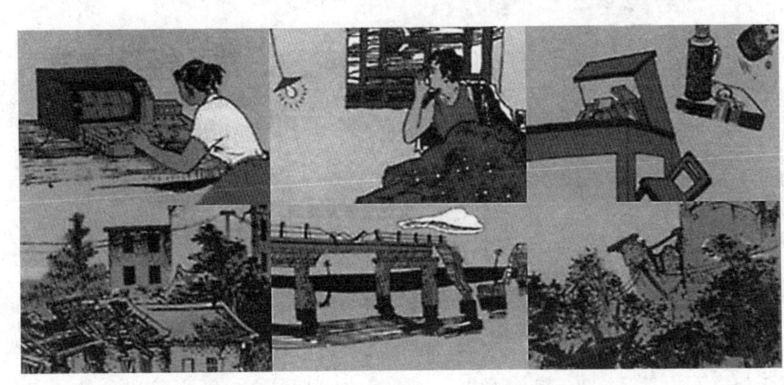

◎图 3.43　不同烈度地震人的感受和破坏程度

就人们的感受来说（图 3.43）：

Ⅲ度：少数人有感觉，仪器能记录到；

Ⅳ～Ⅴ度：睡觉的人会惊醒，吊灯摆动；

Ⅵ度：器皿倾倒，房屋轻微损坏；

Ⅶ～Ⅷ度：房屋破坏，地面裂缝；

Ⅸ～Ⅹ度：桥梁、水坝损坏、房屋倒塌，地面破坏严重；

Ⅺ～Ⅻ度：毁灭性的破坏。

例如，汶川 8.0 级地震，Ⅵ度区以上面积合计 440 442 平方公里，其中：Ⅺ度区面积约 2419 平方公里，Ⅹ度区面积约 3144 平方公里，Ⅸ度区面积约为 7738 平方公里，Ⅷ度区面积约 27 786 平方公里，Ⅶ度区面积约 84 449 平方公里，Ⅵ度区面积约 314 906 平方公里（图 3.44）。

依据地震发生的机制，地震可分为构造地震、火山地震、塌陷地震、诱发地震和人工地震等。构造地震的数量最多，破坏力也最强，约占世界地震总数的 90%。所有造成重大灾害的地震都是构造地震。

海啸一般是由海底地震引发的，也可能是海底的火山喷发、泥石流、滑坡等海

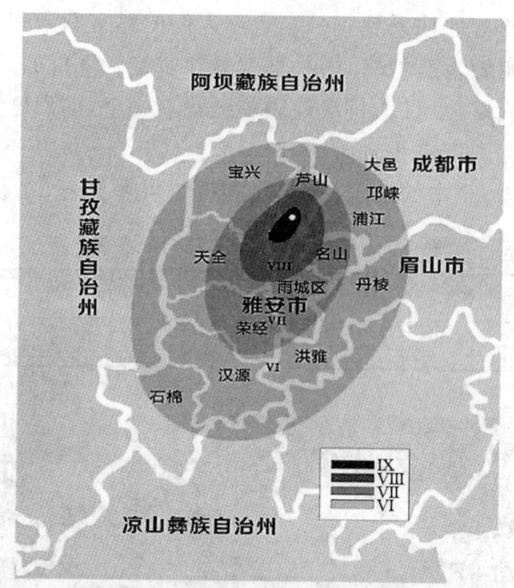

◎图 3.44　汶川地震地震烈度分布图

底地形突然变化所引发的，海啸会形成超长波长和周期的大洋行波，破坏力极强。当其接近近岸浅水区时，波速变小，振幅陡涨，有时可达 20～30 米以上，骤然形成"水墙"，瞬时侵入沿海陆地，造成危害。图 3.45 为您讲述了海啸的发生过程。

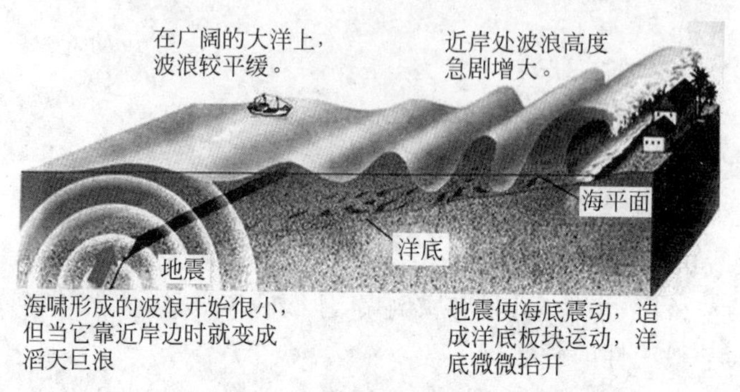

◎图 3.45　海啸发生机制示意图

海啸的产生过程如图 3.46 所示。

原生的海啸分裂成为两个波，一个向深海传播，一个向附近的海岸传播。向海岸传播的海啸，受到大陆架地形等影响，与海底发生相互作用，速度减慢，波长变小，振幅变得很大，在岸边造成很大破坏。

决定海啸大小有三个条件：①产生海啸的地震或火山喷发的大小；②传播的距离；③海岸线的形状和岸边的海底地形。

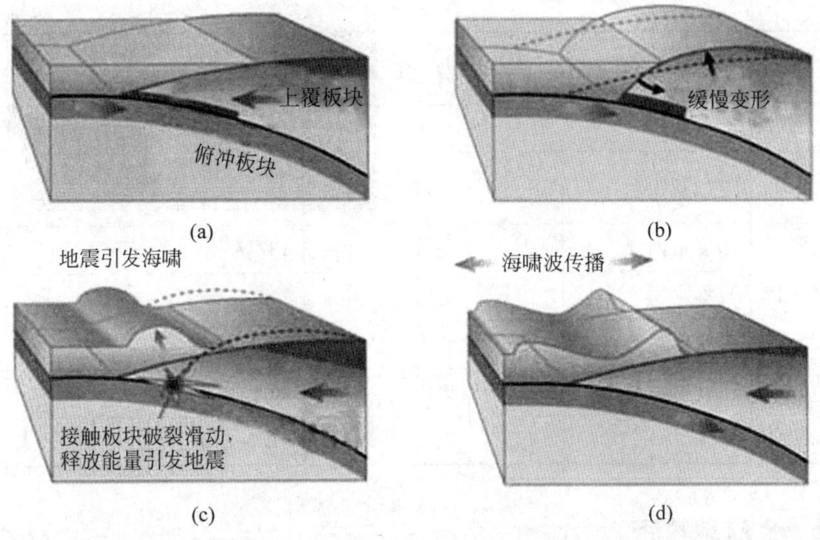

◎图 3.46　**海啸产生过程：(a) 俯冲板块向上覆板块下方俯冲运动；(b) 两个板块紧密接触，俯冲造成上覆板块缓慢变形，不断积蓄弹性能量；(c) 能量积蓄到达极限，紧密接触的两个板块突然滑动，上覆板块“弹”起了巨大的水柱；(d) 水柱向两侧传播，形成海啸。**

我国会发生破坏力巨大的海啸吗？中国的近海，渤海平均深度约为 20 米，黄海平均深度约为 40 米，东海平均深度约为 340 米，它们的深度都不大，只有南海平均深度约为 1200 米。因此，中国大部分海域地震产生本地海啸的可能性比较小，只有在南海和东海的个别地方发生特大地震时才有可能产生海啸。

表 3.2 中列举了历史上破坏力巨大的几个海啸。

表 3.2　历史上破坏力巨大的海啸

日　期	发 源 地	浪高/米	产 生 原 因	备　　注
1755.11.01	大西洋东部	5～10	地震	摧毁里斯本，死亡 60 000 人
1868.08.13	秘鲁-智利	＞10	地震	破坏夏威夷、新西兰
1883.08.27	Krakatau 印尼	40	海底火山喷发	30 000 人死亡
1896.06.15	日本本州	24	地震	26 000 人死亡
1933.03.02	日本本州	＞20	地震	3000 人死亡
1946.04.01	阿留申群岛	＞10	地震	159 人死亡，损失三千万美元
1960.05.13	智利	＞10	地震	智利：909 人死亡，834 人失踪。 日本：120 人死亡。 夏威夷：61 人死亡

续表

日　期	发源地	浪高/米	产生原因	备　注
1964.03.28	阿拉斯加	6	地震	加州死 119 人,损失 1 亿美元
1992.09.02	尼加拉瓜	10	地震	170 人死亡，500 人受伤，13 000 人无家可归
1992.12.02	印度尼西亚	26	地震	137 人死亡
1993.07.12	日本	11	地震	200 人死亡
1998.07.17	巴布亚新几内亚	12	海底大滑坡	3000 人死亡
2004.12.26	印度尼西亚	>10	地震	283 000 人死亡
2011.03.11	日本	23	地震	8133 人死亡,失踪 12 272 人

3.4.2　全球地震带

总体来说,地震是一种自然现象,它同台风、暴雨、洪水、雷电等一样是可以认知的。

地震是由于地球不断的运动和变化,逐渐积累了巨大的能量,在地壳某些脆弱地带,造成岩石圈突然发生破裂,或者引发原有断层的错动。

地球表面水圈以下是岩石圈,岩石圈并不是一块完整的岩石,而是由大小不等的板块彼此镶嵌组成的,其中最大的有七块(图 3.47),它们是南极板块、欧亚板块、北美板块、南美板块、太平洋板块、印度澳洲板块和非洲板块。这些板块在地幔上面每年以几厘米到十几厘米的速度漂移运动,相互挤压碰撞,运动的结果使地壳产生破裂或错动,这是地震产生的主要原因(图 3.48)。

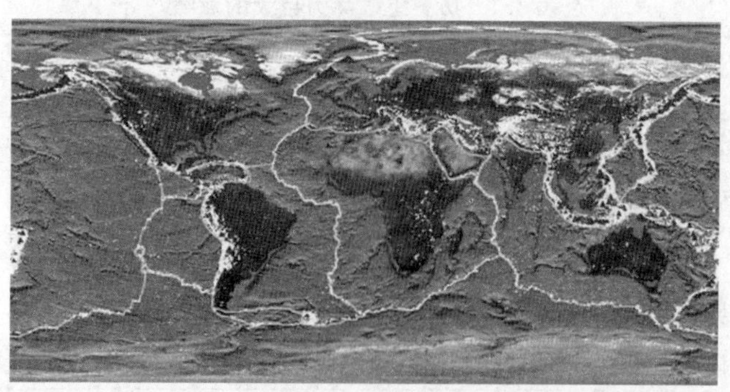

◎图 3.47　地球的七大板块和火山地震带分布

地震多发区称为地震带。全球地震主要发生在环太平洋地震带和欧亚地震带(即地中海—喜马拉雅地震带)上。这是世界上两个主要地震带(图 3.49)。

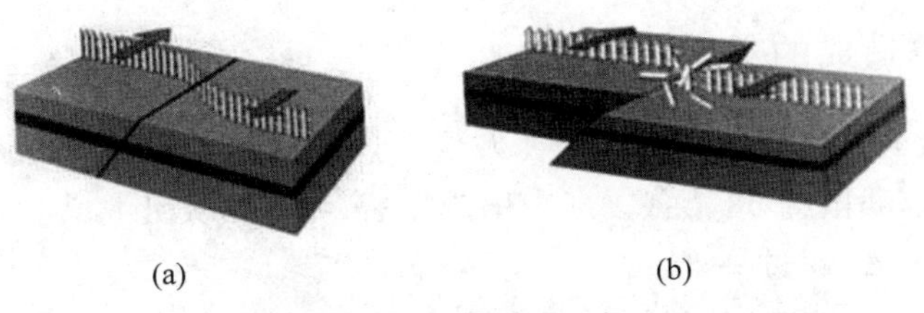

◎图 3.48 地壳受力变形(a)和地壳错动断裂发生地震(b)

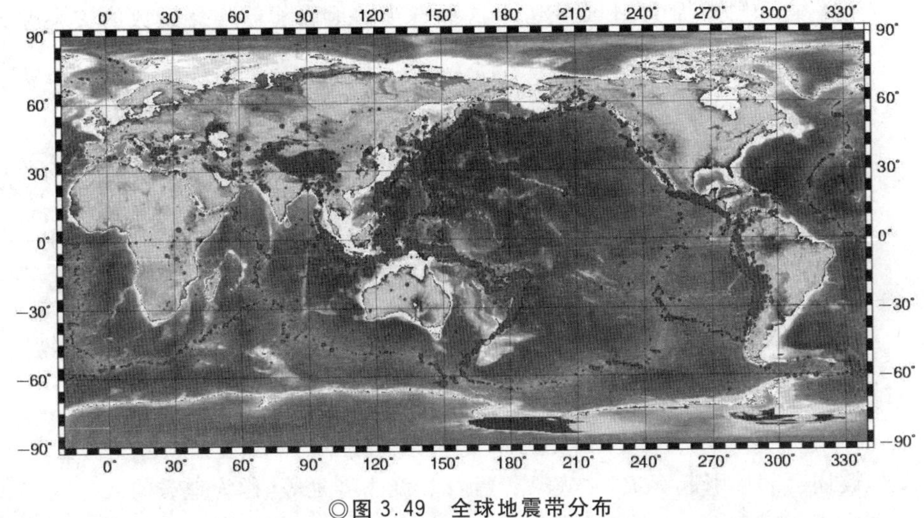

◎图 3.49 全球地震带分布

我国位于世界两大地震带——环太平洋地震带与欧亚地震带的交汇部位，受太平洋板块、印度板块和菲律宾海板块的挤压，地震断裂带分布十分广泛。

我国的地震活动分布范围广、频度高、强度大、震源浅，几乎所有的省、自治区、直辖市都发生过 6 级以上强震。仅中国大陆地区统计(1900—1996 年)，5 级以上地震发生过 1992 次，平均每年 20.8 次；7 级以上地震 70 次，平均 1 年零 4 个月地震 1 次。20 世纪以来，全球 7 级以上强震之中，中国约占 35%；全球 3 次 8.5 级以上巨大地震，有 2 次发生在中国大陆。我国有历史记载以来，发生过 8 级以上的地震就有 1411 年西藏当雄南 8 级大地震、1556 年陕西华县 8 级大地震、1668 年山东郯城县 8.5 级大地震、1679 年河北三河平谷 8 级大地震、1920 年宁夏海原 8.5 级大地震、1927 年甘肃古浪 8 级大地震、1950 年西藏察隅 8.5 级大地震、1951 年西藏当雄北 8 级大地震、2001 年青海昆仑山口西 8.1 级大地震、2008 年四川汶川 8 级大地震(2013 年 4 月四川雅安的 7 级大地震和 2013 年 7 月的甘肃定西 6.67 级大地震都属于汶川地震的强余震系列)。

3.4.3 地震造成的灾难

地震死亡人数位居各种灾难死亡人数之首。20世纪以来全球地震死亡总数约为158万人,我国约68万人。新中国成立后,我国因灾死亡总数约为63万人,地震死亡36万人,超过一半。

破坏性地震发生时,地面剧烈颠簸摇晃,直接破坏各种建筑物的结构,造成倒塌或损坏,同时还破坏建筑物的基础,引起上部结构的破坏、倾倒。建筑物的破坏导致人员伤亡和财产损失,形成灾害。这种直接因地面颠簸摇晃造成的灾害称为地震的直接灾害(图3.50)。

(a) (b)

◎图3.50 唐山(a)和汶川(b)地震造成的墙倒房塌

地震还会间接引起火灾、水灾、毒气泄漏、疫病蔓延等,称为地震的次生灾害。

在次生灾害中,火灾造成的损失最为明显。1923年日本关东发生8.3级特大地震,地震时有208处同时起火。由于当时日本的许多房屋是木结构,特别容易着火,且街道窄小,消防车开不进去,再加上自来水系统被震坏,水源断绝,只能眼看着大火蔓延(图3.51(a))。这次地震共死亡和失踪14万人,其中5.6万人是被大火烧死的,火海余生的只有2000余人。

(a) (b)

◎图3.51 大地震之后引发的火灾(a)和水灾(b)

水灾(图3.51(b))由水库水坝决口、江河堤岸倒塌、大坝震裂或山崩壅塞河道等引起。相信汶川地震造成的“堰塞湖”给我们带来的牵挂还令人记忆犹新吧!

(图 3.52(b))

(a)

(b)

◎图 3.52　地震造成交通中断(a)和河流断流形成“堰塞湖”(b)

毒气和放射性物质泄漏，会严重危及人们的生命和健康，它一般因建筑物、化工厂管道装置或储存设备遭到破坏而形成有毒物质泄漏、蔓延等引起。

公路、铁路、机场被地震摧毁会造成交通中断(图 3.52(a))；通信设施、互联网络被地震破坏会造成信息中断；城市中与人民生活密切相关的电厂、水厂、煤气厂和各种管线被破坏会造成大面积停水、停电、停气。

大地震对自然界的破坏是多方面的。如大地震时出现地面裂缝、地面塌陷、山体滑坡、河流改道、地表变形，以及喷沙、冒水、大树倾倒等现象，都会导致灾害。

3.4.4　十大地震和海啸事件

(1) 1960 年 5 月 21 日至 6 月 22 日，智利发生里氏 9.5 级超级大地震，造成约 2000 人遇难，200 多万人无家可归。是观测史上记录到规模最大的地震，当时台湾，日本，菲律宾，中国沿海都有震感，震波斜穿太平洋，相当于 10 万颗广岛原子弹的威力，约等于 267 000 000 000 公吨 TNT 炸药。地震导致火山爆发，海啸等一系列灾难。地震引起的海啸严重冲击了智利海岸，掀起了高达 25 米的海浪。并且波及到遥远的日本和菲律宾，就是距震中一万公里的地方也记录到了 10.7 米高的海浪。如此大范围的灾难所造成的死亡人数及经济损失无法精确得知(图 3.53(a))。

(2) 1964 年 3 月 28 日，美国阿拉斯加南部的威廉王子海峡发生里氏 9.2 级大地震，美国称“耶稣受难日地震”，造成 178 人死亡，是北美洲也是北半球有史以来震级最大的一次。这场强烈的地震使得阿拉斯加的一部分发生地质液化和地面断裂，阿拉斯加州 250 000 平方公里的地区发生了高达 11.5 米的垂直位移(图 3.53(b))。

(3) 2004 年 12 月 26 日，印度洋深海大地震引发印度洋大海啸，震源位于印尼苏门答腊岛亚齐附近海域，震级达到里氏 9.1 级。地震及随后引发的大海啸造成印度洋沿岸各国超过 22 万人死亡或失踪。地震释放的能量超过了美国一个月所消耗能量的总和，地球地轴因此发生变化(偏转接近 3 厘米)，地球上的一日缩短了

(a) (b)

◎图 3.53　智利大地震的火山爆发(a)和美国"耶稣受难日地震"的地面断裂(b)

3 微秒，苏门答腊北部顶端位于缅甸平原（南边是苏门答腊平原）的地区可能也向西南方移动了 36 米（图 3.54）。

(a) (b)

◎图 3.54　印度洋大海啸袭击一年之后泰国海滩前后对比图

(4) 2010 年 2 月 27 日，智利中西部海域发生里氏 8.8 级大地震，造成约 800 人死亡。此次释放的能量超过人类创造出的最大能量核弹的 5 倍，相当于 18 000 颗广岛原子弹。

(5) 2011 年 3 月 11 日，日本本州岛附近海域发生里氏 9.0 级地震，官方称其为"东日本大震灾"，地震引发了大海啸以及炼油厂大火，福岛核泄漏事故（自切尔诺贝利核事故以来最严重的核泄漏事故）的综合灾难，造成大量人员伤亡，地方政府工作瘫痪，地方经济停滞，核泄漏区未来 20 年无法居住，海啸冲毁的杂物漂流到美国及加拿大西海岸（图 3.55）。

(6) 2005 年 3 月 28 日，印尼苏门答腊岛附近海域发生里氏 8.7 级地震，并引发巨大海啸，之后的余震有 150 多次，造成至少 1300 人死亡，其中包括约 500 名华侨（图 3.56）。

◎图 3.55　大地震引发的海啸和造成的核燃料泄漏

◎图 3.56　大地震造成水灾和地陷

(7) 1920 年 12 月 16 日,中国宁夏海原县发生里氏 8.5 级大地震,造成 24 万人死亡,毁城四座,数十座县城遭受破坏,被认为是 20 世纪中国最惨烈的地震。据官方统计,约有 234 117 人死亡,继嘉靖大地震及唐山大地震,为中国有记录至今第三多死亡的地震(图 3.57)。

(8) 1906 年 4 月 18 日,美国旧金山发生里氏 8.3 级大地震,无数房屋被震倒,水管、煤气管道被毁。地震后不久发生大火,整整燃烧了 3 天,烧毁了 520 个街区的近 3 万栋楼房(图 3.58)。

◎图 3.57　海原大地震造成约 24 万人死亡

◎图 3.58　美国旧金山里氏 8.3 级大地震

(9) 2001 年 6 月，秘鲁南部阿雷基帕省发生里氏 8.3 级地震，共造成至少 75 人死亡，上万人无家可归(图 3.59)。

(10) 1755 年葡萄牙里斯本地震。里斯本地震(葡萄牙，1755 年 11 月 1 日，图 3.60)是迄今为止欧洲最大的地震。发生在距里斯本城几十千米的大西洋海底。里斯本城受破坏极其严重，死亡约7 万人。这次地震引起海啸近 30 米高，袭击了里斯本海岸，并使英国、北非和荷兰的海岸都遭受损害。甚至在中美洲也观测到相当大的波浪。地震发生后 214 年，即在 1969 年 2 月 28 日，在这个海域西边又发生了 8 级大地震。

◎图 3.59　秘鲁南部发生里氏 8.3 级地震

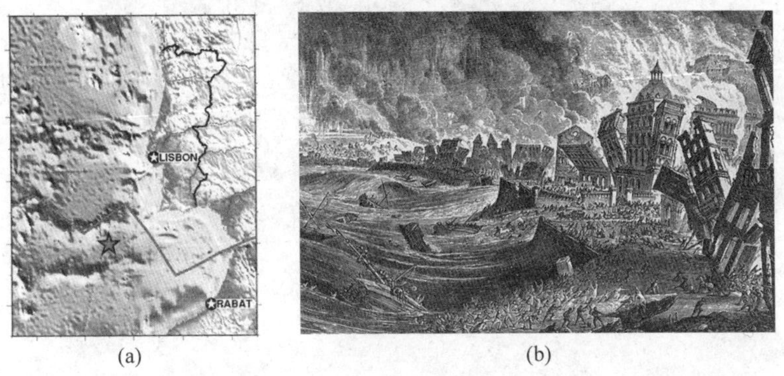

(a)　(b)

◎图 3.60　里斯本近海大地震发生的地点(a)和产生的海啸袭击了北塔古斯河岸(b)

◎第 4 章

气浪和海浪的故事

变幻莫测的大气、奔腾不息的大海

刮风、下雨、台风、气浪让我们感知它的存在

海水、海浪、海岛、海流让我们明白海洋是地球气候的主人

臭氧层让我们有喜有忧

温室效应让我们无所适从

洪水、干旱都和宝贵的水资源密切相关

地球环境需要人类一起来爱护！

前面的开章故事似乎都有一点神话色彩，看起来离开我们有点远。现在，我们讲一个大家都知晓的故事——三国演义中赤壁大战之诸葛亮借东风(图 4.1)。在讲这个故事之前，还是先问各位一句，真的明白这个故事吗？

◎图 4.1　曹操、周瑜、诸葛亮联合导演了赤壁大战，实际上真正的导演应该是上天——天有不测风云呀！

话说是 1800 多年前的公元 208 年 11 月，曹操带兵南下，50 万大军号称 80 万，把对面的江东父老惊倒了大半。周瑜冥思苦想设计出火攻的战术，出门感慨时突然被西北风吹的身上冰凉，西北风？西北风？周瑜就病了……

俗话说：水火无情！大军事家曹操当然明白火攻的厉害，所以当他采用了庞统的“连环计”时，谋士提醒他要防火攻，他只是指指老天说——冬天啦！西北风呀，火攻？烧谁呀？也就是说，曹操是有道理的，周瑜生病也是有道理的。

心病还需心药医。诸葛亮探视周瑜之后开出的药方就写到：“欲破曹公，宜用火攻；万事俱备，只欠东风。”后来，他就搭祭台、祈东风。十一月的江南果然刮了三天三夜的东风……

看小说时，许多人看到这里估计不会有什么想法。冬天刮东风，可能吗？可那是诸葛亮呀！上知天文下知地理，半神一样的人物。可是，您在这里看到这个故事，是不是就应该再想想——冬天刮东风，可能吗？

气象学家也分析了这个事件，联想到后来曹操兵败在华容道上又遇上倾盆大雨，他们判断这应该是气象学上的一次锋面气旋天气。

大尺度的天气分析是气候学，小范围的天气分析是气象学。冬天多刮西北风，这是气候学，关键是这个“多”字。京剧《群英会》中，曹操有句唱词：“我只说十一月东风少见。”显然后悔自己对气象判断失误，吃了大亏。看来，带兵打仗他要恶补气象学知识呀。

那诸葛亮真的就是神人，上知天文下知地理，通晓气象？的确，他有着丰富的社会和自然知识。但是，更关键的一点，他生活在湖北的襄樊，那里和赤壁很近，对当地的气候，尤其是气象变化相当的熟悉，所以，当他感觉到这种现今称为“锋面气旋天气”出现的先兆时，就大胆的预测会有东风刮起。不过，战事开启之后他也就急急的“逃回”荆州了。

典型的锋面气旋天气就是一种反季节天气过程，会带来大风大雨。在我国春季比秋季更容易出现，可是，在长江的江面上，水的上界面和大气的下界面能量交流的更多，天气的变化肯定是更奇妙一些。

地球的气候，90%是由于地球水圈的上界面和大气圈的下界面的物质和能量交流决定的！

4.1 臭氧层变化带来的思考

在20世纪80年代科学家发现地球的“臭氧层空洞”现象之前，相信很少有人知道地球臭氧层的存在。对地球的最外一个圈层——大气圈也是知之甚少。实际上，早期的地球一成型，大气圈就随之生成，并伴随着生物、人类的产生和进化过程而变化。一直为人类做着贡献。

4.1.1 生命伴随着地球大气的形成

地球的大气是产生生命的必要条件。

现在的科学家基本认为，地球大气的形成和演化经历了三个主要阶段：原始大气、次生大气和现代大气。

原始大气的来源主要是前面我们提到的“星际介物质”。地球在“星子”阶段初期，温度较低，主要靠引力将其周围和运行轨道上的氢和氦气吸引过来，它们在宇宙中大量的存在，目前我们对早期恒星形成区域的观测也证明了这一点。随着地球的体积收缩和小天体密集的撞击，地球开始升温，由于地球的固体部分主要是由C1型碳质球粒陨石吸积而成，这种陨石含有丰富的二氧化硅、氧化亚铁、氧化镁、水汽、碳质(如碳和甲烷等)、硫和其他一些金属氧化物。在地球吸积增大时，引力能转化为热能，使地球温度不断提高。当升温到1000摄氏度以上时，这类陨石的组分会发生自动还原现象。其中金属和硅的氧化物被还原为金属和硅，所放出的氧则和碳结合成一氧化碳而脱离地面进入大气。此外，水汽在此高温下也能和碳作用，生成氢和一氧化碳。所以，原始大气应该是以一氧化碳和氢为主。

原始大气存在的时间并不太久，仅数千万年。在太阳经历“金牛座T型变星”这个阶段时，正是地球形成的早期，此时太阳喷发的太阳风，把地球原始大气从地球上撕开，刮向了茫茫太空。

次生大气的形成则归功于地球形成圈层结构时排出的气体，主要是以火山爆发的形式实现的。

这个阶段地球的温度还在继续升高，因为除了地球吸积的引力能转化为热能外，小天体撞击的动能也会转化为热能，处于地球内核的放射性元素，如铀和钍的衰变也释放热能。这些发热机制都促使当时地球大气中较轻的气体逃逸。

发热机制除使当时大气中较轻的气体向太空逃逸外，还起到为产生次生大气准备条件的作用。高温使地球内部呈熔融状态，这一作用十分重要。因为它使原来不能作重力调整的不稳定固体结构熔融，使那些被高温分解的陨石物质可通过热对流实现调整，发生了重元素沉向地心、轻元素浮向地表的运动。这个过程在整个地质时期均有发生，但在地球形成初期尤为普遍。在这种作用下，地球内部物质的位能有转变为宏观动能和微观动能的趋势。微观动能即分子运动动能，它的加大能使地壳内的温度进一步升高，并使熔融现象加强。宏观动能的加大，使原已坚实的地壳发生全球或局部的掀裂。这两者的结合导致造山运动和火山活动。在地球形成时被吸积并禁锢于地球内部的气体，通过造山运动和火山活动被排出地表，这种现象称为"排气"。地球形成初期遍及全球的排气过程，形成了地球的次生大气圈。这时的次生大气成分和火山排出的气体相近，主要以甲烷、氢和二氧化碳为主，还有一定量的氨和水汽。

次生大气中没有氧。这是因为地壳调整刚开始，地表金属铁尚多，氧很易和金属铁化合而不能在大气中留存，因此次生大气属于缺氧性还原大气。次生大气形成时，水汽大量排入大气，当时地表温度较高，大气不稳定，对流的发生很多，强烈的对流使水汽上升凝结，风雨闪电频现，地表出现了江河湖海等水体。这对此后出现生命并进而形成现在的大气有很大的意义。次生大气笼罩地表的时期大体在距今 20 亿年到 45 亿年前之间。

由次生大气转化为现代大气，同生命现象的发展关系最为密切。

大气中氧含量逐渐增加是次生大气演变为现代大气的重要标志。一般认为，在太古代晚期，尚属次生大气存在的阶段，已有厌氧性菌类和低等的蓝藻生存(它们生活在火山喷发形成的湖水中)。约在太古代晚期到元古代前期，大气中氧含量已渐由现代大气氧含量的万分之一增为千分之一。地球上各种藻类繁多，它们在光合作用过程中可以制造氧。在距今约 6 亿年前的元古代晚期到古生代初的初寒武纪，氧含量达到现代大气氧的 1%左右，这时高空大气形成的臭氧层，足以屏蔽太阳的紫外辐射而使浅水生物得以生存，在有充分二氧化碳供它们进行光合作用的条件下，浮游植物很快发展，多细胞生物也得到发展。大体到古生代中期(距今 4 亿多年前)，大气中氧已增加到现代大气的 1/10 左右，植物和动物进入陆地，气候湿热，树木生长旺盛，在光合作用下，大气中的氧含量剧增。到了古生代后期的石炭纪和二叠纪(分别距今约 3 亿和 2.5 亿年前)，大气氧含量竟达现代大气氧含量的 3 倍，这促使动物大发展，为中生代初的三叠纪(距今约 2 亿年前)的哺乳动物的出现提供了条件。由于大气中氧的不断增多，到中生代中期的侏罗纪(距今约 1.5 亿年前)，就有巨大爬行动物如恐龙之类的出现，需氧量多的鸟类也出现了。但因植物没有限制地发展，使光合作用加强，大量地消耗大气中的二氧化碳。这种消耗虽可由植物和动物的呼吸作用产生的二氧化碳来补偿，但补偿量不足，结果大气中二氧化碳就减少了。二氧化碳的减少导致大气保温能力减弱，温度降低，大气中大量水分凝降，改变了天空阴霾多云的状况。因此，中纬度地带四季遂趋分明。降温又使结合到岩石中和溶解到水中的二氧化碳增多，这又进一步减少了空气中二氧化碳的含量，从而使大气中充满更多的阳光，有利于现代的被子植物（显花植物）的出现和发展。

由于光合作用的原料二氧化碳减少了，植物释出的氧就不敷巨大的爬行类恐龙呼吸之用，再加上一些尚有争议的原因（如近来有不少人认为，恐龙等的绝灭是由于星体与地球相碰撞发生突变所致），使恐龙之类的大爬行动物在白垩纪后期很快灭绝，但能够适应新的气候条件的哺乳动物却得到发展。这时已到了新生代，大气的成分已基本上和现代大气相近了。可见从次生大气演变为现代大气，氧含量有先增后减的迹象，其中在古生代末到中生代中期氧含量为最多。

4.1.2 臭氧层在发生变化

目前大气的成分基本稳定。总质量约为5万万亿吨，密度为0.000 123克/立方厘米（海平面，15°）。主要成分见表4.1。

表4.1 大气主要成分

按体积计算	按质量计算	按体积计算	按质量计算
氮，78.09%	氮，75.51%	氩，0.93%	氩，1.28%
氧，20.94%	氧，23.15%	其他，0.04%	其他，0.06%

其中，氮气、氩气和氧气比较稳定；二氧化碳、臭氧、水蒸气为可变的部分，是我们主要的讨论对象；其他的如粉尘、硫氧化物、氮氧化物等则主要和人类活动有关。我们关心最多的当然就是氧气了，它关系到生物的呼吸；其次就是水蒸气，它主导了天气变化；而二氧化碳造成地球的温室效应和臭氧层空洞现象，从20世纪后半叶开始才越来越引起我们的注意。

大气中的臭氧绝大部分集中在平流层的25～30公里范围内，称为臭氧层。实际上，臭氧层在各地分布也不均匀，而且大气中的臭氧总量非常少，不到大气总体的百万分之一。如果把它们放在海平面气压下，它们就会变成薄薄一层，其厚度相当于二十多页纸，仅0.3～0.5厘米厚。这个薄薄的臭氧层，能够阻止太阳光中99%的紫外线，有效地保护地球生物的生存。尽管臭氧绝大部分存在于平流层中，但也有少量臭氧存在于对流层中，它们大部分是工业污染的光化学产物，因此，它们是地区性分布，不是全球性覆盖分布。臭氧层中臭氧含量的减少等于在屋顶上开了天窗，导致太阳对地球紫外线辐射增强。大量紫外光照射进来，严重损害动植物的基本结构，降低生物产量，使气候和生态环境发生变异，特别对人类健康造成重大损害。美国一个科学小组指出，北美洲上空平流层臭氧含量在最近 5 年内减少了约百万分之一，皮肤癌症患者高达 50 万人，其中恶性肿瘤病例 25 000 人，死亡约 5000 人。有人估计，如果臭氧层中臭氧层含量减少 10%，地球的紫外线辐射将增加 19%～22%，皮肤癌发病率将增加 15%～25%，仅美国死于皮肤癌的人将增加 150 万人，白内障患者将达到 500 万人，患呼吸道疾病的人也将增多。紫外线辐射增强，将打乱生态系统中复杂的食物链，导致一些主要生物物种灭绝。大量紫外线辐射还可能降低海洋生物的繁殖能力，扰乱昆虫的交配习惯，并能毁坏植物，特别是农作物，使地球的农作物减产 2/3，从而导致粮食危机。

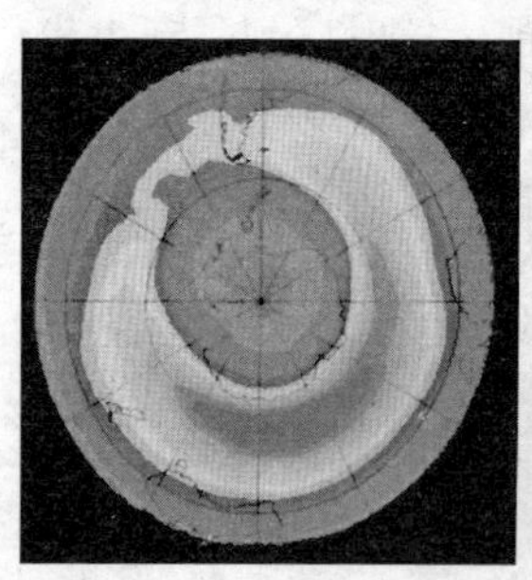

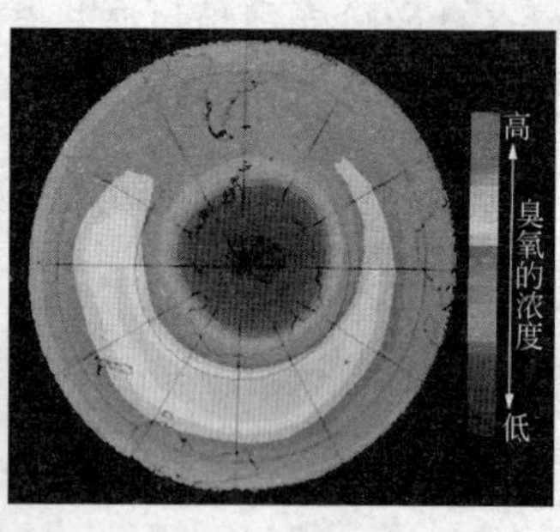

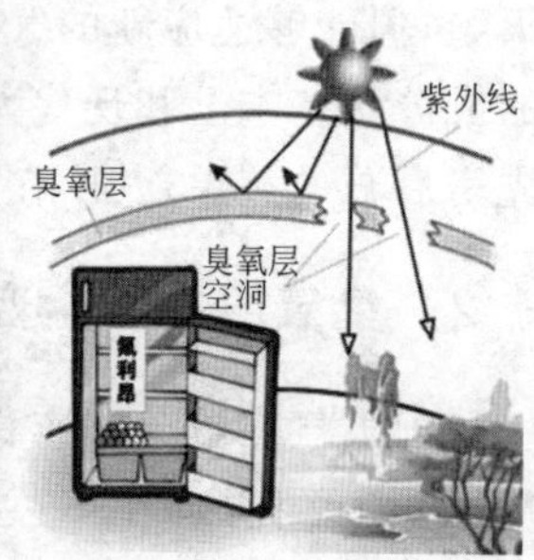

◎图 4.2　1987—1988 年一年间南极上空臭氧层的变化。目前看来，致使臭氧层空洞现象的罪魁祸首就是冰箱里的氟利昂。

早在地球大气形成的早期阶段，臭氧层就已经形成。在生命体从海洋转移到陆地的过程中臭氧层起到了至关重要的作用。臭氧与氧分子是亲兄弟，臭氧由三个氧原子组成。在高层大气中太阳的各种射线撞击氧分子，在紫外线撞击下氧分子分解成两个氧原子，一个氧原子和其余的氧分子化合成一个臭氧分子，这就是臭氧的光化学生成过程。臭氧吸收太阳紫外线辐射加热平流层大气，形成平流层环流特征。紫外线又击碎了臭氧分子，分解成氧分子和一个氧原子，成为臭氧的光化学分解过程。生成速率与分解速率相等就能维持臭氧总量的动态平衡，也就是说能维持地球生命保护伞的存在。如果失去了动态平衡，生成速率大于分解速率，臭氧总量就会增加，例如，太阳活动增强时，臭氧就会增加。如果分解速率大于生成速率，臭氧总量就会减少。如果减少到正常值的 50%以上，人们形象地说这是个洞。

南极的臭氧层空洞是 20 世纪 70 年代发现的。从 1982—1991 年的 10 年期间，南极臭氧洞的面积扩大了 10 倍，深度增加了 2 倍，被破坏的臭氧量估计为过去的 4.3 倍。1994 年 10 月观测到臭氧洞曾一度蔓延到了南美洲最南端的上空。近年来臭氧洞的深度和面积等仍在继续扩展，1995 年观测到的臭氧洞的天数是 77 天，到 1996 年几乎南极平流层的臭氧全部被破坏，臭氧洞发生天数增加到 80 天。

1998年臭氧洞的持续时间超过100天，是南极臭氧洞发现以来的最长纪录，而且臭氧洞的面积比1997年增大约15%，9月19日出现的最大面积为2720万平方公里。几乎相当于三个澳大利亚的面积。总之，20世纪90年代中期以来，每年春季南极上空臭氧平均减少2/3(图4.2)。

更加危险的是，离人类居住的区域更近的北极上空的臭氧含量也减少超过了20%。地球的第三极青藏高原的臭氧含量也在减少。

造成臭氧含量减少的罪魁祸首我们已经找到，就是工业生产所需的氟利昂。当它被排放到大气里，上升到平流层高度时，紫外线照射就会使它分解而产生出活泼的氯原子，它会与臭氧反应，使臭氧分解消失。由于氟利昂的化学结构比较稳定，生命期长达40～150年。所以，这一破坏是长期性的。当然，我们现在已经找到了氟利昂的替代品，可是工业发展带来的恶果还将持续很久。而且，研究发现青藏高原的臭氧含量减少的原因并不是源于氟利昂。而是由于地球变暖，大气的热力和动力作用导致热空气上升稀薄了臭氧层的臭氧含量，使得高原上空出现臭氧低谷。这样看来，保护人类的臭氧层是一个长期而艰巨的任务。

4.1.3 温室效应

现在我们再来说说二氧化碳。提起二氧化碳人们就会想到“温室效应”、“地球变暖”、地球灾难。实际上，造成温室效应的罪魁祸首并非只是二氧化碳。而且，温室效应为地球生命的产生创造了充分的条件。如果没有温室效应，地球的表面温度不会是平均18摄氏度，而是零下15摄氏度！再者，地球变暖是不是温室效应造成的目前还没有定论。

不过，一些研究表明，不管什么原因，一旦温室效应形成，它的影响起码可以体现在以下几个方面。

1. 海平面升高

假如“全球变暖”正在发生，有两种过程会导致海平面上升。第一种是海水受热膨胀令海平面上升。第二种是冰川和格陵兰及南极洲的冰盖融化，致使海洋水分增加。

2. 经济的影响

全球有超过一半的人口居住在沿海100公里的范围以内，其中大部分住在海港附近的城市区域。所以，海平面的显著上升对沿岸低洼及海岛会造成严重的经济损害，例如，加速沿岸沙滩被海水的冲蚀、地下淡水被上升的海水推向更远的内陆地区。

3. 农业的影响

实验证明在高浓度二氧化碳的环境下，植物会生长得更迅速、更高大。但是，“全球变暖”的结果会影响大气环流，继而改变全球的雨量分布及各大洲表面土壤的含水量。由于我们还无法预测“全球变暖”对各地区气候的影响，所以对植物生态的影响也就无从判断。

4. 海洋生态的影响

沿岸沼泽地区的消失会令鱼类，尤其是贝壳类的数量减少。河口水质变咸也将会减少淡水鱼的品种数目。当然，海洋鱼类的品种可能会增加，但是造成的生物体整体的生态变化将是不可予计的。

5. 水循环的影响

全球降雨量可能会增加。但是，地区性降雨量的改变将变得未知。有可能某些地方会降更多的雨，而某些地方会得不到降雨。此外，温度的升高会增加水分的蒸发，会使得本来就已经匮乏的水资源更加不足。

英国著名社会活动家、作家马克·里纳斯，在对数千份科学文件进行精心的研究后，撰写了一部有关全球变暖危害的专著，首度系统的描述了地球气温升高1～6摄氏度后全球可能面临的灾难。

(1) 气温升高1摄氏度

美国南部到加拿大变为沙漠，世界将失去“粮仓”；

撒哈拉大沙漠可能会变得湿润起来，一直戴着“雪白冰帽”的乞力马扎罗峰将被“摘帽”(图4.3(b))，使得整个非洲大陆成了真正的无冰世界；

(a)

(b)

◎图4.3　海水侵蚀的作用(a)和赤道上的乞力马扎罗峰(b)

欧洲阿尔卑斯山的冰雪将全部融化；

热带地区的珊瑚将全部死亡。

(2) 气温升高2摄氏度

1/3的动物会灭绝，人类纷纷北迁；

格陵兰岛的冰盖将彻底融化，使得全球海洋的海平面上升7米；

全球的食物，尤其是热带地区的食物将会大受影响；

如果我们还想将全球气温上升控制在2摄氏度内，那么从现在起还有10年的时间让人类控制二氧化碳排放量。

(3) 气温升高3摄氏度

人类再也没有控制气温的可能。

气温上升3摄氏度是地球的一个重大“转折点”,因为一旦真的发生,那么就意味着全球变暖的趋势将彻底失控,人类对地球气温的变化已经“无力回天”。

灾难核心将是南美洲的亚马孙热带雨林。根据计算机模拟结果,干旱使得亚马孙热带雨林无力防火,一个小小的雷击都有可能引发热带雨林大火,最终烧毁整个热带雨林。今天仍占地达100万平方公里的热带雨林一旦消失,地球就没有“肺”了。

(4) 气温升高4摄氏度

数十亿吨被冰封在南北两极和西伯利亚的二氧化碳气体将释放出来,进入臭氧层,从而成为全球变暖的加速器——加快变暖的速度。

北冰洋所有的冰盖将全部消失,南极的冰盖也将受到很大的影响,南极洲西部地区的冰盖将与大陆脱离,最终海平面再上涨5米,从而使得全球的沿海地区进一步被海水吞没(图4.3(a))。

在欧洲,新的沙漠开始形成,并且向意大利、西班牙、希腊和土耳其扩展。在如今温度宜人的瑞士,夏季的气温将高达48摄氏度,比巴格达还热。阿尔卑斯山最高峰将彻底没有冰雪,裸露出巨大的岩石。由于气温持续保持在45摄氏度,欧洲人被迫大量向北迁居。

(5) 气温升高5～6摄氏度

绿树长到南北极,95%的生物灭绝。

气温上升5～6摄氏度时,地球将面临着彻底的灾难,生态灾难会全面上演。

科学家曾在加拿大北极圈内发现了5500万年前鳄鱼和乌龟的化石。这说明,这些动物曾经在加拿大北极圈内生活过。因此,一旦全球气温上升5～6摄氏度时,绿色阔叶林将重现加拿大北极圈,而南极的腹地也会有类似的情景。

然而,由于陆地大部分被淹没,动植物无法适应新的环境,有95%的种类灭绝,因此地球面临着一个与史前大灭绝一样的最后劫难。

那么,产生有害“温室效应”的原因是什么呢?仔细看看下面这张图吧(图4.4)。

目前的研究说明,温室效应的“罪魁祸首”不一定是人类的活动。但是,人类的活动加剧了温室效应的形成却是不争的事实。

4.1.4 大风大雨、旱灾洪水

臭氧层变化、温室气体增加都是地球大气的整体现象。它们必然影响到世界各地的局部天气系统。局部的气压变化造成大风、龙卷风;局部的水汽变化造成暴雨、雷暴天气。某些地区会常年的不落一滴雨形成干旱;某些地区又会是大雨成

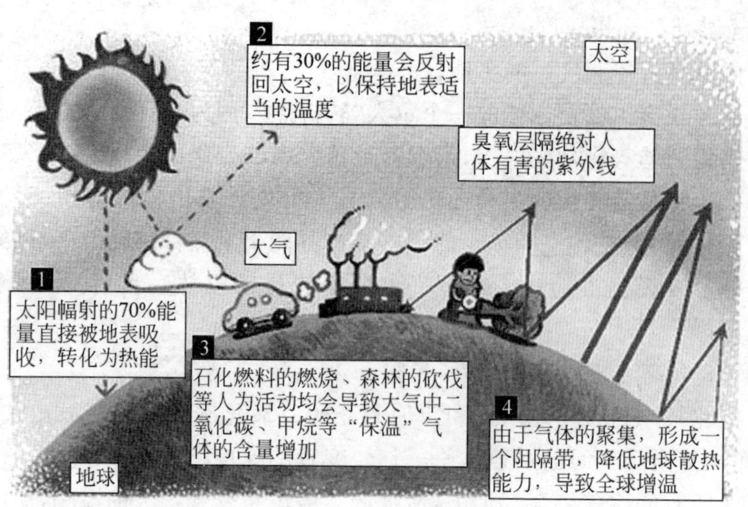

◎图 4.4　温室效应成因

灾。这些现象地球上早已出现过，关键是出现的频率越来越高，影响的范围越来越大，而且，这些现象都和我们的生活关系密切，我们应该也必须要知道它们的来龙去脉。

大风大雨都属于天气系统，全球的气象变化宏观上取决于地球上的大气环流和大气圈与水圈的能量交换。

大气环流基本上左右了大气系统内部的能量传递。构成了全球乃至世界局部地区天气和气候变化的基础。

大气环流(图 4.5)主要表现为全球尺度的东西风带，三圈环流——低纬度的哈得莱环流、中纬度的费雷尔环流和极地环流，和叠加在平均纬向环流上的波状气流，高空急流以及西风带中的大型扰动等。

大气大体上沿纬圈方向绕地球运行(图 4.6)，在低纬地区常盛行东风，称为东风带，又称为信风带。由于地球自转的原因，所以北半球为东北信风，南半球为东南信风。中纬度地区则盛行西风，称为西风带。其所跨的纬度比东风带宽。西风强度随纬度升高而增加。最大风出现在 30°～40°纬度上空的 200 百帕附近，称为行星西风急流。在极地附近，低层存在较浅薄的弱东风，称为极地东风带。

造成大气环流的原因：一是太阳辐射，这是地球上大气运动能量的来源。由于地球的自转和公转，地球表面接受太阳辐射的能量是不均匀的。热带地区多，而极地少，从而形成大气的热力环流；二是地球自转，在地球表面运动的大气都会受地转偏向力作用而发生偏转；三是地球表面海陆分布不均匀；四是大气内部南北之间热量、动量的相互交换。以上种种因素构成了地球大气环流的平均状态和复杂多变的型态。

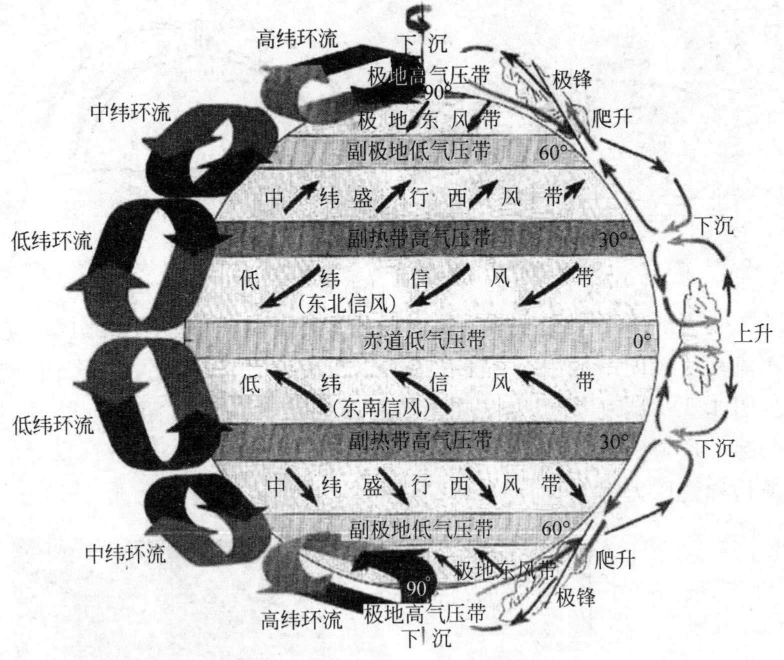

◎图 4.5　大气环流

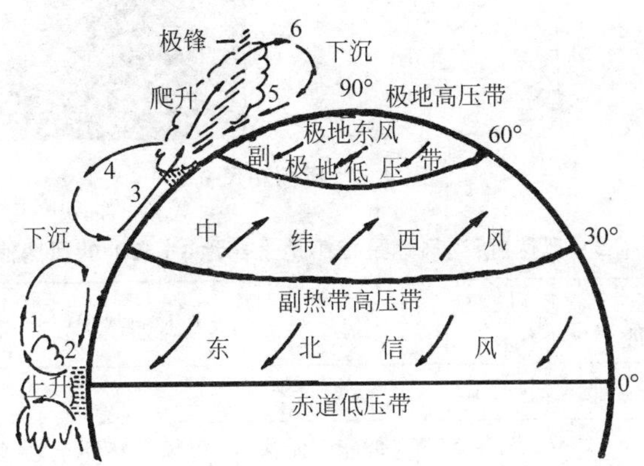

◎图 4.6　北半球的三圈环流

空气流动的最常见形式就是风。风是地球上的一种自然现象,它是由太阳辐射热引起的。太阳光照射在地球表面上,使地表温度升高,地表的空气受热膨胀变轻而往上升。热空气上升后,低温的冷空气横向流入,上升的空气因逐渐冷却变重而降落,由于地表温度较高又会加热空气使之上升,这种空气的流动就产生了风(图 4.7)。

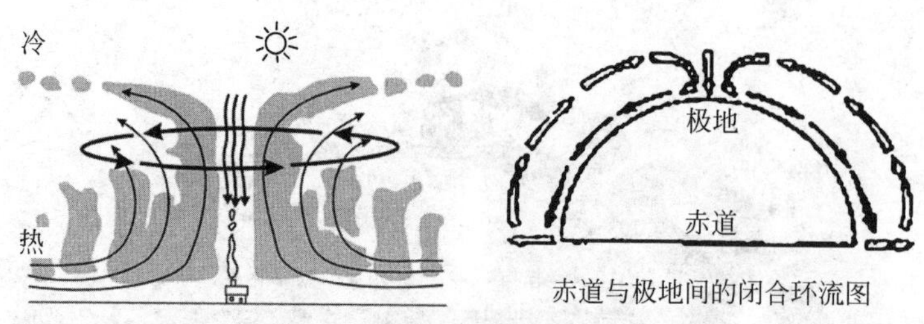

◎图 4.7 造成大气环流的原因

风的描述一般用风向和风速。风向是指风吹来的方向，例如北风就是指空气自北向南流动。风向一般用 8 个方位表示。分别为：北、东北、东、东南、南、西南、西、西北(图 4.8)。风速是指空气在单位时间内流动的水平距离。根据风对地面物体所引起的现象，将风的大小分为 13 个等级(大行星上盛行大风，这样的分级就不够用啦)，称为风力等级，简称风级，见表 4.2。

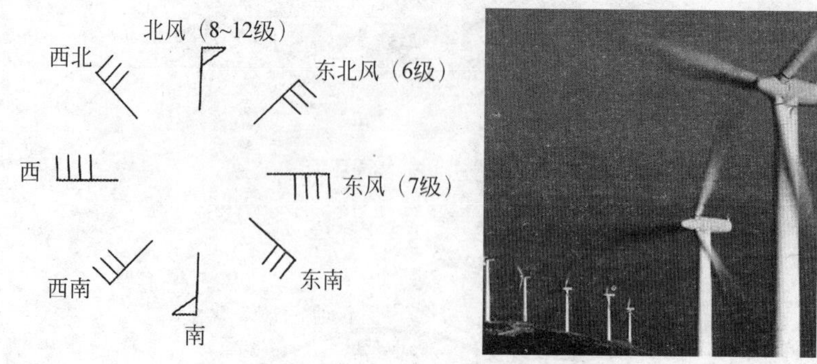

◎图 4.8 风速和风向

表 4.2 风速(所列风速是指平地上离地 10 米处的风速值)

风级	风的名称	风速/(米/秒)	风速/(千米/小时)	陆地上的状况	海面现象
0	无风	0～0.2	小于 1	静，烟直上	平静如镜
1	软风	0.3～1.5	1～5	烟能表示风向，但风向标不能转动	微浪
2	轻风	1.6～3.3	6～11	人面感觉有风，树叶有微响，风向标能转动	小浪
3	微风	3.4～5.4	12～19	树叶及微枝摆动不息，旗帜展开	小浪
4	和风	5.5～7.9	20～28	能吹起地面灰尘、纸张和地上的树叶，树的小枝微动	轻浪
5	劲风	8.0～10.7	29～38	有叶的小树枝摇摆，内陆水面有小波	中浪

续表

风级	风的名称	风速/(米/秒)	风速/(千米/小时)	陆地上的状况	海面现象
6	强风	10.8～13.8	39～49	大树枝摆动,电线呼呼有声,举伞困难	大浪
7	疾风	13.9～17.1	50～61	全树摇动,迎风步行感觉不便	巨浪
8	大风	17.2～20.7	62～74	微枝折毁,人向前行感觉阻力甚大	猛浪
9	烈风	20.8～24.4	75～88	建筑物有损坏(烟囱顶部及屋顶瓦片移动)	狂涛
10	狂风	24.5～28.4	89～102	陆上少见,见时可使树木拔起,使建筑物损坏严重	狂涛
11	暴风	28.5～32.6	103～117	陆上很少,有则必有重大损毁	海啸
12	飓风	32.6～36.9	118～133	陆上绝少,其摧毁力极大	海啸
13		37.0～41.4	134～149	陆上绝少,其摧毁力极大	未知
14		41.5～46.1	150～166	陆上绝少,其摧毁力极大	未知
15		46.2～50.9	167～183	陆上绝少,其摧毁力极大	未知
16		51.0～56.0	184～202	陆上绝少,范围较大,强度较强,摧毁力极大	未知
17		≥56.1	≥203	陆上绝少,范围最大,强度最强,摧毁力超级大	未知

微风习习,沁人心脾。可是风太大了,大风、烈风、狂风、暴风、飓风、龙卷风就成了灾难!同样,春雨似甘露。可是雨太大了,大雨、暴雨,洪水泛滥也就成灾了。

雨是一种自然降水现象。是地球水循环(图 4.9)不可缺少的一部分,也是大部分生态系统的水分来源,是几乎所有远离河流的陆生植物补给淡水的主要方式。

地球上的水受到太阳光的照射之后,就变成水蒸气被蒸发到空气中去了。水蒸气在高空遇到冷空气便凝结成小水滴。这些小水滴在空中聚成了云。凝聚不断地进行,当重量足够大时,就又回到了地球的怀抱。按照降雨量的多少,降雨可分为小雨、中雨、大雨、暴雨、大暴雨和特大暴雨 6 个等级。

小雨：0.1～9.9 毫米/天。

中雨：10～24.9 毫米/天。

大雨：25～49.9 毫米/天。

暴雨：50～99.9 毫米/天。

大暴雨：100～250 毫米/天。

特大暴雨：大于 250 毫米/天。

旱灾和洪水都和降雨量有关。

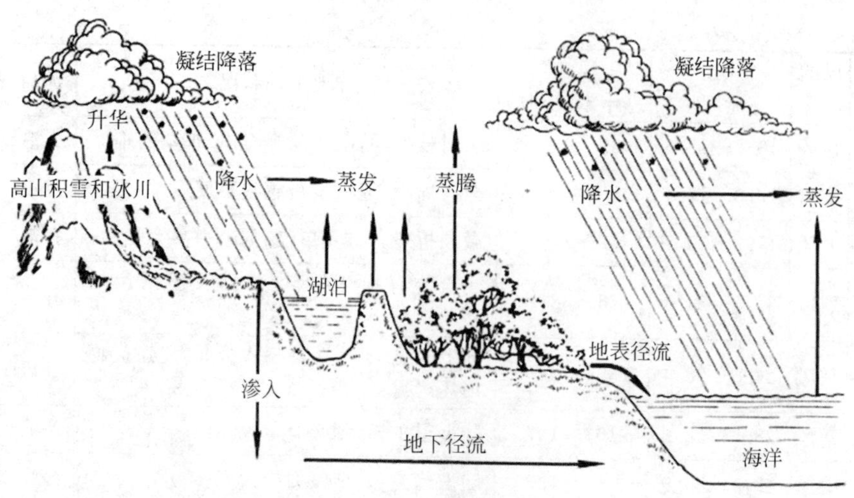

◎图 4.9　地球水循环

2013 年 7 月，老天爷似乎把放大镜对准了浙江，天气也停在了“烧烤模式”。气温的最高纪录不断地被刷新，干旱程度真的是无从言表，小区里的草坪都已经提前进入秋季啦！从地图上看，山东和浙江仅隔着江苏、上海，可是在浙江旱灾的同时，那里却暴雨成灾！

◎图 4.10　干旱灾害

旱灾(图 4.10)是指因气候干旱或不正常的干旱而形成的气象灾害。因土壤水分不足，农作物水分平衡遭到破坏而造成减产或歉收，从而带来粮食问题，甚至引发饥荒。同时，旱灾亦可令人类及动物因缺乏足够的饮用水而致死。

我国是一个水资源严重匮乏的国家，干旱灾害时常发生。国家制定的干旱等级标准见表 4.3。

洪灾是指由洪水引发的河流、湖泊、海洋的水位上涨，超过常规水位的一种自然灾害。洪水常威胁沿河、湖滨、近海地区的安全，甚至造成淹没灾害(图 4.11)。当一个地区被河水、海水或雨水淹没时，这个地区就发生了洪灾。

表 4.3 干旱等级标准

	连续无降雨天数		
	春 季	夏 季	秋、冬季
小旱	16～30 天	16～25 天	31～50 天
中旱	31～45 天	26～35 天	51～70 天
大旱	46～60 天	36～45 天	71～90 天
特大旱	61 天以上	46 天以上	91 天以上

◎图 4.11 洪水灾害

洪灾会造成人员伤亡、财物损坏、建筑倒塌等现象。洪灾发生时不单会淹浸沿海地区，还会破坏农作物，淹死牲畜，冲毁房屋。

此外，洪水泛滥使商业活动停顿、学校停课、古迹文物受破坏，水电、煤气供应中断，还会污染饮用水，传播疾病。

洪水灾害是我国发生频率高、危害范围广、对国民经济影响最为严重的自然灾害。据统计，20 世纪 90 年代，我国因洪灾造成的直接经济损失约 12 000 亿元人民币，仅 1998 年因洪灾造成的直接经济损失就高达 2600 亿元人民币。

4.1.5 城市"热岛"和"雾霾"

城市里的"热岛"和"雾霾"现象本是不应该出现在我们讨论的范围，因为它们远没有构成地球灾难。但是，由于它们发生的频率越来越高，越来越吸引眼球，已经成为媒体和公众的热点话题。那我们就在这里交代个来龙去脉吧。

热岛现象也称热岛效应，是一个地区性的气候现象。具体地说，就是城市区域的气温比周边地区异常的高，并容易产生雾气。这一现象最早是从人造卫星拍摄的红外线地球图片上发现的(图 4.12)。从城市地区的温度变化曲线来看，城市区域就好像是突出于周边地区的一个浮岛。

可能导致城市热岛效应的原因有：

城市树木和绿地减少，降雨渗透地面减少，进而使得蒸发或蒸散量减少；

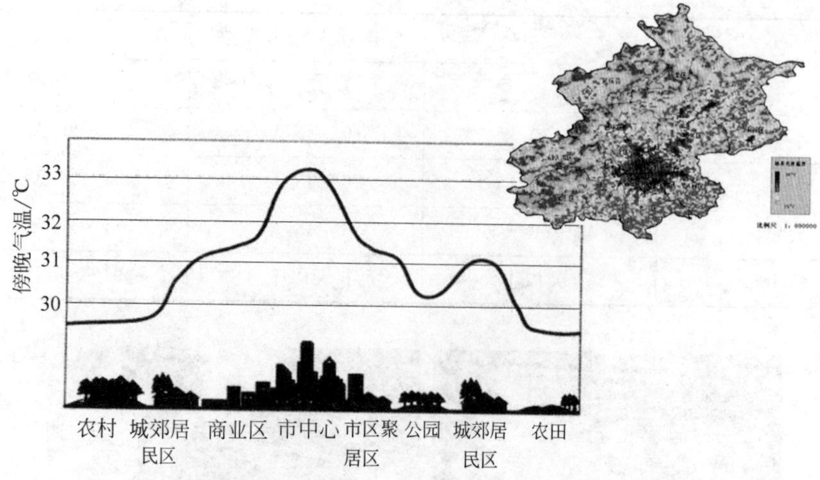

◎图 4.12　城市热岛现象温度变化图和北京地区红外卫星图片

大气污染造成"大颗粒"粉尘增多,大气吸收的太阳热能增加;

被高反照率的柏油、玻璃、玻璃幕墙和混凝土覆盖,地表面吸收的太阳热能增加(图 4.13);

◎图 4.13　美国人尝试把城市裸露的地表涂为"亮色"以增加光线的反照度

由于产业活动和汽车、空调设备等产生的人工废热;

由于屏风型建筑物减少了风的变化和流动(图 4.14)。

由于热岛中心区域地面气温高,大气作上升运动,与周围地区形成气压差异,周围地区地面大气向中心区聚合,从而在城市中心区域形成一个低压旋涡(图 4.15),结果就造成人们生活、工业生产、交通工具运转中燃烧石化燃料而形成的硫氧化物、氮氧化物、碳氧化物、碳氢化合物等大气污染物质在热岛中心区域聚集形成所谓"尘盖",危害人们的身体健康,主要表现在以下三个方面。

(1) 大量污染物在热岛中心聚集,浓度剧增,直接刺激人们的呼吸道黏膜,轻者引起咳嗽流涕,重者诱发呼吸系统疾病,尤其是患有慢性支气管炎、肺气肿、哮喘

◎图 4.14　城市中高楼林立，形成了一道道“屏风”。中国的“风水学”中最重要的就是风和水要有顺畅的“来路”和“去路”。现在，高楼“屏风”使得“风路”全无，灾害自然就来了！

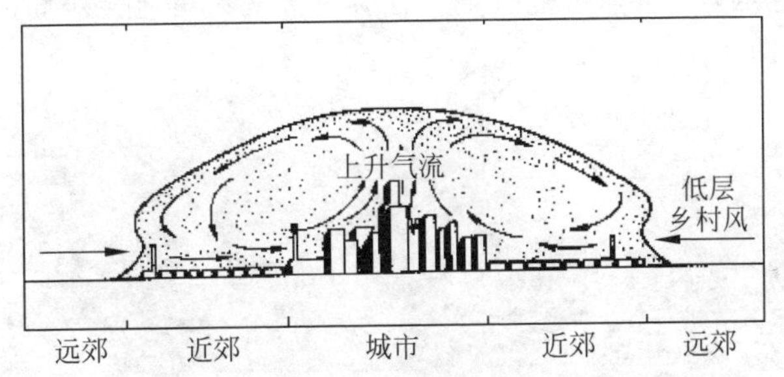

◎图 4.15　热岛现象形成低压旋涡造成“尘盖”，使得污染物无法疏散。

病的中老年人还会引发心脏病，造成死亡，如 1952 年 12 月英国伦敦因为这个原因死亡 4000 余人。

(2) 大气污染物还会刺激皮肤，导致皮炎，甚至引起皮肤癌。含有铬的大气进入眼内会刺激结膜，引起炎症，重者可导致失明，汞可损害人的肾脏，引起剧烈腹痛、呕吐，慢性汞中毒还会损害人的神经系统。

(3) 长期生活在热岛中心区的人们会表现为情绪烦躁不安、精神萎靡、忧郁压抑、记忆力下降、失眠、食欲减退、消化不良、溃疡增多、胃肠疾病复发等，给城市人们的工作和生活带来数不尽的烦恼。2012 年 7 月 21 日，北京市区遭遇强降雨，受到了较为严重的影响。就有水汽、地形、城市热岛效应等多方面的原因。

雾霾，看上去是雾和霾的总称。实际上两者之间有很大的区别，简单来讲，雾是由于温度变化造成的水汽凝结,就是一些“小水滴”形成的气溶胶系统,只是对能见度造成一定的影响,不会对人体产生不利因素。霾也是一种气溶胶系统,但是它是由空气中的灰尘、硫酸、硝酸、有机碳氢化合物等粒子组成。雾和霾除去成分的不同,构成的粒子尺度也不同,霾也比较小,所谓的PM2.5就属于霾的尺度范围。由于尺度小,所以霾散射的波长较长,颜色呈黄色,而雾呈白色。此外起雾时大气湿度较高,而霾产生时则相反。实际生活中,我们所称的雾霾就是上面提到的霾,我们也就沿用吧。

雾霾是一种空气污染现象。雾霾颗粒的来源主要有:汽车尾气、冬季供暖烧煤所产生的废气、工业生产排放的废气、建筑工地和道路交通产生的扬尘以及越来越厉害的沙尘暴等。

雾霾天气的危害已经被人们炒作的沸沸扬扬。就是只从表面现象看,雾霾天气也会令人们的心情不爽。比较明显的危害包括:①造成灾害性天气,对公路、铁路、航空、航运、供电系统、农作物生长等均产生不良影响。还会造成空气质量下降,影响生态环境;②雾霾的空气中往往会带有细菌和病毒,易导致传染病扩散和诱发多种疾病的发生;③造成城市中空气污染物不易扩散,加重了二氧化硫、一氧化碳、氮氧化物等物质的毒性;④冬季遇雾霾天气时,若遇空气污染严重可能形成烟尘(雾)或黑色烟雾等毒雾;⑤长期存在雾霾天气有可能会对局部气象环境造成趋势性的影响(图4.16)。

◎图4.16　2012年出现在北京(左上)、南京(右上)、武汉(左中)、上海(右中)、广州(左下)和青岛(右下)的雾霾天气。

4.2 海洋是地球的动力源泉

虽然可能还没有见识过真正的大洋，但是围绕其周边的大海已经够我们心潮澎湃啦！海洋哺育了地球的生命，即使她不是人类的“父亲”也肯定是人类的母亲。关于生命起源的话题，我们会在第5章讨论。“人类的种子从哪里来”相对于人类漫长的成长过程来说是微不足道的。但是在人类和地球成长演化的每一个步骤中，都有海洋的影子。

4.2.1 从海面到海底

大海——对海洋我们更习惯于这样称呼她。她占据了地球表面积的71%，这指的是日照充足的海水表面，在它之下到海床之上的这段区域，可以说是世界上最不为人知的地方。除去大陆架和分布于各地的海岸和沿海地区，差不多一般的地球表面，都是深达几千米，毫无日照的海域。而且从世界之初就一直笼罩在黑暗中，那里充满了神秘。

关于海水的来历，应该从地球形成之初说起。在地球形成的“排气”阶段，地球本体进行着“痛苦的兼并重组”，在重力作用下，重者下沉并趋向地心集中，形成地核；轻者上浮，形成地壳和地幔。在高温下，内部的水分汽化与其他的气体一起从火山口和陨石撞击的缝隙中冲出来，升入空中构成了“次生大气”。这时的地心引力已经足以吸引住它们不让它们跑掉，从而在地球周围形成一圈气水合一的圈层。

天空中的水汽与大气共存于一体，浓云密布。随着地壳逐渐冷却，固体的地壳产生了褶皱，高山、平原、河床、海盆，各种地形一应俱全。大气的温度也慢慢地降低，水汽以尘埃与火山灰为凝结核，变成水滴，越积越多。由于冷热不均，空气对流剧烈，形成雷电狂风，暴雨浊流，雨越下越大，一直下了很久很久。滔滔的洪水，通过千川万壑，汇集成巨大的水体，这就是原始的海洋(图4.17)。那时的海水不是

◎图4.17 岩浆中挟带的水汽遇冷凝结，地球表面开始有了水。

咸的，而是酸性缺氧的，这样的海水被蒸发形成酸雨，落回地面腐蚀岩层形成溶有盐分的水流，不断的汇集回流大海，海水就变咸了。

海水的下面就是比大陆板块要重的大洋板块。与陆地一样海底也是山峦起伏，有着很多的火山深沟。其中，对地球演化起着重要作用的就是“大西洋洋脊”的存在。实际上应该简单的称为——洋中脊。因为，它几乎存在于所有大洋的底部。三大洋的洋中脊是互相连接的一个整体，是全球规模的洋底山系(图 4.18)。它起自北冰洋，纵贯大西洋，东插印度洋，东连太平洋，北上直达北美洲沿岸。全长达8万多公里，相当于陆地山脉的总和。

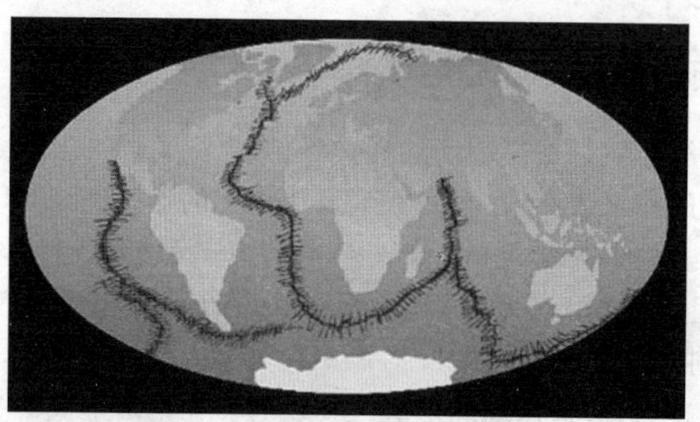

◎图 4.18　全球大洋中脊分布示意图

在大洋中脊的峰顶，沿轴向有一条狭窄的地堑，叫中央裂谷，宽 30～40 公里，深 1000～3000 米。它把大洋中脊的峰顶分为两列平行的脊峰。在中央裂谷一带，经常发生地震，而且还经常地释放热量。这里是地壳最薄弱的地方，地幔的高温熔岩从这里流出，遇到冷的海水凝固成岩石，产生新的洋壳。较老的大洋底，不断地从这里被新生的洋底推向两侧，更老的洋底被较老的推向更远的地方(图 4.19)。而正是这一推动力形成了最原始的板块运动、大陆漂移，构造出了海底火山、海沟、岛链、火山岛(如夏威夷)和海底平原、山脉、大陆坡、大陆架(图 4.20)……

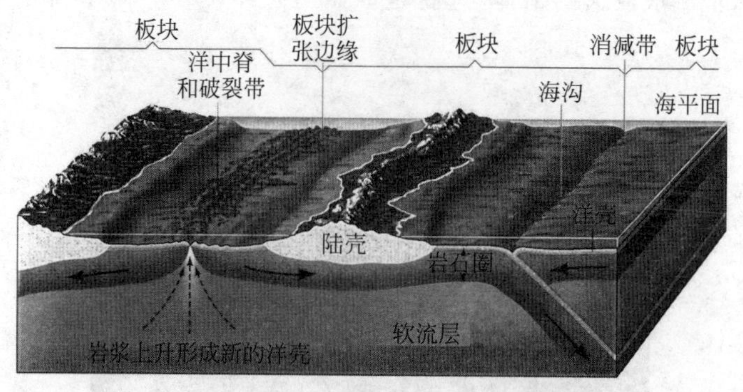

◎图 4.19　岩浆上升形成新的洋壳同时推动板块运动

◎图 4.20　从大陆到大洋

4.2.2　海浪在跃动　海水在呼吸

地球上水的总量约为 15 亿立方千米，其中海水约为 13.7 亿立方千米。水的热容量比空气大，这么多的海水构成了地球的天然"空调"。实际上，海洋是一个巨大的生命体，通过潮涨潮落，海洋在呼吸，透过海浪的高低起伏，我们体会到了海洋的脉搏。而大洋环流和海洋与大气的能量交换就决定了地球的气候变迁。可以说海洋是风雨的故乡。

潮汐的知识早在千百年前就为人所知。潮来潮往、潮涨潮落(图 4.21)日复一日似乎是再正常不过了。但是，地球上各地的引潮力，随地、月之间的距离远近而变化，加上地球在不停的自转，引潮力也在随时变化着。从而，各地在不同时间，造成各种不同大小的潮汐涨落。也就随时可能为人类带来灾难。著名的钱塘江大潮的确是波澜壮阔，但是每年都会造成人员伤亡(图 4.21)。

◎图 4.21　波澜壮阔的"钱江潮"及潮汐示意图(右上)

波涛的起伏多么像人的脉搏在跳动！体验大海的“脉搏”，不是“诊断”它的病情如何，而是推知它的“脾气”好坏。在巨浪如山的时候，好像大海在“发怒”；微波荡漾的时刻，似乎大海在和我们“轻言细语”。而它发怒时，它的破坏力是出乎预料的。在斯里兰卡的海岸上，有一座距海面 60 米高的灯塔，竟然被拍岸的巨浪所激起的浪花打碎。在荷兰的阿姆斯特丹港附近，海中有一块 20 吨重的混凝土块，竟被大海浪抛起 7 米多高，落到了防波堤上。在苏格兰的海边，有一次巨浪竟把 1350 吨重的巨石，移动了 10 米多远。在加拿大纽芬兰省海岸外，有一座石油钻井平台，被巨浪袭击后，很快倒沉海中，平台上的 84 名工作人员，没来得及撤离全部遇难，这座石油平台是世界上最大的半潜式钻井平台之一。1952 年，有一艘美国轮船在地中海北部海域被巨浪劈为两段，一段被扔到附近的海岸上，另一段则被甩到遥远的大洋中。

海浪的力量如此之大！这是因为海浪中蕴藏的巨大能量，来自驱动风的太阳，而风则是通过大气和海水界面，将它所获得的能量，传递给了波浪。在海洋上，当风速急变、风向骤转时，各个方向的波浪能就汇集起来，当狂风怒吼时，波浪的能量剧增。据计算，波高每增加 1 倍，它所蕴藏的能量就增加 4 倍。多年来，人们一直在寻找着提取波浪能量的方法。

说到海洋“调节”地球的方式，最常见的就是从赤道海面开始的宏观地球的水循环。所以风雨起源于海洋，海洋是风雨的故乡。

台风是一个典型的海陆水循环的气象实例。台风生成在赤道附近的热带海洋上。赤道附近，太阳终年直射海面，海水吸收并储存了大量的太阳能量。海洋又不断地把水分和能量供给海面上的空气，海面上高湿高温的空气加速旋转上升形成热带风暴(图 4.22)。影响我国的热带风暴多产于菲律宾以东的太平洋上，达到一定强度后，向我国和日本方向运动的称为台风。在大西洋加勒比海生成，袭击美洲大陆的叫作飓风。

台风登陆带来狂风暴雨。台风所过，大风、洪水成灾。但是，台风带来的大量雨水对于人类还是大为有益的。亚洲、非洲、美洲大陆北纬 30°一带地方，是地球上空气下沉的地带，夏季高气压控制，干旱少雨，形成大沙漠。幸亏台风带来的雨水，使我国的这一地带避免了沙漠化。台风带来的充沛雨水，有利于植物的生长和水库蓄水。

4.2.3 大洋环流是地球气候的主宰者

对地球的气候和整体环境影响最为重要的，还是海(大)洋环流。大洋中“看上去”静止不动的海水实际是“暗流涌动”！它像陆地上的河流那样，长年累月沿着比较固定的路线流动着。

海洋环流一般是指海域中的海流形成首尾相接的相对独立的环流系统或流

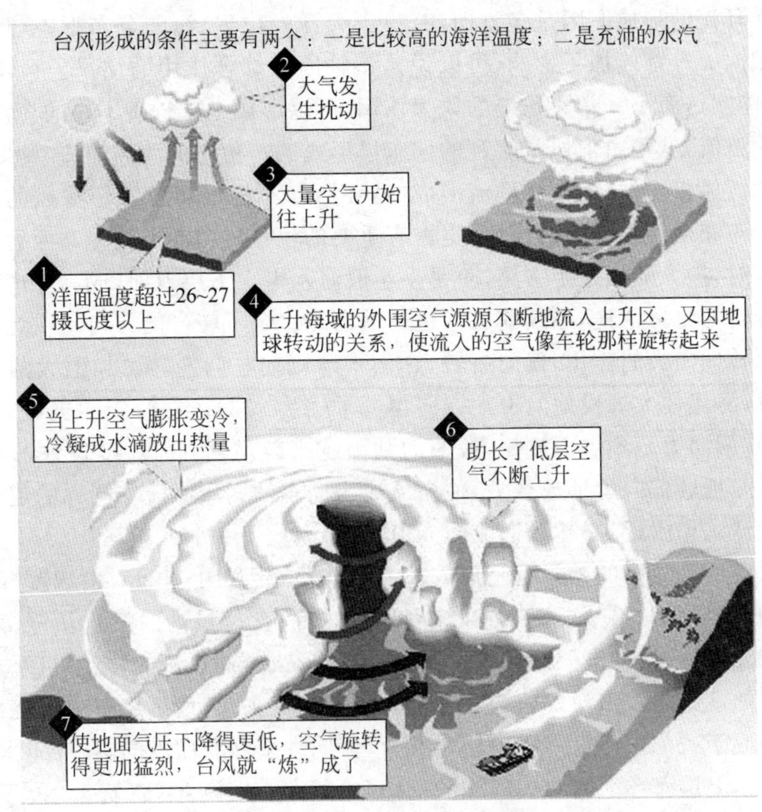

◎图 4.22　台风形成原理图

旋。就整个世界的大洋而言，海洋环流的时空变化是连续的，它把世界的各个大洋联系在了一起(图 4.23)。

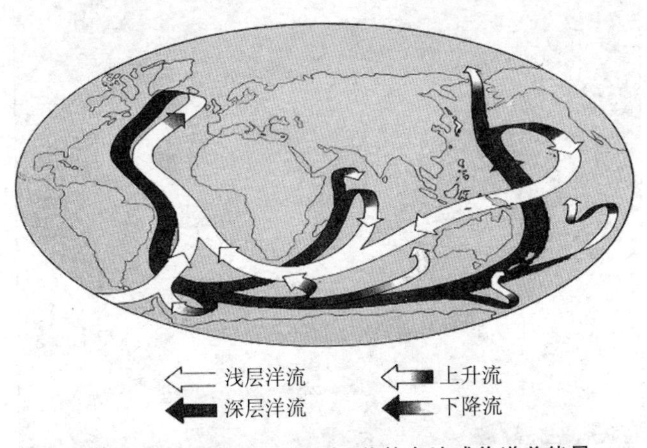

◎图 4.23　大洋环流“围绕”着整个地球传递着能量

大洋环流的形成原因是多方面的。风、大洋的位置、海陆分布形态、地球自转产生的偏向力等都施加了影响，可以说是多种因素综合作用的结果。风不仅能掀起浪，还能吹送海水。常年稳定的风力作用，可以形成一支长盛不衰的海流。经久不停的赤道流，就是由信风带吹刮的偏东风形成的。稳定的西风漂流，则要归功于强有力的西风带。但是，大洋环流形成的“环”，却不能把功劳都记在风的账簿上。大陆的分布和地转偏向力的作用，也占有重要的位置。当赤道流一路西行，到了大洋西边缘时，被大陆挡住了去路，于是一小股海水潜入下层返回，成为赤道潜流；其余大部分转弯另辟他途，继续前进。地转偏向力决定了转弯的方向。在北半球，海流受到地转偏向力的作用，偏向右转，在南半球则使它向左转。加上大陆的阻挡，水到渠成，海流便大规模地向极地方向拐弯了(图 4.23)。在海流向极地方向行进途中，地转偏向力一刻也不放松，拉偏的劲头越来越足，到纬度 40 度左右时，强大的西风带与地转偏向力形成合力，使海流成为向东的西风漂流。同样的道理，西风漂流到大洋东岸附近，必然取道流向赤道，从而完成了一个大循环。

海水温度和盐度的差异也是形成环流的重要原因(图 4.24)，由温度和盐度变化引起的环流称为“温盐环流”。高纬度地区冰冷、含盐量高的海水从深海流向低纬度的海洋，低纬度的高温洋流则由南往北流，形成全球热量的“交换机”。形成于北大西洋的冷水团在深层以西边界流的形式向南流去，之后围绕着南极绕极回流，部分和形成于威德尔海的南极底层水混合，流向太平洋和印度洋，在那里上翻穿过温跃层到达上层海洋。它和大气中的低纬(哈德莱)环流，中纬(费雷尔)环流和极地环流等一起，构成了对维持全球气候系统的能量平衡至关重要的经向环流体系。但由于全球气候变暖，20 世纪以来欧亚地区降水增加，积雪、冰川不断融化，造成北大西洋的深水盐分被冲淡，从高纬度地区下沉的力量便减少了。

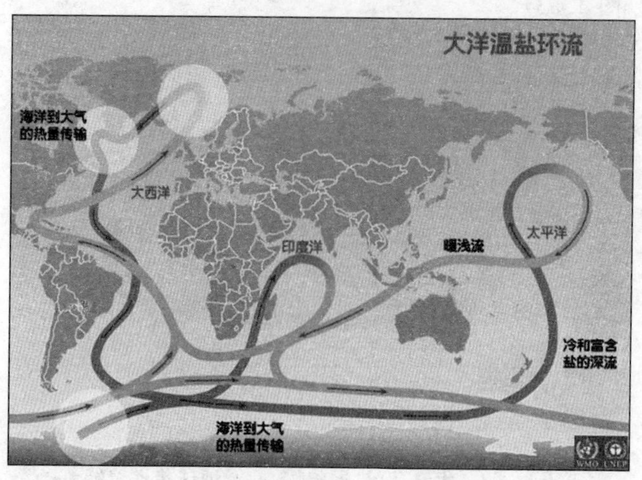

◎图 4.24　大洋中由于“温度”和“盐度”差形成的环流

对陆地气候影响最大的海流就是黑潮和墨西哥湾流。

黑潮的高温高盐水来自太平洋赤道海域，从菲律宾以东海域开始转向，紧贴我国台湾省东部进入东海，沿冲绳海沟流向东北，经日本列岛沿海直达北太平洋（所以，福岛被核污染的海水不会流到我国海域，图 4.25）。黑潮像一条海洋中的大河，宽 100～200 公里，深 400～500 米，流速每小时 3～4 公里，流量相当于全世界河流总流量的 20 倍。

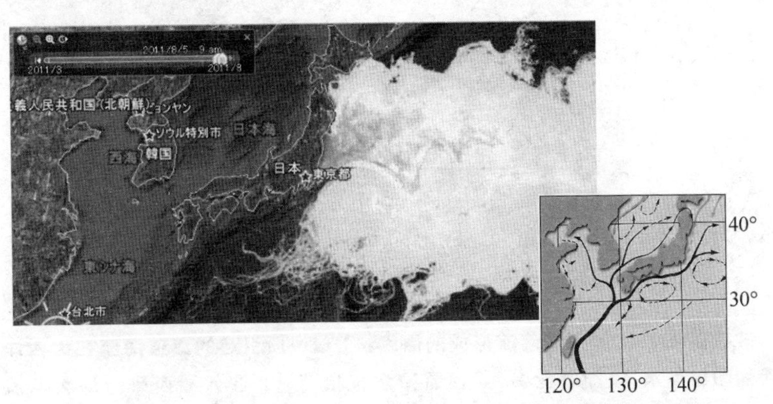

◎图 4.25　福岛核污染海水沿黑潮走向（右下）扩散

墨西哥湾流温暖的海水来自大西洋赤道海域。湾流从加勒比海墨西哥湾开始转向，因此，又称墨西哥湾流。它斜穿大西洋流向北冰洋。给西北欧带来温暖的大西洋暖流（图 4.26）。

墨西哥湾流是世界上最大的暖流。湾流长约 3000 多公里，宽约 120 公里，表层水温约 25℃，流量约为全世界河流总流量的 120 倍。这样大规模的热水流，携带着巨大的热量，浩浩荡荡输向高纬度海域，特别是流向西北欧沿岸。在西风带的吹刮下，连同湾流上方的湿热空气，一起温暖着西北欧的天气。据科学家的估计，墨西哥湾流每年向西北欧输送的热量，按每公里海岸平均计算，约相当于燃烧 6000 万吨煤炭放出的热量。位于西北欧的英国、法国、荷兰、丹麦、瑞士等国，地理位置相当于我国黑龙江的北大荒地区。但是由于湾流的影响，西北欧的冬天气候却温暖如春，竟与我国长江中下游一带的气候相似，等于纬度南移了将近 20 度。而我国的北大荒一带，气候却十分寒冷，每年的 10 月，就大雪纷飞了。同纬度的地区，冷暖相差却如此之大，这是什么样的暖气也比不上的啊！

奇怪的是，美国的东南沿岸也有墨西哥湾流经过，但得益却不及西欧多。这是什么道理呢？很明显，因为湾流在美国的东南方，在西风带的吹送下，湾流的热量背离美国而去，因而美国没有享受到像西北欧国家那么多的恩惠。开始，有些美国人不太甘心，想在大西洋上修筑一道堤坝，挡住湾流东去的路，迫使它改道，沿美国海岸北上，把天然的海上暖气管接到自己家门口。听上去有点“人定胜天”的味道。

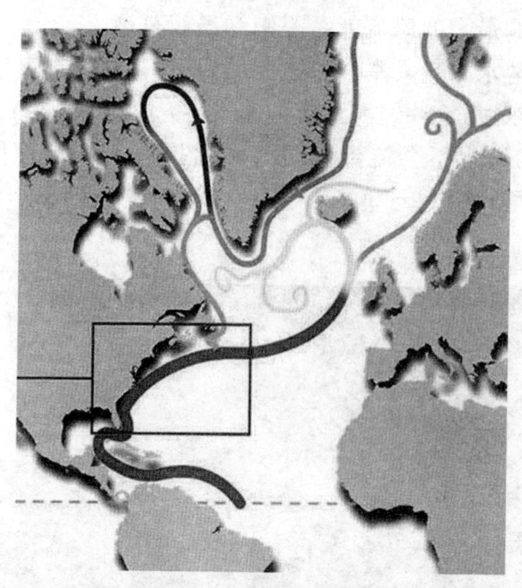

◎图 4.26　墨西哥湾流形成的原因：①信风所引起的赤道海流在大西洋西侧积聚海水，使加勒比海、墨西哥湾水位抬高；②注入墨西哥湾的大河流（如密西西比河）将大量河水排入，引起水位抬高；③高纬度海域与低纬度海域的巨大水团的密度差。

在全球物理学家、气候学家和环境科学家们的共同干预下，这个乌托邦式的计划才销声匿迹了。

当然，除了暖流之外还有寒流。寒流由极地海域流向赤道海域。寒流流经的沿海地区比暖流流经的沿海地区气候要冷得多。比如俄罗斯远东沿海地区，由于受亲潮（千岛寒流，图 4.25）的影响，与西北欧同纬度的沿海地区大不相同，属于严寒地区。

近年来，科学家研究了海流的形成模式和影响海流变化的因素。发现它们和太阳的活动紧密相关。每当太阳活动不规律时，海流的流向、流量、温度等会发生很大的变化。进而造成地球气候系统的紊乱，下雨也好、刮风也罢，都会跑到不正确的地方，选择了不恰当的时间，典型的如厄尔尼诺现象。

4.2.4　海水在“呻吟”，海洋在“怒吼”

有朋友请我推荐两个国内“必去”的旅游景点，我推荐了南京的中山陵和西安的兵马俑。登上中山陵峰顶你就知道了什么叫“风水”；而你沿着兵马俑的“坑”走一圈，就会感觉到作为中国人有多么的自豪。又问我什么地方看日出最好，我的回答是只有一个地方是无法取代的——大海上。海天一线处，一轮红日跳出，把整个大海“染红”。

另一次看到大海被“染红”，就不是激动人心，而是让人痛心啦！因为，那一次发生了舟山海域有史以来最大的一次“赤潮”。我们的船就像是在“血水”中航行，恐怖异常。

赤潮又叫红潮，是海洋灾害的一种，是海洋水体中一些微小的浮游植物、原生动物或细菌，在一定的环境条件下突发性增殖和聚集，引发一定范围和一段时间内水体变色的现象。赤潮是一个历史沿用名，并不一定都是红色，而是多种赤潮的统称。发生赤潮时，根据引发赤潮的生物的数量、种类可使得海洋水体呈红、黄、绿和褐色等。

赤潮是一种自然现象，也有人为因素引起的，会造成一定的生态危害。主要是海域水体富营养化，引发赤潮的生物类型主要为藻类，有260多种藻类能形成赤潮，其中有70多种能产生毒素。

大量工农业废水和生活污水排入海洋，特别是未经处理直接排入的废水和污水导致近海、港湾富营养化程度日趋严重；海洋开发、水产养殖业带来了海洋生态环境破坏和养殖业污染问题；全球海运业发展导致外来有害赤潮种类的侵入，全球气候变暖导致赤潮频繁发生(图4.27)。

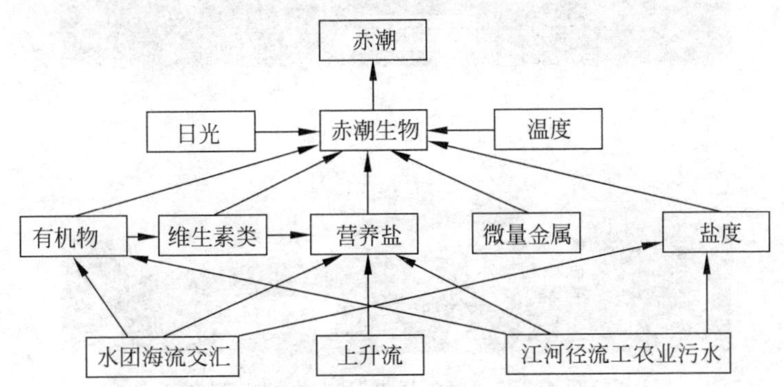

◎图4.27 导致赤潮发生的原因

有害赤潮发生后，导致海洋食物链的局部中断；有些赤潮生物分泌的毒素被海洋食物链中的某些生物摄入，会导致中毒甚至死亡。人类如果食用了含有毒素的海产品也会导致食物中毒；

海洋食物链的中断将破坏海洋生态结构；

赤潮生物的分泌物妨碍海洋鱼类、虾类、贝类的正常呼吸而导致窒息死亡；

赤潮生物死亡后尸骸的分解过程中要大量消耗海水中的溶解氧，造成缺氧环境，引起虾、贝类的大量死亡。

赤潮发生后，除海水变成红色外，同时海水的pH也会升高，黏稠度增加，非赤潮藻类的浮游生物会死亡、衰减，赤潮藻类也会因爆发性增殖、过度聚集而大量死亡。

赤潮发生的原因与环境污染有关，造成了海洋的“病态”。如果赤潮发生使得海水“呻吟”，那么“厄尔尼诺”和“拉尼娜”现象就是海洋在发怒了。

厄尔尼诺(El Nino)现象是指太平洋海温异常升高，引起全球气候异常并造成鱼类大量死亡的现象。在一般情况下，热带西太平洋(靠近印度尼西亚)的表层水温较高，而东太平洋(靠近南美)的海温较低(图 4.28)。这种东、西太平洋之间海表温度梯度变化和信风一起，构成了一种海洋大气耦合系统的准平衡态。每隔 2～8 年，这种准平衡态就要被打破一次，西太平洋的暖气流伴随雷暴东移，使得整个太平洋水域的水温变暖，气候出现异常，其持续时间为一年或更长时间(图 4.29)。厄尔尼诺在西班牙语中的意思是“圣婴”。该现象首先发生在南美洲的厄瓜多尔和秘鲁太平洋沿岸附近，多发生在圣诞节前后，因此得名。

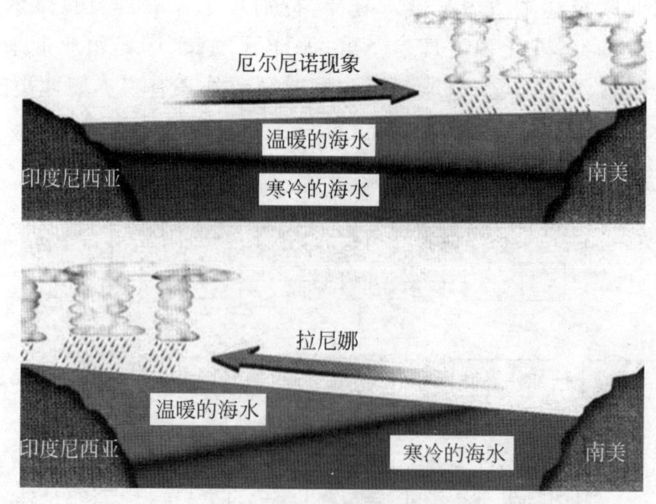

◎图 4.28 “厄尔尼诺”和“拉尼娜”现象

厄尔尼诺过后，热带太平洋有时会出现与上述情况相反的状态，称为拉尼娜(La Nina) 现象。拉尼娜现象表现为东太平洋海温明显变冷，同时也伴随着全球性气候异常。

厄尔尼诺现象发生时，位于西太平洋地区的国家，如印尼和澳大利亚易出现旱灾，而南美沿岸国家，如秘鲁、厄瓜多尔则有暴雨发生。相反，拉尼娜现象发生时，澳大利亚和印尼易有水灾，而秘鲁、厄瓜多尔则出现干旱。

近年来发现，厄尔尼诺现象不仅出现在南美等国沿海，而且遍及东太平洋沿赤道两侧的全部海域以及环太平洋国家。有些年份，甚至印度洋沿岸也会受到厄尔尼诺带来的气候异常的影响，发生一系列的自然灾害。总的看来，它使南半球气候更加干热，使北半球气候更加寒冷潮湿。

正常情况下洋流对周围气候的影响

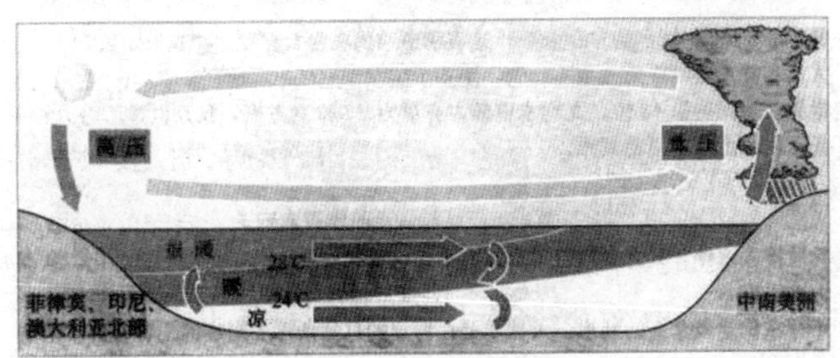

厄尔尼诺对周围气候的影响

◎图 4.29 “厄尔尼诺”现象

观察发现,厄尔尼诺现象的发生与太阳活动以及地球的自转有关,也与地球两极和格陵兰岛的冰川融化速度有关。近年来的一些新解释认为厄尔尼诺可能与海底地震、海水含盐量的变化,以及大气环流变化等有关。

厄尔尼诺现象是周期性出现的,每隔 2～7 年出现一次。1977—1997 年的 20 年里厄尔尼诺现象分别在 1976—1977 年、1982—1983 年、1986—1987 年、1991—1993 年和 1994—1995 年出现过 5 次。1982—1983 年间出现的厄尔尼诺现象是本世纪以来最严重的一次,在全世界造成了大约 1500 人死亡和 80 亿美元的财产损失。进入 20 世纪 90 年代以后,随着全球变暖,厄尔尼诺现象出现得越来越频繁。值得引起更多的重视。

海洋的活力是无限的。她的愤怒(也许就是正常的新陈代谢过程)还体现在风暴潮、海冰、海雾、海浪的撞击以及对海岸线的侵蚀等。

4.3 森林、植被、水资源

在众多“养眼”的地球图片里,森林植被的美景占了很大的比重。宁静的空间、洁净的空气,甚至那种无边无际向四面八方延伸开来的感觉,都让人心神向往。春天来了,我们去郊外“踏青”,实际上那是在“踏眼睛”,因为眼睛对光线的要求也是

“挑肥拣瘦”的。而最适宜眼睛去看的颜色(波长 550 纳米),就是早春的“嫩绿”——大多数植被的颜色。

说到水资源,就更不需要我们再去强调了。那么多精明的商家,把所谓的“冰川水”、“极地水”早就炒到了骇人的价格。细细想来也不为过,因为缺少水的人类是无法生存的!

4.3.1 热带雨林——地球的“肺”

热带雨林——地球的“肺”:它吸收大气中的二氧化碳,帮助减少温室气体,同时通过光合作用提供大量氧气;

热带雨林——“世界上最大的药房”:热带雨林拥有可卡因、刺激剂、荷尔蒙避孕法和镇静剂类药物的基本成分,治疗高血压、白血病、帕金森、恶性淋巴肉芽肿、多发性硬化症等难症、绝症的药物也来自热带植物;

热带雨林——全球最大的生物基因库,它为世界上半数以上的动植物(500 多万种)提供了生活居住的场所,是地球上生物多样性最丰富的地区。

此外,它的功能还有:

净化空气——生长大量的空气净化植物。植物都有吸收二氧化硫等有害气体的本领;

天然的防疫作用——一公顷桧柏林每天能分泌出 30 公斤杀菌素,可杀死白喉、结核、痢疾等病菌;

天然制氧厂——就全球来说,森林绿地每年为人类处理近千亿吨二氧化碳,为空气提供 60%的净洁氧气;

天然的消声器——实测表明公园或片林可降低噪声 5～40 分贝;

天然的空调——夏季森林里气温比城市空阔地低 2～4 摄氏度,相对湿度则高 15%～25%,比柏油混凝土的水泥路面气温要低 10～20 摄氏度;

城市的天然“屏障”—— 防止风沙和减轻洪灾、涵养水源、保持水土;

除尘器、过滤器——每平方米的云杉,每天可吸滞粉尘 8.14 克,松林为 9.86 克,榆树林为 3.39 克;

它还是动物的栖息地,还可以为人类提供木材。

真可以说是有百利而无一害!然而,时至今日,全球仅有森林不足 3 亿公顷。而且正以平均每年 4000 平方公里的速度消失。世界热带雨林的面积也在剧减,目前仍以每分钟 20 公顷的速度消失。照此速度,到 2030 年地球将失去热带雨林(图 4.30)。

人类大量砍伐热带雨林很大部分原因是为了创造经济收入。而气候变化使得亚马孙河流域的热带雨林干旱愈演愈烈。

◎图 4.30 热带雨林及其分布(右下)

4.3.2 干旱和沙漠化

干旱可以说是人类最大的“敌人”。联合国统计的 20 世纪人类十大灾难中,有三个和干旱有关。干旱造成水资源匮乏、干旱造成热带雨林“消失”、干旱造成农业减产绝产、干旱加速了地球上大片土地的沙漠化。干旱的原因有宏观尺度上的太阳周期性变化,也有全球范围尺度的气候影响,更多的因素就是地球资源的合理利用问题。

干旱会导致人体免疫力下降。

干旱是危害农牧业生产的第一灾害,干旱影响作物的分布、生长发育、产量及品质。干旱影响牧草、畜产品,加剧草场退化和沙漠化。

干旱促使生态环境进一步恶化。造成湖泊、河流水位下降,部分干涸和断流(图 4.31(a))。由于干旱缺水造成地表水源补给不足,只能依靠大量超采地下水来维持居民生活和工农业发展,然而超采地下水又导致地下水位下降、漏斗区面积扩大、地面沉降、海水入侵等一系列的生态环境问题。

干旱加剧土地荒漠化进程。

干旱引起的气候暖干化会引发其他自然灾害发生,比如森林火灾和草原火灾(图 4.31(b))。

世界上热带雨林的面积正以每分钟 20 公顷的速度减少,而每年约有 600 万公顷的土地沙漠化。地球上受到沙漠化影响的土地面积有 3800 多万平方公里。

我国是一个土地沙漠化严重的国家,沙漠与沙漠化的地域已由 1949 年的 66.7 万平方公里扩大到 1985 年的 130 万平方公里,约占国土总面积的 13.6%。到

(a)

(b)

◎图 4.31　干旱使养鱼塘干涸(a);干旱引发俄罗斯森林大火(b)

2006 年,中国沙漠化土地达到 173.97 万平方公里,约占国土面积的 18%以上。而沙漠化的土地,每年还在以 60 平方公里的速度增长。

沙漠化破坏生态环境,影响生态系统和人类的生活。令我们有切身体会的就是沙尘暴吧!(图 4.32)

(a)

(b)

◎图 4.32　土地沙漠化(a);天安门广场的沙尘暴(b)

4.3.3　枯竭的水资源

舟山是一个群岛城市,一共有 1390 多个岛屿。记得 2003 年来舟山时,朋友介绍说舟山有常住人口 102 万,生活在 102 个岛屿上。由于两个数字"相同",所以印象深刻;今年听了一个"形势报告",介绍说舟山有常住人口 105 万,生活在 98 个岛屿上。人口多了,可生活的岛屿少了!原因就是水资源匮乏。

看了央视的一个节目,讲的是西北的一个小村庄。村里的壮劳力大多都出去打工了,留下来的也并没有去种地,而是每天用担子担水。一天两个来回,一个来回要 4 个小时。辛苦呀,缺水呀!

从图 1.6 中我们看到我国是一个淡水资源严重缺乏的国家,均值只有世界的 1/4。再看看图 4.33,全国超过一半的地区水资源匮乏,就算是首都北京也仅仅是在"半湿润"地带。

◎图 4.33　我们的期望

人类对于水的需求，相信每个人都很清楚。我们可以说出千千万万个需要水的理由，它就像空气一样宝贵。如果水资源严重短缺，与我们最相关的危害就是生活饮用水的奇缺导致水价上涨，然后就可能出现经济动荡，影响社会发展；其次，饮用水源的采集点被污染的话那么导致的后果也是无法想象的，在城市庞大的人口基数下，一旦出现饮用水问题，那么就会造成流行病、传染病大面积的传播，若某些特定成分过量，还会造成下一代的健康问题；再者，如果淡水资源缺乏，就会直接影响农牧业的发展，造成作物受旱致死或作物产量下降，从而在更大的层面上影响经济建设。大家再看看图 4.34，保护水资源和节约及合理用水，真的是刻不容缓！

◎图 4.34　保护水资源

4.3.4 历史上危害巨大的旱涝灾害

1. 1908 年莫斯科大水

莫斯科的年降水量不过 500 多毫米，1908 年夏季气候反常，在一周的时间里降雨接近了全年的降雨量，全长 502 千米的莫斯科河河水暴涨 10 米，河水漫堤侵入沿岸城镇，从未遭洪患袭击的莫斯科城变成泽国（图 4.35(a)），全城 1/5 没顶，死亡百余人，洪流沿大街小巷奔腾，损失惨重。

(a)

(b)

◎图 4.35　1908 年莫斯科大水(a)和 1913 年美国水灾(b)

2. 1913 年美国水灾，几乎淹掉半个美国

1913 年 3 月末美国发生暴雨使河水上涨，冲决河堤，淹没了伊利诺伊州、印第安纳州、俄亥俄州的大片土地，财产损失严重，千余人丧生，万余人失踪，损失 5000 万美元（图 4.35(b)）。受灾的代顿市向外界发出的最后一次通话讲道："代顿失陷，与外界联系断绝，只有一条线路通话……市政府已完全淹没在水中……大水像一张床单一样向东涌去，经过这个城市，人们跑上屋顶，像苍蝇一样又被抹掉……"

3. 1921 年美国密西西比河洪水

密西西比河也称"老人河"，水混浊如泥汤，未治理前几乎年年泛滥成灾。1921 年 4 月密西西比河上游出现暴雨，引发了美国建国史上的特大洪水，中下游 6.7 万平方千米土地受淹（图 4.36(a)），城乡建筑被摧毁，淹死数千人，无家可归者百余万。洪灾警醒了美国人，使他们明白了单纯防洪是行不通的，必须实施疏浚、筑坝、渠化、水土保持等综合措施，为此，美国加强了对密西西比河的治理，使之成为世界航运量最大的河流。

4. 1943 年孟加拉洪灾

1943 年 8 月，孟加拉地区暴雨成灾（图 4.36(b)），再加上喜马拉雅山降雨量大于常年，恒河水位猛涨，恒河三角洲全部淹没在水中，孟加拉国土 1/2 变成汪洋，虽然洪水期间人员伤亡不多，但由于农作物绝收，到 1944 年累计饿死 300 多万人，为本世纪死亡最多的巨灾之首。

(a)

(b)

◎图 4.36　密西西比河洪水(a)和 1943 年孟加拉洪灾(b)

5. 1951 年意大利洪灾

1951 年夏，阿尔卑斯山脉连降暴雨，意大利北部山洪暴发，大小河流满溢(图 4.37(a))，意大利最大河流波河猛涨，不少水库崩溃。洪峰扫荡下游村镇，波河流域几万公顷良田覆埋在泥石之下，百里沃野成了不毛之地，死伤千余人，这是 20 世纪欧洲最大的洪灾。

(a)

(b)

◎图 4.37　1951 年意大利洪灾(a)和 1954 年长江大水(b)

6. 1954 年长江大水

1954 年 7 月下旬至 8 月初，中国长江中上游 25 万平方公里土地连降大暴雨(图 4.37(b))，荆江大堤水位 3 次超过安全警戒水位，在无奈情况下考虑荆江分洪方案，虽保住了武汉市，但受灾人口 1890 万，淹死 3.4 万人，淹没良田 317 万公顷，损失数十亿元。

7. 1991 年孟加拉国大水灾

孟加拉国 1988 年水灾(淹没 2/3 国土，3000 万人丧失家园)是近百年来全球最严重的一次暴雨型水灾。1991 年孟加拉国再遭重创(图 4.38(a))，全国受灾人口 1/10，孤丘、高楼顶、树林尖顶等制高点，成了人们逃命的“孤岛”，黑压压地爬满了人。毒蛇、猛兽也集中于孤岛逃命，人兽之间展开“夺岛”之争，一派世界末日景象，惨不忍睹。全国死亡 13.8 万人，损失 30 亿美元。

(a)

(b)

◎图 4.38　1991 年孟加拉国大水灾(a)和 2011 年泰国大洪水(b)

8. 2011 年泰国大洪水

2011 年 7 月底在泰国南部地区因持续暴雨而引发洪灾(图 4.38(b)),某些地区的降雨量达 120 厘米,至少造成 366 人死亡,两百万人受洪水影响。泰国 76 个府中有 50 个府受到洪水影响。受灾土地面积达 160 000 公顷。经济损失高达 33 亿美元。

9. 1998 年中国洪水

1998 年夏天在中国的长江、松花江、嫩江等主要河流干支流发生洪水。此次的长江洪水程度仅次于 1954 年,是长江在 20 世纪的第二次大洪水(图 4.39(a),2007 年长江再发洪水);松花江洪水是其在 20 世纪的第一次大洪水;珠江洪水是其在 20 世纪的第二次大洪水。

(a)

(b)

◎图 4.39　1998 年中国洪水(a)和 2010 年甘肃舟曲的泥石流(b)

10. 2010 年甘肃舟曲的泥石流

2010 年 8 月 7 日 22 时许,甘肃省甘南藏族自治州舟曲县突遭强降雨,县城北面的罗家峪、三眼峪泥石流下泄,由北向南冲向县城,造成沿途房屋被冲毁,泥石流阻断白龙江、形成堰塞湖(图 4.39(b))。泥石流灾害中遇难 1434 人,失踪 331 人。

洪灾给地球和人类带来了巨大的灾难,洪水到来之时是那么的凶猛异常。但是,全世界 20 世纪发生的"重大灾害"中,洪灾榜上无名,感觉来势并不凶猛的旱灾却高居首位。旱灾造成的危害不仅巨大,而且影响长远,甚至能够"改朝换代"。

古希腊的迈锡尼(Mycenae)古都——伟大文化的中心,位于雅典西南100公里,历经几世纪的繁荣文明于耶稣诞生前1200年前后,因为旱灾及由旱灾引起的饥民暴动而变为废墟,迈锡尼文化也随之彻底毁灭。

公元8世纪中期,唐天宝末年到乾元初,连年大旱,以致瘟疫横行,出现过"人食人","死人七八成"的悲惨景象,全国人口由原来的5000多万降为1700万左右。

明崇祯年间,华北、西北在1627—1640年发生了连续14年的大范围干旱,以致呈现出"赤地千里无禾稼,饿殍遍野人相食"的凄惨景象。这次特大旱灾加速了明王朝的灭亡。

历史上值得记住的特大旱灾许多发生在中国。

1920年,中国北方大旱。山东、河南、山西、陕西、河北等省遭受了40多年未遇的大旱灾,灾民2000万人,死亡50万人。

1928—1929年,中国陕西大旱。陕西全境共940万人受灾,死者达250万人,逃者40余万人,被卖妇女达30多万人。

1943年,中国广东大旱。许多地方年初至谷雨没有下雨,造成严重粮荒,仅台山县饥民就死亡15万人。有些灾情严重的村子,人口损失过半。

解放以后的1959—1961年,历史上称为"三年自然灾害时期"。全国连续3年的大范围旱情,使农业生产大幅度下降,市场供应十分紧张,人民生活相当困难,人口非正常死亡急剧增加,仅1960年统计,全国总人口就减少了1000万人。

1978—1983年,全国连续6年大旱,累计受旱面积近20亿亩,成灾面积9.32亿亩,持续时间长,损失惨重,北方是主要受灾区。

2004年9月开始,全国降水量较往年同期明显偏少,其中浙江、湖南、江西、福建、广东的降水量为54年来最少。1253座水库干涸,2600万亩耕田受旱,368万人发生饮水困难,经济损失约40亿元人民币。

2013年华东地区,特别是浙江、江西及上海,从7月初就进入了"烧烤模式"。接连40几天无雨,各地就像是参加了"高温破纪录"锦标赛。单日最高气温和连续高温天数纪录不断地被刷新。浙江全省每天蒸发掉7个西湖,江西更是每天蒸发掉相当于22个西湖的水量。

世界各地的旱灾损失也是各种灾难中最大的。

1943年,印度、孟加拉等地大旱。无水浇灌庄稼,粮食歉收,造成严重饥荒,死亡350万人。

1968—1973年,非洲大旱。涉及36个国家,受灾人口2500万人,逃荒者逾1000万人,累计死亡人数达200万以上。仅撒哈拉地区死亡人数就超过150万。

1988年夏天,从美国东南部,经加拿大的南部,一直延伸到北美的西海岸,出现了创世纪的洲际尺度的特大干旱,仅农业生产损失就达390亿美元。由于这次特大干旱,使世界粮食储备降至10年来的最低水平。

◎第 5 章

“星际大战”真的只是故事?

生命的产生至今还是“迷雾重重”

外星人存在吗? 和我们一样吗? 他们吃什么、喝什么?

我们的“宇宙亲”比我们更高级、更智慧?

那些 UFO 真的是外星人的“长官”们派来的吗?

好莱坞凭什么塑造了一个个的外星人,谁是他们的科学顾问

最关键的——

外星人与我们是: 友好、中立、战争?

我们的孩子更想和外星人一起跳舞——太空舞!

我们已经从天上到地下，从火山到沙尘暴给大家讲了许多有关地球灾难的故事。似乎是把种种可能“欺负”到地球的事件都论述到了吧。不对，有人表示反对——还有外星人会“欺负”到地球(人类)。可能吧，不过总是感觉有一些虚无缥缈。既然这样，那我们这一章的故事就从“虚无”开始。我们将从生命的产生说到地球的演化，从生命的进化谈到地球环境的种种变迁。而当人类已经进化到智慧阶段时，寻找我们的“同类”可能就是一件必然的事情。但是，外星人是友好的吗？科学家在努力地搜寻、判断。而比他们更聪明、更有想象力的艺术家们好像早就告诉我们结果了。

5.1 生命起源和演化是一件漫长而幸运的事情

生命的起源一直就是一个神秘而复杂的话题。种种说法、理论都只是自圆其说，也可以说都是故事。我们先讲一个大家都熟悉的——亚当和夏娃的故事。

在世界一片混沌时，宇宙之神耶和华忙碌了一周，先造好了天地，把混沌分开形成水和空气；把水聚集起来形成海洋、湖泊，让陆地上长出瓜果蔬菜，聚树成林；挂出大小两个发光体让世界分出日夜、季节，日月边上还点缀了很多的小星星；随后，造出鱼在海里游，造出鸟在天上飞；第六天，一切环境准备好了，耶和华用泥土按照自己的形象造了一个人——亚当。

休息了一天之后，神就开始欣赏自己的创造物，并告诉亚当：“树上的果实你但吃无妨，惟独在园中央里有两棵树的果实不能吃，尤其是智慧之树，你若吃了就必死无疑。”亚当信口就答应了。

耶和华看到亚当日复一日地一个人生活有些寂寞，就在亚当熟睡时从他的身体里取出了一根肋骨，变出了一个美丽的女人夏娃。亚当醒来后神告诉他，这夏娃是用他的肋骨做成的。亚当有了同伴，又是自己身体的一部分，很是高兴，就对夏娃说：“你是我骨中之骨，肉中之肉，可以称为女人，因为她是从男人身上取出来的。”而在希伯来语中，“女人”这词的意思是“从男人而来”。

上帝创造亚当和夏娃时两人都是赤身裸体的，并十分自在地生活在伊甸园里。直到有一天，有一条生性狡猾的蛇改变了他们的命运。这天夏娃独自一人在花园中央，蛇爬到她的脚边，眼睛滴溜溜地转来转去，它唤夏娃：“嘿！你好啊！”(图 5.1)

夏娃看它：“什么事？”

蛇说：“树上的两颗果实十分可口呀！”

夏娃说：“神说，那是禁果不能吃！”

蛇说：“你们被愚弄了，那是智慧之果！”

夏娃说：“为什么神要骗我们呀？”

◎图 5.1　亚当夏娃偷吃禁果

蛇说："因为吃了，你们就能够分辨善恶。"

……

蛇说完就溜走了，留下夏娃看着那新鲜可口的果子。

她每天看着这鲜艳的果子，很早就想试试。听完蛇说吃了这智慧之果并不会死，而且可使人变聪明，她没有多想便走向前去。摘下智慧之果，她咬了几口觉得味道不错，也拿给亚当尝。吃完智慧之果后，两人顿时心明眼亮，意识到自己赤身裸体，并感到羞愧。

耶和华后来知道此事非常震怒，先对蛇怒道："你竟敢诱惑人类违背我的命令，你必须承受最严重的诅咒，你将用肚皮走路，终身受苦。"然后对夏娃说："你违背了我的旨意，我要加重你怀胎的痛苦，并使你终身慕恋你的丈夫，并为其管辖。"

最后，耶和华心碎地转向亚当，告诉他："你不听我的话却听那女人的话，好吧！我诅咒这块土地只长荆棘、野草，你将终身为了温饱而劳累，最后归于尘土，因为你来自土，所以要归于土。"

耶和华担心他们下次再去摘吃生命之果，获得永生，于是除了派天使看守生命之树外，还将亚当与夏娃永远逐出伊甸园。

从此，上帝失落了人，人也失落了上帝。

耶和华神创造了亚当、夏娃。生命则是和地球一起"长大"的。

5.1.1　我们和大猩猩差多少

最早的生命物质，应该是距今约 32 亿年前，出现在原始海洋里的细菌和简单藻类，它们属于单细胞生物。细胞里含有叶绿素，能够进行光合作用(图 5.2)，合成蛋白质，并放出氧气。

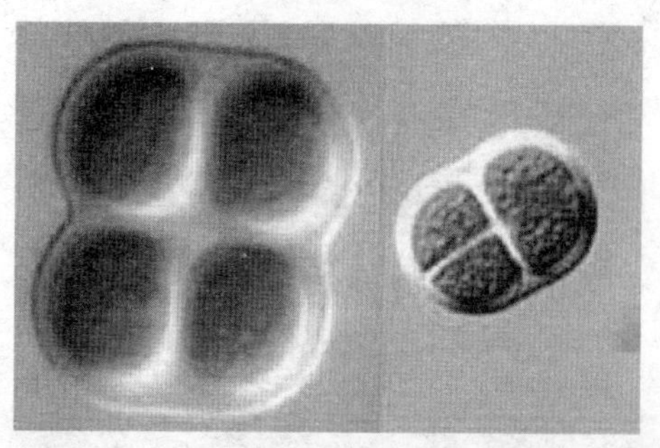

◎图 5.2 蓝藻的出现，几乎是一件和生命出现同等重要的大事。因为它居然能够吸收阳光，利用太阳能把溶解在海水里的化学物质变成食物。

到距今 13 亿～18 亿年前这一段时间里，出现了有细胞核的真核生物——绿藻等。以后接着又有了红藻、褐藻、金藻……它们组成了绚丽多彩的藻类世界。真核生物的出现，预示着一个熙熙攘攘的生命大繁荣时期即将到来(图 5.3)。

由于细胞结构的不断分化，导致了营养方式上的一分为二：一支发展自己具有制造养料的器官(如叶绿体)，朝着完全“自养”方向发展，成了植物；另一支则增强运动和摄食本领以及发达的消化机能，朝着“异养”方向发展，成了动物(图 5.4)。

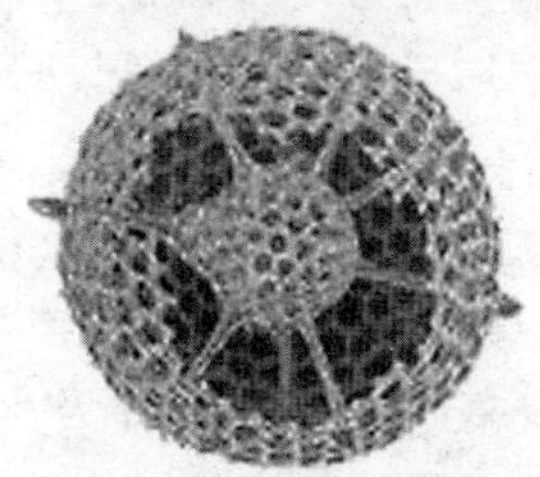

◎图 5.3 藻类进行光合作用，放出大量氧气，地面上形成臭氧层，减弱了日光中紫外线对生物的威胁，使水生生物有可能发展到陆地上来，也为低等动物的兴起提供了食物。

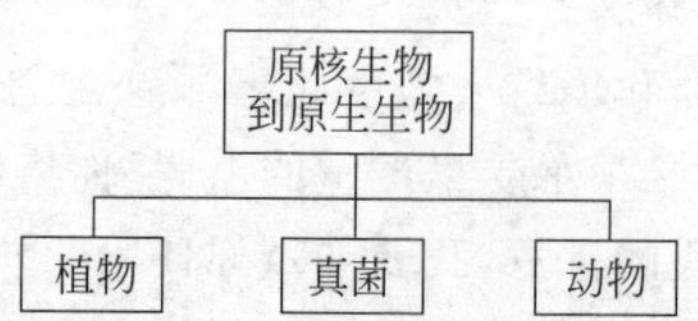

◎图 5.4 动植物的分家是生物进化史上很重要的一环，有叶绿素的藻类和没有叶绿素的变形虫，预示了植物界和动物界相互依赖、共同发展的关系。

水是生命活动的重要成分，海水的庇护能有效防止紫外线对生命的杀伤。

由于月亮引力的作用，引起海洋潮汐现象。涨潮时，海水拍击海岸；退潮时，把大片浅滩暴露在阳光下。原先栖息在海洋中的某些生物，在海陆交界的潮间带经受了锻炼，同时，臭氧层的形成，减少了紫外线的伤害，使海洋生物登陆成为可能，有些生物就在陆地生存下来。同时，无数的原始生命在这种剧烈变化中死去(图 5.5)，留在陆地上的生命经受了严酷的考验，适应了环境，逐步得到发展。

◎图 5.5　**地球环境的剧烈变化,造成了一批批生物的"优胜劣汰",我们应该理解为,这是自然的法则。**

在距今 3.45 亿～4.3 亿年前这一段时间,地壳发生了强烈的造山运动,海面缩小,陆地广泛出现,气候变得干燥炎热。不断的涨潮、落潮,造就了陆地上光蕨类植物的出现;也造就了原始鱼类的出现(文昌鱼、总鳍鱼等)。

3 亿多年前,气候温暖,有些地区由于植物腐烂,水中缺氧,不适宜鱼类生存。在发生干旱的时候,有成千上万的鱼死去。干旱逼着总鳍鱼,从这个水塘拼命地想爬到另外一个水塘。本想找水的总鳍鱼,这时可能发现陆地是一个多么奇妙的世界!

在距今 1.35 亿～2.7 亿年前这一段时间,生物界进化的主要场所,由水域转移到了陆地。恐龙在地球上至少生存了 1 亿 6 千万年,一度成为统治地球的主人。根据不完全统计,已经被科学家命名的恐龙至少有 650 种。

就在恐龙称王称霸的年代里,两种从最初爬行类发展起来的小动物——犬颌兽和始祖鸟(图 5.6)出现了,它们都具有两大特点:一是全身长着绒毛或羽毛;二是它们是恒温动物,不管外界环境温度高低,它们始终保持恒定的体温。在外界环境还十分暖和的时候,长毛和恒定的体温显示不出什么优越性,它们那发达的脑子也没有显出什么威风。但,它们是最早的哺乳动物!

◎图 5.6　**犬颌兽和始祖鸟是哺乳动物的祖先!它们夹在盛极一时的恐龙世界的隙缝中,悄悄地过着不易被发现的艰苦生活,这样足足维持了 1 亿年。**

后来地壳发生了很大的变化。先是火山爆发，山脉隆起；又是冰河横扫，气候变化；再是海水进退，陆地变大。再加上许多至今未知的原因（如小行星撞击），曾经不可一世，称霸地球1.6亿年的巨大恐龙，几乎全部灭绝。

地球严寒过后又恢复了温暖，曾目睹恐龙生活的银杏、水杉以及耐寒的松柏都存活下来。作为新生力量的被子植物开始发展，于是地球上第一次出现了百花争艳的繁荣景象。

身体体温只能根据外部环境的冷暖来变化的变温动物，抵挡不了寒冷的侵袭，要么死去，要么假死——冬眠。而长了毛的，有恒定体温的恒温动物——哺乳动物和鸟类，看着曾称王称霸的庞然大物所残留的后代——龟、蛇，显然体会到了自己的优越性。于是，鸟类和哺乳类开始了大发展、大扩散。

到距今700万年左右，哺乳类动物进入了极盛时期。大地几乎像现在一样的丰富多彩。万紫千红、鸟语花香，一派莺歌燕舞景象。哺乳动物占据了地球的每个角落，高山上的羚羊，草原上的牛、羊，原野上的骏马，空中的蝙蝠，地下的鼹鼠以及重新返回海洋的鲸、海豚和海豹等。

谁将成为新世界的统治者呢？在非洲和亚洲的森林里，攀着树枝摇来荡去的灵长类动物是最有希望的。它们的前腿和后腿开始分工，后腿支撑身体，前腿经常用来试探做点什么，越来越像胳膊。手和脚都能抓东西，还可以把自己悬挂在树上，手指和脚趾越来越长，使古猿的拇指能和其余四指相对，成为动物界最灵巧的手。古猿的树栖生活需要有一双好眼睛，它的两只眼睛能够同时盯住一件东西，这是狗、兔等哺乳动物所办不到的。它可以将食物用手送到嘴里，所以嘴越来越小，脑子越来越大，智力越来越发达。它们一直在成功地进化。在离现今很近的300万年前，地球又发生了变化，冰雪从北部和山地向南方的平原扩展。那些不耐寒，又来不及退却的生物都死亡了。

居住在树上的灵长类动物向南方的森林转移，其中一种古猿开始从树上下到地面上来生活。当冰雪又一次从北方袭来的时候，古猿又分成了两支。一支继续向南方的森林转移，继续过着适合森林环境的树上生活，于是发展成今天的长臂猿、大猩猩和黑猩猩。它们和人极其相似，无论是血型、骨骼，甚至面部表情和萌芽状态的意识都和现今人类相似；而另一支古猿则适应了陆上地面生活，没有森林它们照样能够谋生。它们终于熬过艰苦和严寒的岁月，前赴后继，一代又一代顽强地生活下来，终于进化成人类的近祖——猿人（图5.7）。

现在我们回顾一下整个生命起源和进化演变的漫长历程。如果把地球生成以来漫长的地质年代，“压缩”到一年12个月内，那么：

1月地球形成，她是一个熔融态的“大球”；

2月地壳开始凝结，排气和造山运动产生大气；

3月形成原始海洋，大气、海水开始产生相互作用；

图 5.7 沧海桑田气候变迁，走出森林的古猿变成了猿人，随着森林迁徙不做改变的古猿变成了现在的大猩猩，他们之间 DNA 的差异只有 1%。

最初的生命在四月里出现，那时光合作用“主宰”地球；

最早的化石在五月里形成，它们是第一批地球灾难的“受害者”；

恐龙在 12 月中旬主宰了一切，直到一周后被小行星撞击毁灭；

最早的灵长类动物出现在 12 月下旬，气候变冷促使这部分猿类走出森林；

而人的时代在一年的最后一天才开始出现(图 5.8)。事实上，他真正脱离动物变为人，应是 12 月 31 日夜晚 10 点钟左右。

◎图 5.8 由猿到人

5.1.2 温室效应造就了地球生命

回味一下前一节你可能会发现，我们说是生命的产生，实际上我们仅仅是从细胞开始的。在细胞之前根本没有涉及，那是因为，这个问题真的很神秘，目前没有什么“靠谱”的答案。但是，我们可以依据一些基本事实去考虑这个问题。

(1) 事实一：地球上存在生命

地球上存在各种形式的生命，这一点已经是显而易见的。然而，生命呈现的千型百态从生物化学上说多多少少都是属于一种表面现象，这一点却不是那么明显了。假如你能借助高倍放大镜进行观察，你就会发现，地球上的生命实际上只有一种。所有有机物的中央系统均由同样一组微型部件，即由同样一组小分子构造而成。于是，我们又得到了一个事实。

(2) 事实二：所有已知生物本质上相同

但是，引起烦恼的却是另一个事实，即事实三。

(3) 事实三：所有已知生物均非常复杂

用于建造有机物中央系统的微型部件中有些本身是非常简单的分子。事实也许如此。然而，这些非常简单的分子却以一种既高度复杂而又组织得十分得法的方式开展协作。这种协作也许可以解释为一种进化的产物而不去加以深究(任何东西在开始进化时与进化后相比自然要简单得多)。但真正的烦恼却已出现，这种高度复杂性的很大一部分为有机物的活动方式所必需。我们所讨论的生命是一种"高技术"。即使在那些关键的微型部件中，有些部件也绝不是轻而易举就能制造出来的。

基于这些基本事实，我们可以认为生命的产生是需要时间的，而且很长，生命的产生还需要合适的环境。到目前为止，在地球上发现的最为古老的岩石来自于格陵兰。它有 38 亿年了，我们并不能说有了岩石结构就可能有生命产生，但是，有 35 亿年历史来自澳洲的古老岩石上有非常奇特的大型结构物，这种结构物与现今由大量微生物形成的叠层岩极为相似。而且，在这种古老岩石中还发现有些东西看上去像是由微生物本身形成的化石(图 5.9)。

◎图 5.9　有生物学结构化石的澳洲古老岩石和最古老的格陵兰片麻岩(左上)

我们不要忘记，地球在诞生不久就遭到的那次"轰炸"。所以，生命产生的年代还有可能向前推，甚至是和地球一起(或稍晚)产生的。这就要说到生命产生的环境(图 5.10)。

◎图 5.10　一座不断喷发岩浆和有毒气体的海底活火山竟然是某些海洋生物的"安乐窝"，说明产生生命的环境并不一定很复杂。

格陵兰岩石曾作为沉积物沉于水底，由此可以推测当时地球上有大海，也有陆地，这样才能形成沉积物。格陵兰岩石中含有碳酸盐，由此也可以推测，当时地球上的大气层中含有二氧化碳。此外，这种岩石中还有含铁的沉积物，这种沉积物通常只有当空气中没有游离氧或游离氧极少时方能形成。当然，还有大气中最稳定的成分——氮。

所以，我们可以说，虽然生命的诞生（演化）在时间上很漫长，生命诞生的环境也不一定需要很复杂。但是，生命的诞生的却需要一个很"幸运"的过程和环境变化，这一点我们从生命诞生地——地球，以及和金星（相比地球离太阳更近）、火星（相比地球离太阳更远）初始环境的形成和大气的演变中就能清楚地看到（表5.1）。

表5.1　地球、金星、火星环境对比

	金　星	地　球	火　星
距离太阳	更近	适中（生命带中间）	更远
形成初期	没有空气的熔岩球体	没有空气的熔岩球体	没有空气的熔岩球体
大气形成初期	由于更接近太阳，获得的热量更多（即使没有大气，表面温度也能达到87摄氏度）。温度从没有低到过让水从大气中冷凝出来的程度。从金星内部释放出的二氧化碳，因为没有液态水来溶解，只能留在大气中。致使温室效应更加强烈，表面温度达到500摄氏度（大行星中最高），大气压达到60巴（1巴＝100千帕）。	经过"排气"过程，地球内部逸出的气体开始形成大气。由于地球表面的温度适中，大气中的水蒸气可以凝结成雨滴落下，形成海洋。大气中含有氨气和氮气，氨气被阳光分解为氢气和氮气，氢气散逸到太空中，留下了氮气，当然还有很多的二氧化碳，它们都是"温室气体"。这样的大气层起到了很好的温室效应。它们一方面把热量传送到全球，平缓各地温度的差异，另一方面，和地球距离太阳差不多远近而没有大气层的月亮，其表面温度平均为零下18摄氏度，不可能适宜生命产生。地球大气层的温室效应，使得地球表面温度是15摄氏度，而不是零下18摄氏度。当时，大气中的二氧化碳含量几乎和金星相当，但是由于有海洋的存在，适宜的表面温度等原因，地球不但产生了低等的细胞生物，而且，它们还进行光合作用，消耗二氧化碳生产氧气，还生成了臭氧层	离太阳比地球要远，只有一层薄薄的二氧化碳大气，表面温度大部分地区只有白天才能升高到冰点以上。最近的证据表明，火星表面在其形成初期曾经被流水冲刷过。所以，它应该和地球一样经历过很强的温室效应过程。足以将表面温度长年保持在冰点以上。然而，火星的质量太小，自身的引力无法留住二氧化碳，它们都散失到太空去了。没有温室效应使其内部很快冷却，类似地球的地壳运动趋于停止，不再有火山喷发气体。所以，火星上可能有过水，但是现在是一个冰冷的荒漠
生命结论	太热，不会有生命产生	距离适宜，温度适宜。温室效应促进生命产生。	太冷，不会有生命产生

从表 5.1 看来，生命是地球“自产”的。但是，我们也仅仅看到了初始的地球环境适宜于低等的细胞生物，并没有联系到那些低等的细胞生物最初是怎样形成的。目前，关于这个棘手的问题有三种具有代表性的说法：

(1) 说法一：自然产生的

这包括两种观点，一个是说世界上的万事万物就存在于那里，所以，存在就是道理。生命的产生也归于此——这是奇迹，该产生它就产生啦！另一个是说，生命随时可以从无机物转化为有机物。如腐草生萤、腐肉生蛆、白石化羊等。当然，它们都已经被现代生物学理论所否认。

(2) 说法二：是上帝安排的

这似乎不是笑谈，比如，银河系在已被发现的 140 亿个星系中，基本上是属于中等大小，太阳在银河系的 2000 亿颗恒星中，不论其质量、大小、发光强度、生命周期等都属于中等指标。这些个条件似乎都是上帝安排好了，然后安置好地球摇篮，把生命的种子放进去，所以，我们这一章以神话故事开始。

(3) 说法三：来自于宇宙

诺贝尔化学奖得主阿雷尼乌斯在 20 世纪初就曾经推测：光波产生的压力可能会将孢子从一个星系推向另一个星系。此外，陨石、彗星也可能成为孢子星际旅行的载体，这样，埋藏在其中的孢子在旅途中方可能免遭辐射的毁灭性打击。现在认为，更可能是彗星把生命的种子从宇宙中带来(图 5.11)，然后，一头扎进地球的古海洋。那么，宇宙中的种子——孢子是从哪里来的？20 世纪 60 年代，天文学家在宇宙中发现了超过 60 种以上的有机大分子结构，它们在条件适宜的情况下，完全可能生成生命元素。也许，宇宙中真的存在着这样的星球，它们的环境格外适合生命的产生。在其周围的星际空间中到处都是孢子……

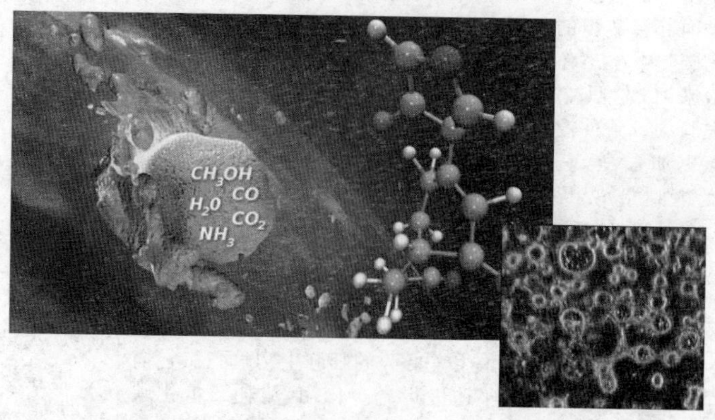

◎图 5.11　彗星从宇宙中带来了生命的种子；古海洋给予种子适宜的环境；阳光、闪电的能量哺育了生命的成长。

5.1.3 完全可能存在我们的"宇宙亲"

宇宙中可能有我们的"亲戚"？目前来看，这一事件存在的概率越来越高了。最新的恒星演化理论证明，星云团收缩形成单个恒星的机会比原有的理论高得多，最新的"温室气体吸收数据库"改变了我们对适宜生活的行星的看法，最新的生物学研究也提醒我们：人类这一物种肯定不是茫茫宇宙中惟一的生命。

不过，恒星演化理论的改进可能更具有天文学的意义。就我们讨论的话题——地球灾难来说，这一理论的改进目前对我们的影响可以说是善恶难料。我们知道星云团收缩形成恒星，原来的理论认为按照天体系统的动力学分析，收缩过程更可能产生双星，而双星系统是不可能产生生命的。现在的理论分析表明，星云在演变成恒星的过程中更可能形成单星。只有单个的恒星系统才可能产生生命，当然这个单个的恒星系统必须附带了一个星云盘，以及有条件产生围绕恒星的大行星。现在，单星多了，附带了星云盘的恒星也就多了，产生大行星的机会也就增加了。生命产生的可能性也会增加。不过，我们先不说大行星上怎样才能产生生命，如何才成形成创造生命并利于其成长的条件。先从天文学角度来说，单个恒星的增加，对生命产生所起的作用并非关键。从前面两节的内容就能了解到，生命的产生和演化是一个漫长的过程，需要大行星的"母恒星"能长时间地提供能量。太阳的生命周期差不多是100亿年(图5.12)。太阳的"数据"无论从哪个角度看都是属于中等的。小质量的恒星可以小到只有太阳质量的1/10，大质量的恒星会很不稳定，所以只能大到太阳质量的100倍，不然就会爆炸形成双星，由于更剧烈的热核反应会消耗更多的能量，它的生命周期也会很短。所以，新的恒星理论的确是提高了宇宙中存在单个恒星的可能性，但是，对于我们的话题，能否产生生命，我们能否找到我们的"亲戚"，更进一步说，他们会不会给我们地球带来灾难，还是一个不可知的话题。一定要下结论的话，那应该是现在宇宙中存在其他生命的几率提高了。

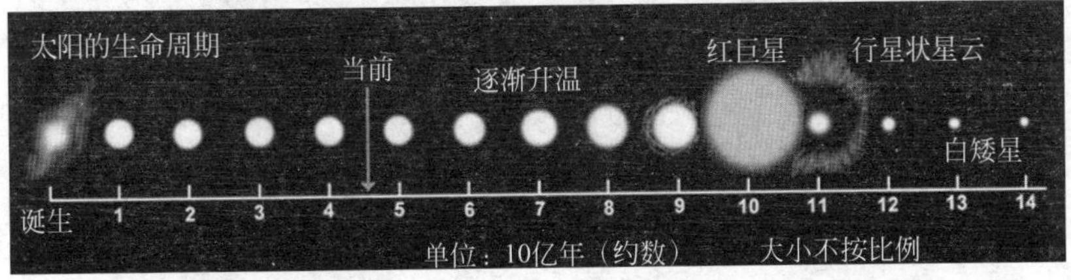

◎图5.12 太阳的年龄已经有50亿年了，它孕育地球生命的过程最少也要有28亿年。而大质量的恒星寿命很短，有的甚至只有几千万年，不具备孕育生命的时间。小质量的恒星寿命很长，天上的一些恒星甚至是宇宙大爆炸最初时形成的(150亿年)，但是，它们的质量太小，发光强度不够，也不具备足够的引力建立自己的行星系统，所以，太阳是很幸运的。

再看另一个改变，最新的“温室气体吸收数据库”告诉我们，大行星的“行星适居带”变得很宽泛了。结合生物学，特别是天体生物学的研究，我们发现宇宙中存在其他的生命，至少从两个方面来说，可能性是大大地增大了。一是“行星适居带”变宽，也就是说，宇宙中适宜“地球人”生存的环境更多了；二是加宽的“行星适居带”能容纳更多“种类”的生命体，也就是说，宇宙中更可能存在与我们大不相同的生命体。

最后我们再谈一下前面提到的那个有点“不太靠谱”的话题，就是“外星人”会和我们友好相处吗？实际上这也是本章需要讨论的话题。从人类的文明史来看，人类的智慧促使我们获得了科技的发展、社会的进步，能够生产航天飞机、汽车和各种用途的家电，大大地丰富和提高了我们的生活。但是我们也生产了足以毁灭地球的核武器，也有能够杀人于无形中的“生化武器”等等，更有那么多的“战争狂人”来破坏社会和谐。所以，数量和种类可能会更多的“外星人”对我们地球的影响，还真的是无法预料！还有一点，我们如何才能知道他们是善还是恶呢？这就需要找到他们……

寻找“外星人”一直是我们地球人“使命”性的任务。针对这类任务的有组织的活动最早应该是美国的“奥兹玛”计划。1960 年 5 月，美国一些天文学家使用了当时最大的射电天文望远镜(口径 26 米)观测恒星鲸鱼座 t(距离地球 11.9 光年)和波江座 ε(距离地球 10.7 光年)，试图收到外星人发来的信号。两颗星的共同之处就是它们在许多方面都同太阳相似。如果它们周围一颗行星上栖居了一批技术水平同我们相仿的外星人，那他们也许正在向外发射无线电信号以求与外部同类取得联系。正是这样合乎逻辑的推理，促使人们进行了这项探索计划。计划进行了 3 个月，结果一无所获。

人类也有过向外界发送信息的尝试。1974 年 11 月，美国阿雷西博天文台的大射电天文望远镜(图 5.13)向武仙座星团(因为那里的恒星密度最大)发送了3 分

◎图 5.13　巨大的阿雷西博射电天文望远镜是目前世界上功能最强的射电望远镜，孔径 305 米，位于波多黎哥的一个火山口上。

钟无线电信号。信号将在24 000年后到达目的地。如果届时某一类文明生物已有了大射电望远镜，并恰好指向地球，那也许就会收到我们的信号。当然，要通过这样短时间的发射来达到目的的可能性实在太小了。不过，这毕竟是人类力图把自己的存在告诉别的同类的一次尝试。

可是，我们应该找寻什么样的目标呢？是宇宙中的另一个“生物圈”、另一颗大行星？那里应该有适宜的温度能够存在液态水并且拥有碳等构成生命的元素。即使有这样的地方存在就一定能有生命诞生吗？它还需要满足许多其他的条件。比如，从天文学角度来看，它要有一个具有足够生命周期的“母恒星”，来满足大行星上的生命从低等细胞进化到智慧生物的漫长过程中的能量需求；它的公转运行轨道不能离开自己的“太阳”太近或者太远；在它附近的较大的行星也不能靠得它很近，否则它就会被“挤出”原有的轨道，或者是轨道运行得不平稳而造成不断的灾难事故；它的自转必须非常稳定(对地球来说，这归功于我们的月亮有足够大的质量和体积)；同时，还不能经常发生小行星的“轰炸”。

然而最大的存疑不在于天文学而在于生物学。首先，我们地球上的生命是来自于一次“侥幸”事件吗？还是说生命的“原始汤”或是生命孢子遍布于整个宇宙？还有更重要的第二个问题：即使存在了简单生物，那它们进化成我们所认为的智慧生物的概率又有多大？也就是说，即使原始生命普遍存在，高级生命却并非如此。前面我们提到过，地球生命最少经历过3～4次的生物大灭绝。我们的“逃脱”都是“侥幸”事件吗？比如说，如果恐龙没有灭绝，哺乳动物进化至智人的进化链可能就会被阻断，而且我们无法预测是否会有另一物种替代我们的角色。

也许，真正的不祥之兆是，在我们当前的进化阶段，即智能生物开始发展科技的阶段，人类恐怕会遭遇至关紧要的障碍。因为相比于人类前期相对简单的进化过程，我们目前的进化就更像是“摸着石头过河”。

看上去，对生命的寻找，将无可非议地集中在类似地球的、绕古老恒星运转的行星上，但科幻作家提醒我们还有其他很多奇特的选项。甚至在黑暗冰冷的星际空间中，生命也可以繁盛发展，其主要热量来自于内部的辐射(与地核加热的方式一样)。也许这里会散布着活体结构，它们都自由飘浮于星际云团之中，这样的生物体将以较慢的节奏生存(以及思考，如果有智慧的话)，但尽管如此它们仍然会慢慢地走入自己遥远的未来。

就是天文学家们，目前也把自己的“目光”从火星转向了“木卫二”、“土卫五”之类的冰冷天体。最近有报道称，在一颗处于恒星灭亡的最后阶段的白矮星周围，发现了存在生命的行星。看来，寻找“外星人”还真是一件艰苦而奇妙的事情。

在阿雷西博望远镜实施“奥兹玛”计划后，由美国两个大学牵头，一起对700颗距离在80光年之内的恒星进行联测。苏联也参与了类似的工作，他们利用高加索山上的射电望远镜进行搜寻，加拿大安大略省的亚冈昆射电天文台，也曾对地球附近的一些星球进行过搜索观测。

1985 年，在美国哈佛大学天体物理学家保罗·霍洛威茨的领导下，开始了一项新的探索外星人的计划——太空多通道分析计划（META）。这个计划通过 800 多万个不同频率，自动化探测外星文明。由于波段增加了上万倍，相应的工作量也增加了，所以普查一次太空需要 200～400 天。除美国之外，苏联、澳大利亚、加拿大、德国、法国、荷兰等国家也先后加入了这一探索计划中。

1992 年，美国又实施了寻找外层空间智慧生物的“凤凰”计划，该计划利用当时最大的光学和射电望远镜搜索宇宙中各类天体传来的不同波长的无线电信号。

就像是我们人类社会一样，沟通并不是一条单行道。我们一方面在积极搜寻“外星人”发给我们的信号，另一方面，我们也在努力向“外星人”发出我们存在的信号，甚至向它们寄去“请柬”和礼物。

1972 年先驱者 11、12 号飞船上携带了两块特别的镀金铝盘离开地球。铝盘上刻有男女裸体人像，以及地球在银河系中的位置和有关太阳系的一些信息（图 5.14）。

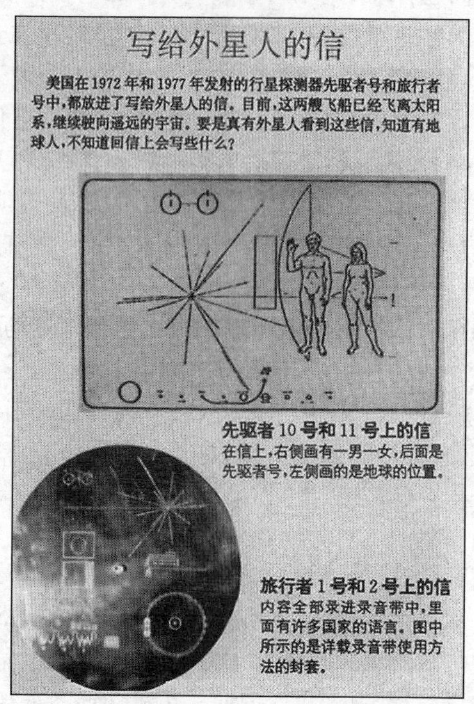

◎图 5.14　地球“名片”

1977年旅行者1号宇宙飞船又携带着“地球之音”的人类信息飞向太空，其中有115幅照片和图表，近60种语言的问候语，35种自然声音，以及27首古典和现代音乐等。科学家们希望有朝一日这些“信物”会落入外星人之手，从而使他们知道我们的存在，并设法同我们联系。

到目前为止，有两项搜寻工作最值得称道。一项就是你也可以参与其中的“行星猎人计划”。这是美国天文学家弗兰克·德雷克利用西维吉尼亚国家射电天文台的一台直径26米的射电望远镜来接收电波，搜集来自宇宙中的可能频段的全部信号。如果不遗漏任何信号，宇宙中可能的另一个智慧生命发出的交流信息就必然在其中。只需对这些数量庞大的信息一一加以分析就能找到外星人，假如他们存在的话。但是这可能是一个最“笨”的办法——穷举法，一条一条地尝试和分析所有的可能线索。不过这种笨方法一直是解决无数科学难题的唯一方法，麻烦的是，这样的大海捞针需要运算能力超强的亿次计算机，有限的经费却难以满足这一要求（搜寻外星人的活动并没有得到世界上许多政府的支持）。于是，科学家就想出了一个因陋就简的方法。他们设计了一种电脑屏幕保护程序，世界各地的人们只要下载这种程序到自己的电脑上，当电脑闲置并进入屏幕保护状态时，计算机就会自动和互联网中其他数以万计的计算机一起来进行运算，并分析这些未知信息。

“行星猎人计划”目前最大的发现应该是PH2b，这颗和木星差不多大小的地外行星，在距地球数百光年远的天鹅座中环绕一颗太阳一样的恒星运行。它处在其母恒星的适居带上，不过越来越多的科学家认为，最常见的宜居世界可能是在木星和海王星一样大的行星周围运行的卫星，而不是太阳系内的岩态行星。“行星猎人计划”执行至今已经分析了超过1200万条观测资料，但直到2012年7月只发现了34颗行星候选者。

另一项“搜寻”工作就是专业性的了，这就是“开普勒计划”。不过，开普勒项目的目标并非搜寻外星生命，而仅仅是搜寻围绕其他恒星运行的行星体。开普勒望远镜于2009年发射升空，借助这台强大的空间观测设备，科学家们得以对遥远恒星的亮度进行精密的测量。通过可能存在的“行星凌日”现象来发现地外行星（行星绕母恒星公转，当产生凌日现象时，会使得母恒星亮度略微降低，而且具有周期性）。

到目前为止，开普勒望远镜总计已经发现了122颗得到确认的地外行星以及超过2700颗候选行星体。开普勒望远镜目前正处于修整状态。回顾它过去几年的探索成绩，像塔图因行星、超级地球行星、拥有海洋的行星等都很有代表性。

1. 首批探测的系外行星(图 5.15)

◎图 5.15　开普勒探测器于 2010 年宣布首次发现 5 颗系外行星,分别被命名为 Kepler-4b、5b、6b、7b 和 8b,它们环绕不同的恒星运行。由于它们的质量相当于太阳系最大的行星,并且近距离环绕主恒星,因此被称为"热木星"。

2. Kepler-9 恒星系统(图 5.16)

◎图 5.16　Kepler-9 恒星是该探测器发现的第一个多行星恒星系统,其中包含着 Kepler-9b 和 9c 行星,这种土星体积大小的行星环绕主恒星运行周期分别为 19 天和 38 天,之后证实还存在着一颗超级地球行星。

3. 岩石星球（图 5.17）

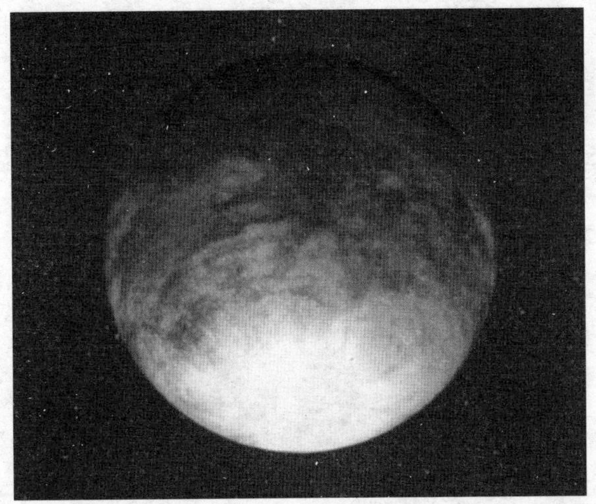

◎图 5.17 开普勒探测器重点探索类似地球的行星，Kepler-10b 是首颗被证实的岩石星球，这颗行星的直径是地球的 1.4 倍，环绕主恒星运行一周不足 1 天。该探测器超精确的测量技术能够探测到这颗行星的质量大约是地球的 4.6 倍，密度接近于铁。

4. 首次探测到类地行星（图 5.18）

◎图 5.18 开普勒探测器的主要任务是勘测有多少颗恒星的宜居带中存在类地行星，2011 年 12 月，科学家宣布了开普勒探测器的重大发现，该探测器首次探测到类地行星，Kepler-20e 和 Kepler-20f。它们的半径分别是地球的 0.87 倍和 1.03 倍，但是由于距离主恒星太近，可能无法存活生命体。

5. 可能存在海洋的地外行星(图 5.19)

◎图 5.19　迄今为止,Kepler-22b 是发现距离地球最近的地外行星,它距离地球 600 光年,半径是地球的 2.4 倍,环绕一颗类似太阳的恒星运行。因此,它公转一周大约是 290 天,略比地球一年的时间少。目前科学家并不知道它的成分,但如果它拥有大气层,那将具有温度适宜的海洋和潜在生命体。

6. 正在蒸发的行星(图 5.20)

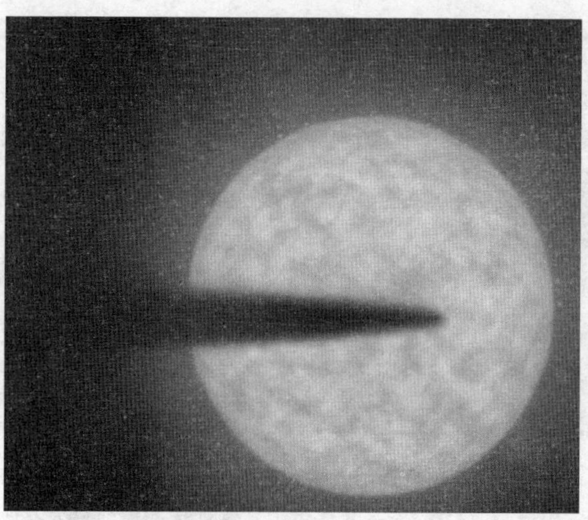

◎图 5.20　2013 年 5 月,开普勒探测器探测到一颗具有类似彗星状尾部的行星,它环绕一颗恒星运行,距离地球 1500 光年。这颗恒星体积比太阳小,温度比太阳低,这颗行星体积相当于水星大小,每隔 16 小时环绕恒星运行一周,它正在逐渐缓慢地分解成灰尘微粒。预计大约 2 亿年,这颗行星将完全蒸发消失。

7. 最微小的地外行星(图 5.21)

◎图 5.21　Kepler-42 包含着一个微型恒星系统,有 3 颗比地球更小的岩石行星环绕这颗红矮星运行,最小的行星体积与火星体积相当。所有行星环绕这颗恒星运行周期不足两天,这也意味着它们过于炽热,无法维持生命存活。

8. 塔图因行星(图 5.22)

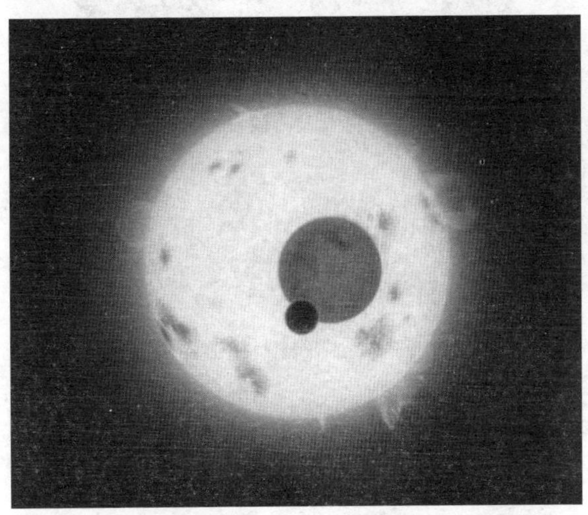

◎图 5.22　Kepler-16b 是首颗探测到环绕两颗恒星运行的行星,它非常像科幻电影《星球大战》中天行者卢克的家乡星球"塔图因"——存在着两颗"太阳"。这颗土星体积大小的地外行星距离地球 600 光年,环绕两颗恒星运行的周期为 229 天,它不可能维持任何生命形式。

9. 拥有四个“太阳”的行星(图 5.23)

◎图 5.23　2012 年 10 月,美国宇航局宣布使用开普勒探测器发现一颗奇特的系外行星 PH1,这颗海王星大小的行星在围绕两颗恒星运行的同时,还有一个双星系统围绕它运行,它是由耶鲁大学科研小组行星猎人计划成员发现的。

10. 最小的系外行星(图 5.24)

◎图 5.24　2013 年 2 月,开普勒探测器发现一颗略比月球大一些的地外行星——Kepler-37b,它可能是迄今为止太空望远镜观测到的体积最小的地外行星。

当然,对我们来说最感兴趣的还是那些“宜居星球”。美国国家航空航天局(NASA)2013 年 4 月 18 日宣布,开普勒天文望远镜已观测到两颗太阳系外迄今为止“最像地球、可能最适宜人类居住”的行星,“一个温润如夏威夷,一个酷寒如阿拉斯加”,距离地球 1200 光年。同日,NASA 另一个研究小组也宣布,在更远的地方发现另一颗“宜居星球”。

NASA 宣称:“这是我们到目前为止发现的最适合居住的行星”“大小合适、

位置合适”。这个称为 Kepler-62 的行星系统，位于天琴座。在该系统中，5 颗行星围绕一颗比太阳更小、更冷、更老的恒星运行，Kepler-62e 和 Kepler-62f 是其最外围的两颗，它们的体积分别为地球的 1.6 倍和 1.4 倍，受到的热量辐射也只是地球的 1.2 倍和 0.4 倍，公转周期分别为 122 天和 267 天(图 5.25)。观测表明，Kepler-62e 的表面温度“可能就像 5 月的华盛顿”。研究人员猜测，这两颗行星主要由岩石或冰构成，我们只有在获得相关大气频谱特性后，才能清楚它们是否真的“宜居”，科学家推测道：“如果上面有生命，肯定非常高级”。另一颗“新地球”Kepler-69c 位于 Kepler-69 行星系统，在天鹅座，离地球约 2700 光年，体积为地球的1.7 倍，公转周期为 242 天，构成材质尚不确定。除此之外，这两个行星系统的其余 4 颗行星公转周期只有十多天，意味着它们非常热，不适合人类生存。

◎图 5.25　开普勒天文望远镜最新发现的“宜居星球”

开普勒太空望远镜能同时和持续不断地测量发出光亮的超过 15 万颗恒星。在追踪地球轨道的 4 年间，开普勒望远镜已在太阳系外发现 122 颗外行星，但这些行星大都不在宜居带里，不符合人类和生物存在的条件，少数在宜居带的行星体积过于庞大(如 2.4 倍于地球体积的 Kepler-22b 和 5 倍于地球体积的 Kepler-49c)，或者像海王星一样大气压力巨大。而新发现的 Kepler-62e 和 Kepler-62f 就像“异卵双生子”，围绕着同一颗恒星，相互毗邻，之间的距离比地球和邻居火星还要近。可能存在运行稳定性的问题。

那么，宇宙中到底会有多少“地外文明”存在呢？就目前的技术手段而言，我们只能估算一下我们“身处”的银河系的情况。而且，也仅仅是理论推算。1961 年美国天文专家弗兰克·德雷克给出了一个计算公式，被称为“宇宙文明方程式”或“德雷克方程”。它包含了 7 个方面的变量，公式记为

$$N = R^* \times F_p \times N_e \times F_l \times F_i \times F_c \times L$$

其中，R^* 代表每年银河系中诞生的恒星数；F_p 是拥有行星的恒星比率；N_e 是行星

系中的类地行星平均数；F_l 表示类地行星中具有生命的行星比率；F_i 表示演化出智能生命的比率；F_c 是能够进行行星际无线电通信的智能生命比率；而 L 则是通信文明的平均生命；N 代表银河系中存在的文明数量。

针对开普勒计划，研究人员对"德雷克方程"的参数做了部分修整。分别为：R^* 是银河系内恒星形成速率；F_p 表示恒星周围存在行星的可能性；N_e 是宜居带上存在岩质行星的概率；F_l 表示行星可演化出生命的概率；F_i 是行星生命演化至高级文明的概率；F_c 表示外星高级文明可发展出星际通信技术的概率；L 是银河系内可能与我们发生联系的高级文明的数量。开普勒探测器的发现成果已经可以解读该公式中的两个变量，即行星世界存在概率与宜居带上岩质行星出现的可能性。

理论模型和观测表明宇宙内约存在 1000 亿个星系，而每个普通的星系中又大约存在 1000 亿颗恒星，即在宇宙总星系中约存在有 1 亿亿个恒星。一般估计，银河系中存在的文明大概有 100 万个，而德雷克本人的估计数是大约 10 万个。这样一个惊人的推算概率，无疑向人们展示了，在浩瀚的宇宙之中存在除了地球文明之外的文明是极有可能的。

不过，找到他们真的那么必要吗？结交新的朋友对我们来说是福是祸呢？诺贝尔奖得主、英国天文学家莱尔就曾写信给国际天文学联合会(IAU)，竭力主张地球人不要与外星人联系，以免招致杀身之祸。

美国历史学家尼尔强调指出，在地球上强大的(即比较发达的)文明总是控制比较弱小的文明，而不取决于政治上的从属关系。他认为当与水平大大地超过我们的地外文明建立联系时，它可能会"压制"我们的文明，直到它被溶化在更高的文明中为止。

英国皇家学会在伦敦举办了一个主题为"探索外太空生命以及随之而来的对科学和社会的影响"的研讨会。会上英国天文学家库库拉警告道："我们可能会假设，我们会联系到和善的智慧生命，然而现在却鲜有证据能证明这一点。考虑到和外星人联络的后果，很可能与我们的初衷相违背。"

5.2 "恐怖的"外星人

关于外星人访问地球本来是没有什么好说的，原因很简单——不相信。后来，有朋友问我：你不相信的理由是什么？如果你能把那些相信的人或者半信半疑的人，用合理的说法给予说服，那我们就和你站在一起。我认为，地球上不存在外星人的理由有三个：第一，广义上讲，宇宙如此之大，物种如此复杂、繁多，茫茫宇宙中应该绝不是只有人类这一个智慧物种。但是，最基本的差异是——存在是一回事，找到(联系)他们，而且他们还来到了地球，那就是另一回事！第二，虽然世界各国的政府机构并不热衷于外星人的事情，但是，的确有许多的专业机构和科学家在直接或间接地从事这一事业。比如，前面我们提到的寻找"超级地球"和"行星猎人计划"等。专业人士的能力和技术手段是一般人不能想象的，而恰恰现在众多的发现外星人的报道和经历，都是来自于一般民众；第三，物理学也好，人类生活也罢，最根本的一个道理就是"能量守恒"，我们知道距离我们最近的恒星"比邻星"也有4.3光年，换句话说，就是外星人掌握了"光子火箭"技术，能以光速飞行，他们也需要4.3年的时间才可以造访我们，那他们可以利用的能源是什么？你会说"空间穿越"，但那是电视剧导演做的事情，而不是科学家。

5.2.1 著名的外星人事件

自己对外星人是一无所知，更不可能接触到外星人。只好找一些很著名、很流行的资料来和大家分享。下面就是最著名的有关外星人的事件和所谓十大外星人绑架事件。要知道许多的"预言家"、"邪教首领"都声称被外星人绑架过，甚至做过"整容"手术。

1. 罗斯韦尔外星飞碟坠毁事件

事件：最著名的不明飞行物坠毁事件发生在1947年，地点是美国新墨西哥州罗斯韦尔市外的一个大农场。有人发现了神秘残骸和外星人身体。在政府干预下，它们被偷偷运走，并被隐藏起来。

真相：政府确实把在罗斯韦尔市外坠毁的物体藏了起来，但不是一艘外星人飞碟，而是一个探空气球(图5.26)，它用于一个叫"莫卧儿计划"的秘密间谍方案。最初的目击者表示，那些残骸和"莫卧儿计划"的气球非常相似。而关于外星人身体的说法更是无稽之谈。到目前为止，运载外星人身体的飞船坠毁说法存在许多个类似的版本。"罗斯韦尔飞碟坠毁事件"只是其中之一。

◎图5.26 罗斯韦尔飞碟坠毁事件的真相是一个探空气球

2. 解剖外星人的影片

事件：1995年出现了一部画面模糊的黑白影片，这增加了1947年"罗斯韦尔飞碟坠毁事件”的可信度。据说这部绝密影片由军队拍摄，展示了一个解剖外星人身体的全过程(图 5.27)，成为一些“不明飞行物迷”一直以来声称美国政府拥有外星人身体的证据。

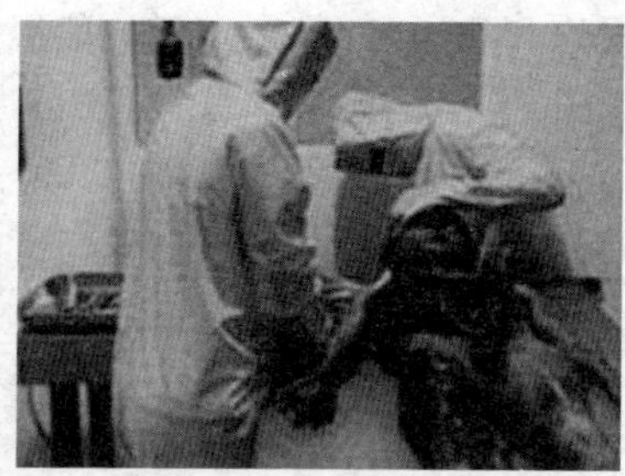

◎图 5.27 外星人尸体解剖的影片是特技人员的功劳

真相：这部关于外星人尸体解剖的影片在福克斯电视台播放后不久，就引起许多人对影片真实性的强烈怀疑。怀疑者(甚至包括许多不明飞行物研究人员)都把这部影片当作一个骗局，同时指出了影片中不符合逻辑以及自相矛盾的地方。但是由于缺乏足够证据推翻“罗斯韦尔事件”，所以有些人依然坚持尸体解剖是真实的。最后，“炮制”这部外星人影片的特技师承认，那实际上是个骗局。这让许多“不明飞行物迷”们大跌眼镜。

3. 麦田怪圈

事件：用外星人来解释有时出现在农民田地里的神秘圆圈和其他图案是最便捷的一种方法。直到今天，人类还没有破译出外星人留下的这些符号或信息。

真相：尽管像《灵异象限》等影片对麦田怪圈现象进行了解释，但没有任何证据表明“麦田圈”是由外星智能制造的。迄今为止，对它的最好解释是恶作剧，而不是遨游无边宇宙的外星人来到地球，就为留下一些信息而在英国和美国的农村把小麦摧毁了(图 5.28)。具有高级智能的外星人怎么可能不会意识到它们留下的信息让人类无法理解和不够直接呢!

◎图 5.28 麦田怪圈

4. 大金字塔

事件：科学无法解释埃及"大金字塔"是如何建造的，无法对它们排列和设计得如此完美作出合理解释。有人认为，数千年前外星人一定在建造这些宏伟建筑物方面扮演了重要角色。

真相：许多人以为生活在早期（如古埃及）的人没有那么聪明，在没有外星人帮助的情况下根本不可能创造出那些工程奇迹。事实上，这个观点是错的（图 5.29）。许多资料都记载了建造金字塔的方法，例如《国家地理》杂志和马克·莱赫纳的著作《完美的金字塔》等。现在可以这样说：在金字塔上唯一让人不解的是，为什么直到今天仍然有人认为它与外星人有关。

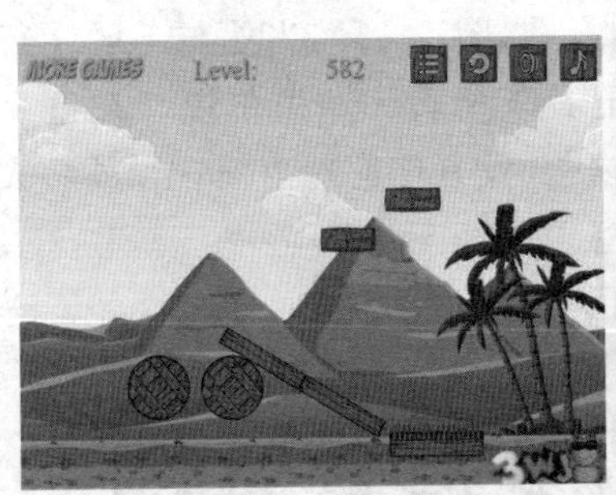

◎图 5.29　大金字塔应该是"滚木"和水的杰作

5. 动物神秘死亡

事件：外星人并没有绑架人类，也没有在人体里植入一些奇怪的东西，更没有在农田里留下"麦田怪圈"，但外星人却到地球来宰杀家畜。自 20 世纪 70 年代以来，数百具动物尸体被发现，而且这些动物死亡事件具有无法解释的特点，比如，体内没有了血，器官被用"精确手术"摘除等。

真相：许多年来，家畜离奇死亡一事一直困扰着农场主和农民（图 5.30）。然而，并不是直到最近几十年，也就是人们对不明飞行物产生浓厚兴趣这段时间内，才有人认为家畜之死与外星人有关。研究已经显示，这种所谓的"神秘的"死亡事实上十分普遍，是由自然腐烂过程和食腐动物所致。奇怪的是，有人不仅把造成这

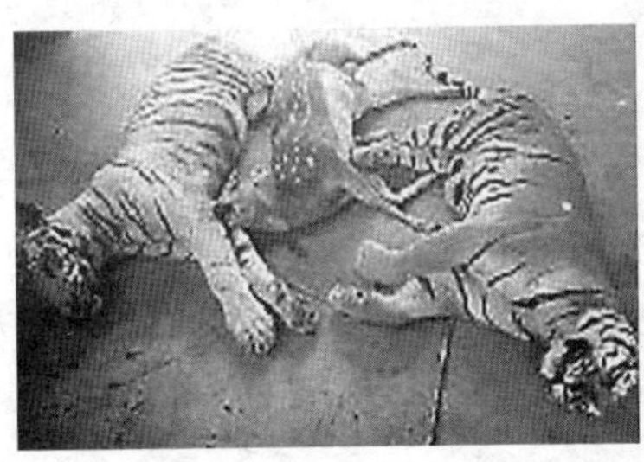

◎图 5.30　家畜离奇死亡与外星人有关？

种现象的原因归结在外星人身上，还有恶魔祭礼和西班牙民间传说中被称为“卓柏卡布拉”的吸血动物。

6. 51 号地区

事件：“51 号地区”是美国政府存放和研究外星人身体和飞机的地方，其中包括坠毁在罗斯韦尔的外星人飞船。一些人甚至说，这里是得到正式批准的外星人飞船着陆基地。

真相：一个简单的事实是，人们根本不知道内华达州格鲁姆·德赖(Groom Dry)湖附近这个军事基地的实际情况。虽然人们喜欢把这儿称为“51 号地区”，其实这样的称呼在正式的文件上并不存在。这里是属于最高机密的军事基地，自然有许多合理的政府和军事原因保守它的使用意图(图 5.31)，当然与不明飞行物毫无瓜葛。美国老牌电视新闻节目《60 分钟》记者莱斯莉·斯塔尔说，“在这个守卫森严的军事基地里，可能堆放着大量有毒废物”。没有任何理由把它和外星人联系在一起，但是这里确实有不为外人知道的秘密。

◎图 5.31 “51 号地区”的卫星图片，那里是美国的军事基地

7. 火星脸

事件：《火星遗迹：时间边缘的城市》一书的作者理查德·霍格兰关于火星的描述可能是高智商外星人存在的有力证据了。霍格兰说，美国宇航局拍摄的火星基多尼亚地区的照片显示，那里有个像人一样的脸。他指出，这一定是由高智能生物建造的，同时透露火星上有外星人城市。

真相：“火星脸”其实是痴心妄想的典型例子。1976 年“海盗 1 号”人造卫星拍下了这张显示火星上有个像人脸一样的模糊地区的照片。从那以后，关于该地区的一些更清晰照片先后问世，例如“火星环球勘察者号”飞船 1998 年就有新收获(图 5.32)。后来的这些照片显示，基多尼亚地区遭遇严重侵蚀，这张“人脸”只是图片的清晰度、光和影子“联手制造”的假象。

8. 外星人绑架事件

事件：数百人曾声称被外星人绑架，这种事在 20 世纪 80 年代出现得最多。

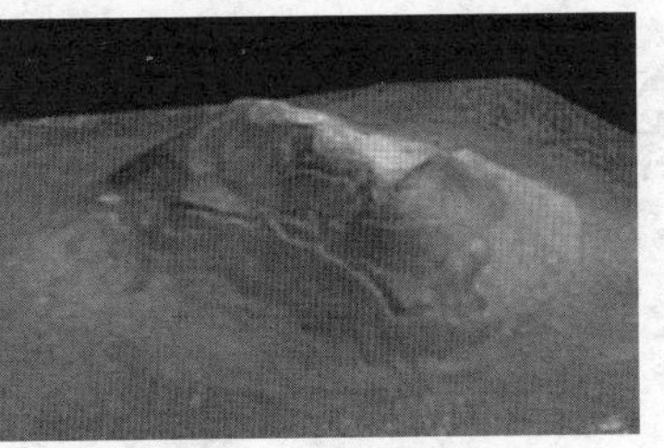

◎图 5.32　1976 年拍下的“火星脸”照片和现代高清晰图片

他们被强奸，用于实验，植入外来物，或者身体还遭受其他折磨。一些著名的研究人员，其中包括美国哈佛大学的约翰·麦克，不仅支持这些观点，还写书讲述受害人的故事。

真相：有几种原因可以解释外星人绑架事件。多数经历只是在多年后人们因其他问题接受心理治疗期间才被发现的。研究已经证明，心理学家在治疗过程中可以给患者造成一些虚假记忆。接受治疗的人误以为自己遭遇绑架或被虐待，事实上纯属子虚乌有。研究人员展示了一种叫“睡眠麻痹”的心理治疗方法（图 5.33），它就有可能被曲解为外星人绑架。

◎图 5.33　外星人绑架？心理治疗？还是为了出书？

9. 外星人植入物

事件：外星人不仅绑架地球人，还在人的大脑和身体里植入某些物体，这是外星人邪恶试验的一部分（图 5.34）。受害者发现他们的身体里多了些不明不白的东西，这才意识到他们被绑架过。其中一个植入物被发现，可是对它们进行科学检测时，却发现这些物体具有无法毁灭的特点，另外在地球上根本找不到这些材料。

真相：《怀疑探索者》杂志专栏作家乔·尼克尔表示：“自 1994 年以来，有人声称用手术找到了一些外星人在人体的植入物，但值得注意的是它们种类繁多。有

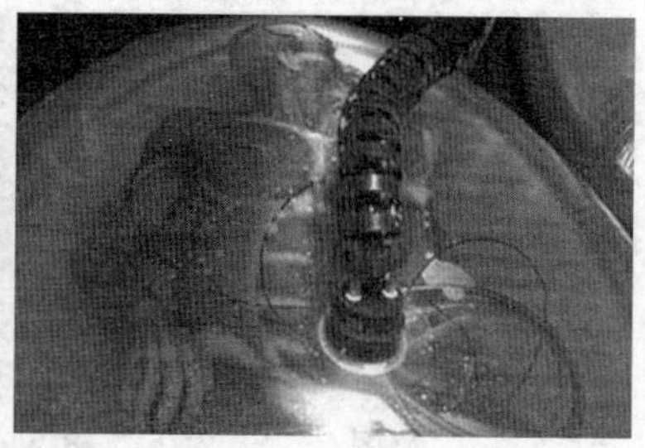

◎图 5.34　外星人？机器人？克隆人？

的看上去像玻璃碎片，有的像三角金属，有的像碳化纤维。这些外来物并没有被放在大脑或鼻腔里，而是在脚趾、手、胫骨和外耳等部位。一些人身上还留着伤疤，当然有的人没有这种情况。内科医生都知道一个很简单的道理，那就是人在没有察觉到的情况下，地面上的物体就可能进入身体。当人从高处跳到地上，或在沙滩上赤脚跑步，甚至在草地上，外来物体都可能扎进身体某个部位。”人们会在他们体内发现各种各样的神秘物体，但迄今为止与外星人没有任何联系。

10. 飞碟时代来临

事件：1947 年 6 月 24 日，现代不明飞行物时代拉开帷幕。当时，一个名叫肯尼斯·阿诺德的男人在华盛顿维尼亚山看见 9 个“飞碟”高速飞行。没过多久，就有人声称他们也看到类似不明飞行物，制造了一场空前的“骚动”。

真相：“飞碟”这个称呼对美国人和“不明飞行物迷”们来说十分普通，但它却是由一个记者失误造成的结果。《东俄勒冈人报》的一名记者就阿诺德看见神秘物体一事对他进行采访后报道说，那是一些在空中飞行的圆形物体。事实上，阿诺德表示，它们是月牙形的。他还说，这些物体“毫无规律地飞行，就像你向水面抛出一个碟子那样蹦跳”，他并没有说，他看到的东西很像现实生活中的碟子。可是，正是这种“碟子”说法引发了后来的飞碟热(图 5.35)，许多人声称看到了阿诺德从来就没有描述过的所谓“飞碟”。

◎图 5.35　很多“飞碟”图片

这些和外星人有关的事件，看上去似乎没有那么恐怖，更没有可能给地球造成灾难。那么，还有一些所谓的“外星人绑架”事件，我们看看外星人都对我们做了什么？但是，事件的真实性当然要由您自己来判断。

11. 英国警官在荒野遭遇小外星人

1987 年，生活在英国约克郡 Ilkey Moor 镇的警官菲利普·斯宾塞正在住宅附近的荒地里漫步，突然看到一个体形娇小的奇特生物，它看上去正在朝他招手。斯宾塞立即举起照相机对它进行拍摄，最后这个神秘生物转身跑走，消失在清晨的浓雾之中。斯宾塞随后追逐了这只神秘生物一段距离，令他震惊的是他在神秘生物消失的方向发现一个巨大的 UFO 升空起飞。之后他返回镇子将拍摄的照片冲洗出来，最终他发现自己有一个小时失去记忆，他的手表停止了，指南针指示南方，但实际方向却是北方。

12. 缅因州阿拉加什航道绑架事件

双胞胎兄弟杰克和吉姆·温纳，以及他们的朋友库克·拉克和查理·福特兹都是艺术家。他们很喜欢垂钓，有一天夜间他们乘坐独木舟在湖中钓鱼。突然他们发现在天空中出现释放明亮光线的不明飞行物。当 4 位钓鱼者发现这个神秘 UFO 时，它开始改变光线色彩，其中一位男子用手电筒对 UFO 进行照射，随后 UFO 朝向他们移动过来。4 位男子开始拼命地划向岸边，却为时已晚。UFO 飞至他们的头顶上方，并释放出一道强光束。他们满怀疑虑地回到家中，不久他们却饱受梦魇的折磨，时常回忆到自己在一个太空飞船内被外星人进行实验。在回归催眠测试中，他们回忆到了相同的处境，他们被外星人绑架，并进行羞辱性身体侵入实验，其中包括提取精液和其他体液。4 位男子接受了独立性催眠测试，但是他们回忆的情景却是一致的。由于他们都是艺术家，他们能够精确地描绘出外星人进行实验的地点，外星人的长相，以及外星人对他们使用的仪器装置。同时，他们还经过了测谎仪检测，经确定他们并未说谎。

13. 一对父子与善良的外星人亲密接触

1988 年 3 月，约翰·索特和他的儿子在 61 号通道上驾车时突然发现自己行驶在相反的方向，并在过去的几个小时里丧失了记忆。第二天早上，他们对前一天晚上所发生的一切感到十分迷惑，当他们继续行驶时看到了一个体形较大的 UFO。当他们看到这个 UFO 时，才意识到这是前一晚所遭遇的 UFO，并回忆起一个像儿童的外星人和一个体形较高的外星人，后者是他们的领导人。约翰父子描述称，他们都感觉得到外星人的“保护”，当他们接受身体检查时感受到一种无形的力量移动着他们的身体。

14. 肯塔基州三位女子遭外星人绑架

1976 年，美国肯塔基州三位女士在结束生日宴会驾车返家途中突然感觉车速失控，当时汽车时速已达到 120 公里，受到惊吓的女子们突然看到一个明亮的圆盘状UFO盘旋在她们的头顶。当她们恢复意识时，都躺在已停泊的车里，汽车停在牧场草地上，却是之前行驶的相反方向。甚至更令她们烦恼不安的是在过去的80分钟里，她们不知发生了什么事情。这三位女子发现身体有烧伤痕迹，之后她们将整个事件经过向当地警察局报案，她们被警方多次面见陈述事情经过，但是警方对于她们的描述仍持怀疑态度。最后，其中一位女性同意接受回归催眠测试，她们所担忧的事情得以证实——她们被绑架，并在外星人的太空飞船里被进行了实验，依据催眠测试中的描述，她们遭受了羞辱性的痛苦实验。据悉，三位女子出现意外绑架的当晚多位目击者声称也发现了UFO，该牧场场主表示发现女士们停泊汽车的上空出现UFO的亮光，相信这位牧场主并不知晓三位女子遭受外星人绑架的经历。

15."黑衣人"造访UFO绑架者

在英国威尔士多山地区，一个匿名家庭夜晚正在高速公路上行驶，突然他们发现一个较大的粉红色飞行器盘旋在汽车上空，并吸附在汽车上。驾驶者和家人感到非常害怕，但片刻之后他们发现自己毫发未损，仍在高速公路上行驶，好像从未发生过任何事情。然而他们在接下来的时间里失忆了，当丈夫感到牙齿疼痛就医时，从臼齿里掉落一个奇特的黑色物体。他们随后将这段奇特经历告诉了当地政府，令他们迷惑不解的是仅有两位自称来自空军的黑衣男子到访，并告诉他们不要向任何人透露这一事件的相关经过。他们称两位神秘造访者颇似科幻电影《黑衣人》里的身着黑色西服，戴着墨镜的男子。之后他们获悉此前该区域也曾出现过几次UFO目击事件，其中有一位男子的情形与他们相近，也是在某一个夜晚遭遇UFO，并感觉失忆几个小时。

16.家庭主妇被绑架进入太空飞船进行实验

1967年1月25日，家庭主妇贝蒂·安德雷森和她的家人突然发现家中停电，然后厨房窗户照射进一束明亮的红光。当他们向窗外观看时，发现5个神秘生物"跳入"房间，它们能够直接穿过固体实木门，当近距离接近时他们就处于昏迷之中。贝蒂和她的父亲描述称这些外星人身材矮小，没有人类的普通特征，其中一个外星人显然是领导人。外星人之间通过心灵感应进行沟通，当贝蒂和父亲处于人事不省状态时，她却感到心境平静，她感觉到自己被送到一艘太空飞船内进行了身体侵入性实验。大约四个小时之后，外星人释放了他们，贝蒂被送回到家里，却感觉自己处于模糊的梦境和现实之中。8年之后，贝蒂仍处于模糊记忆的困扰之中，她接受了12个月的精神评估和心理与医学测试，其中包括回归催眠和测谎实验。经过全面检测，贝蒂神志正常，显然这段外星人绑架事件是真实的经历。她是迄今为止最著名的UFO绑架受害者之一。

17.惠特利·斯特里伯撰书描述自己被绑架的经历

1985年，作家惠特利·斯特里伯和家人在纽约一处偏远小屋中度假，在午夜突然听到巨大的响声，并发现一些较小的神秘生物出现在卧室内。几个小时之后，他发现自己单独呆在小屋附近的树林中，却无法回忆起刚才发生的事情。在催眠治疗专家的帮助下，斯特里伯最终恢复了记忆——他被外星人绑架，外星人用一个细而长的仪器对他的大脑进行检测，并进行了肛门窥探检查。斯特里伯通过这次特殊经历，开始支持一些外星人绑架受害者的说法，并将相关经历撰写成一部关于遭受外星人绑架的纪实小说，据称这部小说非常畅销。

18．新墨西哥州沙漠出现 UFO 绑架事件

1975 年 8 月 13 日凌晨 1 点 15 分，美国空军查尔·穆迪中士在新墨西哥州沙漠观看流星雨时，发现一个巨大发光飞碟飞向地面，好像准备着陆。穆迪对突如其来的飞碟感到十分害怕，准备驾车离开，但汽车却无法启动。此时，穆迪听到上空有巨响，UFO 已盘旋至他的头部，他隐约地看到一个类似人形的生物在 UFO 中。当巨响停止时，穆迪感觉自己的身体已麻木，接下来的 1 个半小时意识较为模糊，最后看到自己仿佛身处于这个 UFO 中，其最终消失在黑暗的太空中。第二天，穆迪感到后背疼痛，并出现奇特的皮疹，医生建议他进行自我催眠来减缓疼痛。在催眠冥想期间，穆迪回忆到自己被外星人拉出车外，并被带到太空飞船中。随后他被放置在一张金属桌子上，并与外星人进行心灵感应"谈话"，在他同意与外星人合作之后，外星人向穆迪展示了部分太空飞船，并传递了一些信息，他们还声称有一艘母舰盘旋在地球上空，在未来二十年里他们并不打算再次造访地球。

19．贝蒂和邦尼·希尔：首个广泛报道被外星人绑架的受害者

1961 年 9 月 19 日，贝蒂和希尔从加拿大返回美国新罕布什尔州的途中突然看到空中一个释放明亮光线的雪茄状飞行器，并且好像朝向他们飞过来。希尔停下车并通过双筒望远镜进行观察，发现神秘飞行器窗口附近有身影晃动，但显然不具有人类的特征。他们感到非常害怕，进入车里准备快速离开……两个小时之后，希尔逐渐恢复了意识，竟发现自己处于 50 公里之遥的区域，最后的回忆是他仍在驾车，对于这两个小时所发生的事情一片空白。令他迷惑的是，贝蒂的衣服被撕碎，鞋子被严重磨损，同时他和贝蒂的手表同时停止在一个时间点。随后的几年里，贝蒂和希尔遭受着可怕梦魇的折磨，最终他们求助于精神治疗医师。他们接受了催眠测试，竟回忆到自己被外星人绑架，被身材矮小、灰色身体的外星人进行了身体实验。随后，贝蒂和希尔的外星人遭遇事件广为流传，这一超自然事件还被拍摄成电影。

20．遭外星人绑架后发现肚脐出现奇特标记

1993 年 8 月的一个午夜，澳大利亚的凯利·卡希尔和她的家人驾车离开朋友的家，在返回途中意外地发现道路旁上空盘旋着一个 UFO，凯利声称在该 UFO 窗口处看到类似人形的生物，随后 UFO 快速离开消失在夜空中。过了一会儿，她的家人感到强光束照射使眼睛无法看清事物，而凯利感觉在强光束下出现意识模糊状态。当凯利的家人逐渐恢复意识时,他们仍处于返家的途中,但无法回忆过去几个小时里所发生的事情。凯利发现自己肚脐旁有一个奇特的标记,几个星期之后她感觉身体不舒服,去医院进行检查,发现子宫出现感染,并且胃部有强烈疼痛。之后她回忆起了一些事情:她看到一个50米直径的UFO,一些身材高大的外星人聚集在UFO之下,在道路旁她看到另一辆汽车停靠着。凯利和家人都描述到随后外星人将他们带到太空船中进行了侵入式医学检查。

稍微归纳一下以上的"绑架事件",发现最多、最恐怖的也就是所谓"侵入式医学检查"。很难联想到灾难的场面。也许,外星人对我们地球人的了解和认识还仅仅是在试探、实验阶段,或者,他们是绝对的"高等动物",仅仅把我们地球人看成是"小白鼠"。

5.2.2 UFO释义

UFO(Unidentified Flying Object),不明飞行物,俗称飞碟或是专指外星人的飞船等交通工具。这个名称感觉起得太贴切啦!不明、不明白;你明白、我不明白;他明白、我们大家不明白;某些人明白、公众不明白;明白的人明白、该明白的人不明白!不是想说绕口令,而是这个问题实际上存在了太多的人为因素、非科学因素,甚至是非智力因素。

在世界范围内第一次掀起UFO研究的热潮,始于前面我们提到的,UFO研究史上最著名的"阿诺德事件"。1947年6月24日,美国新闻界以首创的"飞碟"一词大篇幅地报道了阿诺德目击飞碟事件,才把令世人都感到好奇的天外来客展现在人们眼前,而且轰动了全球。这一天,阿诺德驾驶私人飞机在华盛顿州雷尼尔地区飞行时,突然看到9个呈"V"字队形飞行的发光圆盘。经媒介报道后,飞碟立即成为全球的热门话题。

实际上飞碟仅仅是人们所说的不明飞行物中的一种。UFO原意指不明真相的飞行物体,是组成"不明飞行物"三个英文单词的缩写。UFO大致可分为以下几类:

(1) 自然现象。如流星、球状闪电、地震光等;

(2) 人造物体。如气球、飞机、人造卫星、宇宙飞船残骸等;

(3) 幻觉和伪造的骗局;

(4) 非地球人类(包括地球上可能存在的非人类)的生命体制造的宇航乘具,即飞碟。

对UFO的描述有:快速地移动或盘旋;移动时悄然无声;飘忽不定或轰鸣异常;外形如碟子、雪茄、球形、环形或椭圆形(图5.36)。据统计,到目前为止被目击到的UFO的形态已达100多种。

自阿诺德事件之后,世界各地越来越多的人声称看到过飞碟,仅美国就有超过

◎图 5.36　飞碟形状集锦

1500 万的人宣称曾亲眼看到过飞碟。在众多的目击者中，既有平常百姓，也有知名人士、科学家、官员或被认为精神上有问题的人。

美国天文学家、UFO 研究专家艾伦·海涅克博士，根据对 UFO 现象的分析制定了一套评估系统。他将众多的飞碟目击事件划归为：第一类接触、第二类接触、第三类接触和第四类接触。

近距离目击到飞碟(图 5.37 左上)，称为“第一类接触”。据目击者描述，飞碟有各种形状，且多有照片为证。专家分析称，这其中大部分是抛在空中的塑料模型或轮船之类的东西，亦不乏经剪辑制作的照片。

看到飞碟在地面上留下降落的痕迹，如被成片压倒的植物或地上的坑洞等，称为“第二类接触”。如在英国的麦田出现的神秘图案，就被视为飞碟降落地点的痕迹。不过有趣的是，一位英国的机械师曾人为制造出了类似的图案(图 5.37 右上)。

亲眼目睹到飞碟内的乘员，是“第三类接触”。多数目击者称，那些外星人通常有类似人类的外表，但具有头大、身矮的特征(图 5.37 左下)。

“第四类接触”特指被外星人劫持接受医学实验或交流。世界各地均有这样的报道(图 5.37 右下)。

总结多年来观察和研究飞碟的结果，有下面的一些结论：

(1) 特征、特性异常。外形尺寸差异很大。如碟形、雪茄形、草帽形、球形、陀螺形等等，外形尺寸小者如乒乓球或指甲，大者(雪茄形)长达数千米。

高超音速(时速 24000 公里，即 20 马赫)；飘浮——反重力；高机动性(“直角”

◎图 5.37　与外星人的第一、二、三、四类接触

或“锐角”转弯）；反惯性隐形；发光；出入海空；具有抗电磁干扰和放射性等。

(2) 非生物学特性。无论是从飞碟的驾驶还是制造技术来说，都是人类所无法完成的。也就是说，只能属于外星人。可我们就是得不到飞碟的“样本”。

(3) 动力学系统。我们现在能够掌握和使用的能源技术中，核动力是最高效率的。而飞碟的动力系统必须要几倍、几十倍地高于这个效率，才可能完成星际飞行。

这样先进的工具和技术到底是什么呢？或者说 UFO——特指飞碟，如果真的存在，它们的来源会是哪里呢？我们只能猜测着给出答案。

1. 宇宙空间说

太阳只不过是银河系 2000 亿颗恒星中的一颗。银河系之外还有着数目惊人的河外星系，宇宙的遥远和无限是难以想象的，因此关于她的奥秘要用“无穷”来形容。地球人的眼光才刚刚越出太阳系，可以认为，UFO 实体来自宇宙的某一个地方。我们地球人不也是有自己的宇宙飞船吗（图 5.38）？UFO 在人的视觉中是个

◎图 5.38　人类的宇宙飞船和神秘的“地下世界”

物质的东西，可是，它可以转瞬湮没，这是它的一大特点。有的时候，人的眼睛可以看见UFO，而雷达却捕捉不到，摄像机也拍摄不到。有些案例表明，UFO能使人失去时间概念，或使人用意念的力量使汤匙弯曲。从大宇宙的角度来看，一切现象都有其解释。

2. 地下文明说

据悉，美国的人造卫星查里7号到北极圈进行拍摄后，在底片上竟然发现北极地带开了一个孔。这是不是地球内部的入口？另外，地球物理学家一般都认为，地球的质量有6兆吨的百万倍，假如地球内部是实体，那重量将不止于此，因而引发了"地球空洞说"。一些石油勘探队员都在地下发现过大隧道和体形巨大的地下人。我们可以设想，地球人分为地表人和地内人，地下王国(图5.38)的地内人必定掌握着高于地表人的科学技术，这样，他们——地表人的同星人，乘坐地表人尚不能制造的飞碟遨游空间，就成为顺理成章的事了。

3. 四维空间说

有些人认为，UFO来自于第四维。那种有如幽灵的飞行器在消失时是一瞬间的事，而且人造卫星电子跟踪系统网络在开机时根本就盯不住，可以认为，UFO的乘员在玩弄时空手法。一种技术上的手段，可以形成某些局部的空间曲度，这种局部的弯曲空间在与之接触的空间中扩展(图5.39)，完成这一步后，另一空间的人就可到我们这个空间来了。正如各种目击报告中所说的那样，具体有形的生物突然之间便会从一个UFO近旁的地面上出现，而非明显地从一道门里跑出来。对于这些情况，上面的说法不失为一种解释。

◎图5.39 四维空间的宇宙以及和我们"杂居"的外星人

4. 杂居说

该观点认为，外星人就在我们中间生活、工作！研究者们用一种令人称奇的新式辐射照相机拍摄的一些照片中，发现有一些人的头周围被一种淡绿色晕圈环绕，可能是由他们大脑发出的射线造成的。然而，当试图查询带晕圈的人时，却发现这些人完全消失了，甚至找不到他们曾经存在的迹象。外星人就藏在我们中间(图5.39)，而我们却不知道他们将要做什么，但没有证据表明外星人会伤害我们。

5. 人类始祖说

有这么一种观点：人类的祖先就是外星人(图 5.40)。大约在几万年以前，一批有着高度智慧和科技知识的外星人来到地球，他们发现地球的环境十分适宜其居住，但是，由于他们没有带充足的设施来应付地球的地心吸引力，所以便改变初衷，决定创造一种新的人种——由外星人跟地球猿人结合而产生。他们以雌性猿人作为对象，设法使她们受孕，结果便产生了今天的人类。

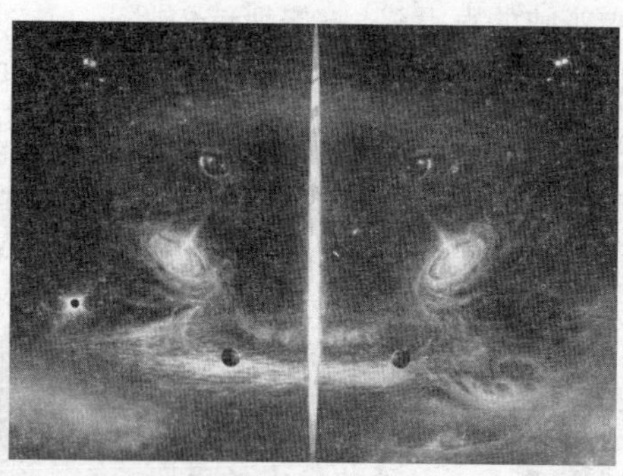

◎图 5.40　远古“祖先”的合影以及幻想中的“平行世界”

6. 平行世界说

我们所看到的宇宙(即总星系)不可能形成于四维宇宙范围内，也就是说，我们周围的世界不只是在长、宽、高、时间这几维空间中形成的。宇宙可能是由上下毗邻的两个世界(图 5.40)构成的，它们之间的联系虽然很小，却几乎是相互透明的，这两个物质世界通常是相互影响很小的“形影”状世界。

在这两个叠层式世界形成时，将它们“复合”为一体的相互作用力极大，各种物质高度混杂在一起，进而形成统一的世界。后来，宇宙发生膨胀，这时，物质密度下降，引力衰减，从而形成两个实际上互为独立的世界。换言之，完全可能在同一时空内存在一个与我们毗邻的隐形平行世界，确切地说，它可能同我们的世界相像，也可能同我们的世界截然不同。可能物理、化学定律相同，但现实条件却不同。这两个世界早在 150 亿～200 亿年前就“各霸一方”了。因此，飞碟有可能就是从那另一个世界来的。可能是在某种特殊条件下偶然闯入的，更有可能是他们早已经掌握了在两个世界中旅行的知识，并经常来往于两个世界之间，他们的科技水平远远超出我们人类之上。

好吧！现在看来，无论外星人来自哪里，似乎他们还是和我们的话题关系不大。他们在观察、在试探？在研究、在分析？对我们的了解还不够？如果，一旦他们认为我们是他们的某种障碍，相信地球一定会遭到“灭顶之灾”，因为，他们可能比我们更先进！

5.2.3 外星人应该是什么样子?

这个话题就感觉有点棘手了。关键是全无头绪、无从谈起。所以,只能是结合各方言论,来一个各抒己见,或者说是一个"大杂烩"吧!希望您能从中选到喜欢的"菜"。

1. 各种推测

推测当然要有依据啦!依据什么?照猫画虎、依葫芦画瓢,无非如此吧。不过,我们也不应该忽视了人类那无边的想象力。我们应该相信最可靠的是"科学的"推测。专家根据宇宙环境和生物学线索,对外星人是什么样子的"容貌"做出推测——水母、臭虫、像人类一样、非碳基生命、深海和高空的极端生物等。

(1) 水母

根据地球上的生命如何从海洋中起源的理论推断:外星生物与外星大气的交互方式类似于我们海洋中生物体与水交互作用的方式。外星人可能是海洋动物(图5.41),它们借助光脉冲进行彼此交流,它们的身体能在阳光下变大,并借助金属表面吸收光线。它们通过晶状体观察周围环境,使用橙色底部进行伪装,浮力袋则能维持它们的深度。

◎图5.41 外星人应该像"水母"或"飞行动物"一样很适应环境

(2) 臭虫

选中臭虫是由于它们是地球上最难以毁灭的生物之一,它们能够在各种极端的条件中存活。专家相信具有强壮外壳的外星人会像臭虫一样能够在复杂的宇宙环境中生存。

(3) 像人类一样

专家认为外星人与人类不仅外表和生物学一样,弱点也非常相似,比如说贪婪、暴力而且倾向于开发他人的资源。依据达尔文的进化论事实上完全可以预见,当你拥有生物圈而且发生进化时,那么共同的变化就会出现,智力也是如此。

(4) 非碳基生命

根据我们对于地球上生命的了解,我们完全可以理解为什么许多科学家都认同外星人与人类相似的观点。虽然地球上发现的大多数生物都是由碳、氢、氮、氧、磷和硫等元素组成的，但是科学家们发现单细胞生物不需要氧气。这很明显会改变我们对于生命和生命存在方式的一些看法。目前的科学假设认为，非碳基生命能够存活于宇宙(主流观点是硅基生命形式)，如果这个理论得到证实，那么有可能外星人与地球上的任何生命都不相同。

(5) 深海和高空的极端生物

英国的一位天体生物学家，列举了来自与地球不同星球的几种可能的外星人形态。比如说，来自水世界的生物可能会像我们海洋中的生物体一样进化，而一颗强重力星球可能生活着更庞大而且更强大的飞行生物，它们利用浓密的大气飞行(图 5.41)。

迄今为止全球规模最大、最具吸引力的“外星生命探索展”，2013 年夏天来到了我国的上海。展出了诸如海蜘蛛、尖牙、绿树针垫等能在地球上极端环境中生存的生物。它们具有的抗辐射球菌能使它们在比人致死量高 3000 倍的辐射环境下生存，尽管辐射会破坏 DNA，但它们有 DNA 最关键段的备份和快速修复的本领。一种不知名的细菌能以休眠的方式，在没有水和氧气的太空中存活 6 个月以上，高温红藻甚至能在热火山的强酸环境中繁盛起来……

还有科学家从生物基因结构的角度推断——人类与外星人可能有着一样的基因结构，宇宙中的首个遗传密码的结构是一样的。确切地说，就是都有 20 种氨基酸，正是它们组合形成了蛋白质的复杂分子，而蛋白质又能组成核酸，从中完成最简单的自我复制过程。自从 1953 年著名的米勒实验后，已有 10 种氨基酸可以通过人工合成，这 10 种氨基酸同样也在陨石上被发现。10 种常见的氨基酸就足够生成最早的能自我复制的分子，这一进程被称为“递进式进化”。在 36 亿年前的基因进化中达到顶峰，一切复杂生命均由共同的祖先生成。如果对这 10 种氨基酸间的相互作用进行模拟，确实可以产生能自我复制的分子，因此有可能形成一个熟知的类基因密码。它确有可能是普遍性的，因为任何遗传密码都会需要氨基酸。

不过，美国的天文学家也指出，这些都是把一些人类掌握的科技加到所谓外星人身上，所描述的外星人形象也大多是人类的变形。而在别的星球，生命进化过程千差万别，外星智慧生命的演化形态很可能与人类完全不同，其掌握的科学技术也会与人类完全两样。

2. 专家怎么说

既然提到各种专家了，我们就来看看专家们都怎么说。首先要提到的就是大名鼎鼎的霍金。霍金在提出了“人类千万不要和外星生物接触”的警告后，继而向世人展示了他想象中的外太空生物的具体形态。他设想了 5 种不同星球的外星生物：

(1) 类地星球上的生物能吃草的嘴像吸尘器

在霍金的宇宙中，火星等类地行星上生活着两只脚的食草动物。它们能利用吸尘器般的巨型嘴巴从岩石的缝隙中吸取食物(图 5.42)。类地行星上还存在着类似蜥蜴的食肉动物，双方偶尔爆发猎食大战。

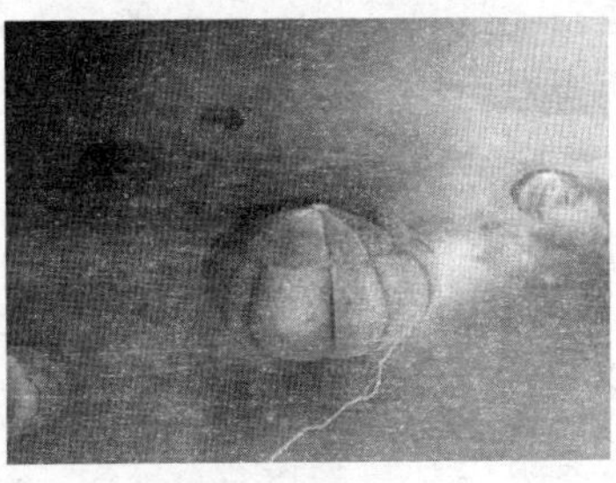

◎图 5.42　霍金想象的外星人估计更“靠谱”吧

(2) 气态星球吃闪电的水母

土星和木星属于充满氢气和氦气的气态行星。霍金认为，气态星球上可能存在水母状的巨型浮游生物，它们像吹胀的小型飞船那样飘在气体中，以吸收闪电的能量为生(图 5.42)。

(3) 液态星球的海洋生物似墨鱼会发光

木卫二“欧罗巴”等液态星球上则可能有类似墨鱼的海洋生物存活在冰层下的深海温水区，它们的身体能发出冷光。

(4) 极寒星球上长毛兽活在零下 150 摄氏度

霍金相信，即使在平均温度到达液氮(比零下 150 摄氏度还低)水平的星球上也有可能存活生命体。霍金想象中的耐寒生物不仅拥有许多只脚，它们的全身还长满厚毛以抵御强风和严寒(图 5.43)。

◎图 5.43　外星人可能需要浑身长毛以抵御零下 150 摄氏度的风寒，也会“快乐地”在太空中旅游。

(5) 宇宙中外星"游牧民族"漫游星际

霍金还相信宇宙间存在着飘浮的生命体,成群结队地游离在星球与星球之间(图 5.43),属于外星生物的"游牧民族"。它们可能用犹如行星般大的"收集器"吸收各个星球的辐射能,进而获得穿越时空的巨大能量。

如果说霍金是自然科学界的顶尖人物,那么在科幻小说界具有同等地位的那就是阿莫西夫啦!毕竟是小说家,他的设想更具体、更形象。

(6) 依据物质存在基础

从宇宙可能的物质环境分析,外星人可以是以氟化硅酮为介质的氟化硅酮生物;以硫为介质的氟化硫生物;以水为介质的核酸/蛋白质(以氧为基础)生物;以氨为介质的核酸/蛋白质(以氮为基础)生物;以甲烷为介质的类脂化合物生物或是以氢为介质的类脂化合物生物。

(7) 外星人可能的基本形态

人型:与人大小一样,非常像人类,有金色的长发和蓝色的眼睛(只考虑欧美人种吗)。中高型:约五尺高,灰色或褐色的皮肤,杏仁形眼睛,细瘦的四肢;小灰型:大约四尺高,灰色的皮肤,大而圆的杏仁眼,细瘦的四肢;蜥蜴型:像爬虫类,身上有鳞片,有绿的眼睛与黄色的瞳孔;螳螂型:外形如昆虫,有绿色及灰色的皮肤(图 5.44)。

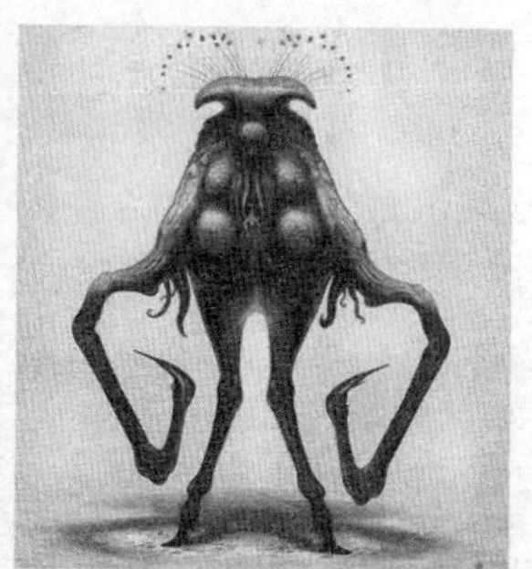

图 5.44　阿莫西夫的"作品"中有长着一对杏仁眼的美人也有威武的螳螂人

(8) 外星人的综合分析

皮肤:灰色、苍白、白色、褐色,或穿着薄的防护衣。

眼睛:大、杏仁状。

毛发:大多无毛发。

耳朵:细孔,外耳小或无。

鼻子:不能确定,或是两个小的呼吸孔。

嘴巴:裂缝、或很小、或完全没有开口。

手指:三个、四个或六个手指(就是没有五个),有的手指间长蹼。

行为：警觉、严肃、坚定。

表情：面部木然无表情。

声音：低哼声、短暂尖锐声。

异能：意念力、心智术、隐形术，飘浮能力。

武器：不明光束。

性别：无性或双性皆有。

有更多的专家是从他们的专业角度来设想外星人：

美国生物力学专家迈克尔，试图预测外星人是如何行走、飞翔和游水的。他在观察动物运动的基本规律的基础上提出：我们可以分析运动的最小公分母，鲎这样的东西爬上海滩产卵，翼龙则在天上飞翔，我们与这些动物所分享的特征之一，就是杠杆式的骨架。杠杆成功的布局，如将四肢与坚硬骨骼连接起来，一次又一次表现在化石记录中。迈克尔期盼在别的世界里也能看到它们(类似的杠杆布局)。那可能是由我们骨骼那样的羟磷灰石所构成的，也可能是动物的甲壳素所构成的或者是碳纳米管构成的，一旦规则容易到了足以让自然选择成为偶尔发现，就会一而再、再而三地演化。在这个星球上，独立演化在不同时期至少有6次。有充分的理由相信，它们普遍适用于任何星球的任何生态系统。连接肢体的躯干动作如杠杆，这是对外星人很恰当的基本解剖。

美国天体物理学家丽贝卡提出了适合生命居住星球的形成模型理论。根据这一理论，生命存在的可能性是由天体系统中巨型气体行星的轨道半径和小行星的密度所决定的。在研究太阳系的基础之上，深入分析了星球形成的步骤。发现小行星带将木星和火星与地球分隔开。同时，就像很多天体体系一样，巨型气体行星处在离它所包裹的星体很近的地方。天体物理学家们称，小行星带与巨型气体行星在天体系统中的位置不但绝非偶然，而且与生命的形成密切相关。他们认为，存在着一个最理想的巨型气体行星轨道半径值，当巨型气体行星处于那个位置时，气体所包裹着的星体就有可能出现生命。完全可以依据这个理论去设想外星人的种种型态。

3. UFO的目击者这样说

各国的不明飞行物专家都掌握了一些可靠的有关外星人的目击报告。从这些目击报告来看，人们所见到的外星人大致可分成以下4类，即：①矮人型类人生命体；②蒙古人型类人生命体；③巨爪型类人生命体；④飞翼型类人生命体。

(1) 矮人型类人生命体

矮人型类人生命体也被我们叫做宇宙侏儒。他们的身高从0.9～1.35米。同矮小的身躯相比，他们的脑袋显得很大，前额又高又凸，好像没有耳朵，或者说他们的耳朵太小，目击者很难看清。他们目光呆滞，双目圆睁，说明其双眼对光线几乎毫无感觉。他们的鼻子很像地球人的鼻子，但有些目击者说，他们所见到的矮人的鼻子是在面孔中间的两道缝。矮人型类人生命体的嘴像一个有唇的口子一样，或者是一个非常圆的、有奇怪皱纹的孔。他们的下巴又尖又小。他们的两只手臂很长，脖颈肥大，从正面看来，好像几乎没有一样。然而，他们的双肩却又宽又壮。

据目击者说，这些矮人型类人生命体都身穿金属制上衣连裤服或是潜水服。有人曾看到过一小群这样的矮人，当时目击者还认为他们是外形丑陋的类人猿。这些矮人的两侧好像并不对称，他们身躯的左部似乎比右部肥大些。

(2) 蒙古人型类人生命体

蒙古人型类人生命体的身长在1.20～1.80米之间。从总体上看，他们各个部位之间都很协调，没有任何丑陋的地方。他们的形态在各个部位都与地球人相近。如果要把他们与地球上的某个民族相比，他们很像是亚洲人。他们的肤色是黝黑黝黑的。至于服装，他们穿的是很贴身的上衣连裤服，就像宇航员的宇宙服一样。从专家们收集到的有关类人生命体的报告来看，这一类人遇到得最多。

(3) 巨爪型类人生命体

巨爪型类人生命体在20世纪50年代发生的世界上第一次不明飞行物风潮之后就再也没人看到过。专家们说，人们主要在南美洲的委内瑞拉发现过巨爪型类人生命体。据目击者们讲，这些类人生命体都赤身裸体，不穿任何衣服。他们的身高在0.60～2.10米之间不等。他们的手臂特别长，同身躯相比极不相称，手是巨型的大爪子。同矮人型与蒙古人型类人生命体相比，这种巨爪型的类人生命体的特点是，具有侵略性，也就是说，他们似乎对地球上的人类有敌意。

(4) 飞翼型类人生命体

飞翼型类人生命体一般是身穿紧身上衣连裤服、头戴发光头盔，背上有双翼的类人生命体。他们的面孔很像地球人的脸，但双耳却又大又长，能够腾空飞行。

(5) 其他类型的类人生命体

此外，目击者们还看到过其他类型的类人生命体。有人曾发现过一些不具有地球人类外形的智能生物。比如受某个智能生物遥控的机器人，没有眼睛、没有嘴、没有耳朵等。

可以给外星人做个总结：

身高——矮人型：1米左右；蒙古人型：1.8米左右；巨爪型：2米以上。皮肤——少许光滑，部分带有鳞片。肤色——多为绿色或蓝色。头部——圆形。眼睛——大，圆。鼻子——一般看不到鼻子，或者只是一条缝。嘴巴——小，一些没有。耳朵——或许看不到，或许只是圆形的耳廓。四肢——长短均有可能，部分指(趾)间有蹼。表情——目光呆滞，无表情。

4. 好莱坞的外星人

既然是好莱坞，我们就来看照片吧。

(1)《黑衣人3》——充满复古味道的20世纪60年代外星生物(图5.45)

◎图5.45 红色的鲤鱼精、长胡须的龙王、肉坨状的胖头鱼、傻乎乎的青蛙均以萌物的状态出现，这都是《西游记》中的各色妖精吗？或者是港台片中清朝僵尸的造型？

(2)《E.T. 外星人》——彻底颠覆外星人审美的大头娃娃(图5.46)

◎图5.46 在E.T.之前，我们认为外星人是那样儿的，E.T.出现后，我们才知道原来外星人是这样儿的。E.T.这个萌点十足的大头娃娃，虽然有点不咋好看，但是也算集中了人类审美情趣的卖萌点的精华，彻底扭转了外星生物都是贼眉鼠眼的老印象。

(3)《星球大战》——九百多岁的神奇小老头儿(图 5.47)

◎图 5.47 近代科幻片教父级别的作品。开创了一个视觉与想象结合的里程碑。先知哲人般的尤达大师，告诉我们一个道理：人不可貌相！

(4)《飞碟征空》——不披张皮就跑出来乱晃的大脑袋(图 5.48)

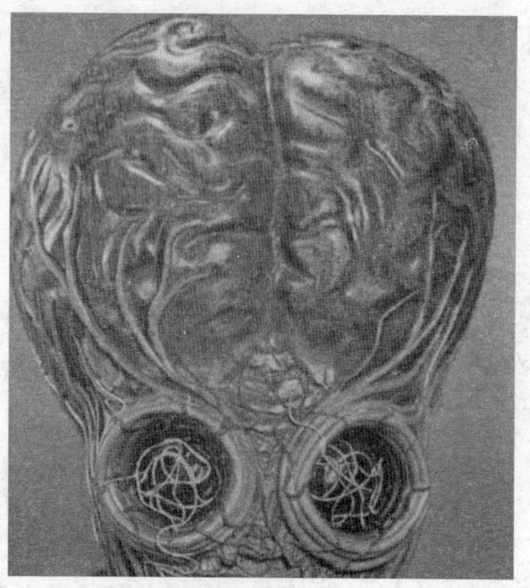

◎图 5.48 这应该是影史上最令人坐立不安的外星人造型吧，透着股浓浓的邪恶气质，说白了就是"一看就知道不是好人"。电影里面的外星人实在丑得让人印象深刻，触目惊心！影片最大的看点大概就是人类被一群瞪着金鱼眼、露出淋巴和内脏的丑八怪反复折磨。这些外星人外露的大眼眶，密密麻麻看不懂是血管还是淋巴的腺体。

(5)《世界之战》——集合恶趣味之极的畸形物种(图 5.49)

◎图 5.49 《世界之战》在国外的电影网站上被评为 20 世纪最好的灾难片。外星人残忍地屠杀人类,用活人的鲜血来浇灌他们的植物,最可怕的是这样畸形的外星人是触须系的,他们一般都会用触须吸干人类身体的血液。

(6)《怪形》——外星人变种的黏液异形总动员(图 5.50)

◎图 5.50 冰层中冻僵的生物,它可以变成任何碰触过的物体,也能变成人类来杀死人类。影片中的镜头毫无保留地把怪形身体的各处细节裸露给观众看,胃酸想不上涌都难。它们面容模糊、黏液满天飞,你可以说它是外星人,也可以说它是进化变种的怪物,反正它很丑,是黏液异形总动员。

(7)《变形金刚》——一酷到底的变形汽车人(图 5.51)

◎图 5.51　这种铁皮机器人拥有最多的粉丝群，他们具备高超仿生变形功能，可以射出温度极低的液氮子弹和温度很高的铅弹，还装备有声呐、雷达、无线电波探测器。车厢是它们的超大武器库，还可以变形为飞行装甲。他们可以在路面行驶也可以在天上飞，更可以从容应对宇宙间所有的生存问题。

(8)《阿凡达》——潘多拉星华丽丽的蓝色小人儿(图 5.52)

◎图 5.52　不要以为只有蓝精灵才是通体蓝色，壮阔的潘多拉星球上也住着一个蓝色族群。《阿凡达》在研究了大量生物学和环境生态理论的基础上，创造出了这种类似于猫科动物进化而来的新物种。流线型与通透华丽的蓝色身体，展示出融野性与生物灵性为一体的魅力。

5. "最具权威"的人怎么说

外星人的话题属于未来，未来属于孩子们。孩子们将作为地球的主人和天外来客进行第一次"亲密接触"。我们当然要听听这些童真萌语啦：

"和人类没有多大区别。我想问他们的科技发达到了什么样子。"——美国加州硅谷圣何塞市 14 岁华裔男孩马歇尔·程。

"长脑袋，圆鼓鼓的大眼睛。见到外星人，会有点害怕，我撒腿就跑。"——俄罗斯喀山市13岁男孩伊戈尔。

“我觉得外星人应该和我们长得差不多。如果见到外星人我会问他‘嘿，你是怎么到地球上来的？’”——阿根廷马德普拉塔10岁女孩葆拉·奥斯曼。

“我觉得外星人很可爱。绿色的脸，两只眼睛，没有头发，身体很小头很大。如果见到外星人，我要说‘把我带到月球去’。我要一个人跟外星人玩游戏机，不让妈妈看到。”——韩国首尔12岁男孩金泰亨。

“外星人戴外星帽，穿外星服，还有外星鞋。我不喜欢外星人。”——中国河南济源6岁女孩翟莹莹。

“有头，一只胳膊，一条腿。我会请他吃冰激凌。”——匈牙利布达佩斯5岁男孩米克劳齐克·阿尔明。

“我看了不少这方面的书和电影，外星人长什么样子都有可能。我想和外星人交个朋友，让他带我去他们的星球看看。”——中国黑龙江哈尔滨13岁男孩韩振宇。

“外星人应该长得非常高大，也很聪明。我会向外星人介绍人类的事情，并说服他们与我们和平共处。”——罗马尼亚科瓦斯纳县13岁男孩斯特凡·内格雷亚。

“谁也不知道外星人长什么样子，应该是个异类。如果外星人问我地球是什么样子，我会告诉他，地球上有大树、陆地，但主要是海洋。现在人们不够重视环保，地球的资源快枯竭了。”——中国北京10岁男孩薛惠中。

“外星人可能是圆的或三角形的。我可能会先惊慌失措，等缓过神来，会打招呼说：‘嗨，你好！’”——拉脱维亚里加15岁女孩维克托莉娅。

5.3 可能的星际战争

我们刚刚“观瞻”了好莱坞的外星人的形象，不知道有没有晃瞎您的眼睛。如果您有足够强的“抵抗力”，那么，安静地欣赏下面这些好莱坞作品吧。包括霍金在内的许多科学家提醒我们，外星人可能不是友善的，似乎大部分有关外星人影视作品的制作者们也是这样认为的。

5.3.1 晃瞎眼睛的影视作品

科学家对外星人的评价，源于他们的逻辑推理或是实验假设。可是，关于外星人的事情，好像很多情况下是不能沿用人类的正常思维的吧！所以，我想借助于描写“科幻”的影视作品和差不多被人遗忘了的科幻小说，来看看艺术家、文学作家们是怎样描述外星人的。套一句现在讲述的很多的理由，他们当中应该有许多人年轻时是“文艺青年”，而就我所知，文艺青年的思维是远超出科学家的思维范围的。

好莱坞的作品最具代表性，我们先看看好莱坞最具特点的十部科幻电影都是怎么说的。很想采用许多人小时候都“爱不释手”的“小人书”——连环画的形式为大家介绍。但是，可能太占篇幅啦！

1. 最早的好莱坞科幻电影是《人猿星球》(图 5.53～图 5.55)

这是 1968 年的作品。不是 2001 年的那部特效的科幻动作片。

◎图 5.53 影片描述泰勒在太空船里一觉醒来后，着陆在一个陌生的星球上。他发现在这个星球上居住的人类已经变得和动物没什么区别。而类人猿成了这里的统治者。他吃惊地发现这个星球上的猿类有着和人类相近的等级制度，人猿是统治者，猩猩是居中阶层，而黑猩猩则是地位最低下的族群。

◎图 5.54 泰勒和人猿科学家吉拉、考耐利斯交上了朋友，但他却受到人猿博士赞斯的百般迫害。最后泰勒逃出了人猿的控制，但他走在海滩上突然看到了坍塌的自由女神像！原来这个被人猿统治的星球正是多年以后的地球。

◎图 5.55　人类的核大战在很久以前将一切化为乌有，而大自然在重新进化过程中开了个荒唐的玩笑……这部电影不禁让我们思考，如果我们不顾一切地破坏这个世界，造物主将用什么样的方法来惩罚我们？

2.《侏罗纪公园》：帮我们想象一下“恐龙世界”(图 5.56～图 5.58)

◎图 5.56　斯皮尔伯格，一个震耳欲聋的名字，电影史上最成功的导演，他把商业和艺术充分地结合了起来。他既有《夺宝奇兵》和《大白鲨》这样的商业类作品，也有《拯救大兵瑞恩》和《辛德勒的名单》这样的艺术佳作。更加难能可贵的是他们同样拥有成功的票房，商业与艺术被斯皮尔伯格完美地融为一体。

◎图 5.57 《侏罗纪公园》是斯皮尔伯格的一部大制作商业电影，它用无比真实的特效营造了一个恐龙的世界。这部电影一上映就立刻引起了轰动，人们从未见过如此逼真的史前怪物，“侏罗纪公园”这个名字也成了逼真电影特效的代名词。

◎图 5.58 《侏罗纪公园》的剧情并不复杂，讲述的是科学家用 DNA 技术复原恐龙世界的故事。不管是真是假，我们“深刻”地体会到了哺乳动物的“无能”。艺术家帮我们还原了地球的演化。

3.《E.T.外星人》：外星人起码是孩子们的朋友(图 5.59～图 5.61)

◎图 5.59 《E.T.外星人》给人们留下最深的印象就是那月圆之夜，孩子在外星人的帮助下骑车腾空而起的画面。从此以后，这差不多也成了科幻电影的标志性画面，它代表了人类的外星梦想。

◎图 5.60 《E.T.外星人》恐怕是最适合孩子们观看的科幻片了，里面没有吓人的场面和称霸地球的怪物，只有貌似丑陋却心地善良的外星朋友。很多孩子看过之后都会幻想自己也有这样的朋友，就像我们都想过要有只"机器猫"一样。

◎图 5.61　在科学界，讨论外星人对地球人的态度也是分为两派的。看来，艺术界也是如此，而且恰如其分地体现在了人类的未来——孩子们的身上！

4.《独立日》：成人的世界看上去很“暴力”、很“悲惨”（图 5.62～图 5.64）

◎图 5.62　《独立日》被誉为灾难电影的超级经典，人们经常拿外星人入侵类题材的电影与它相比。巨大的场面、无与伦比的画面和音效，登峰造极般的特效与煽情让人忘了它是一部政府“宣传片”。

◎图 5.63　本片讲述的是外星人入侵地球之后，全世界人民如何“团结”在以美国总统为核心的联合军周围，奋起反击最终击败侵略者的故事。

图 5.64　看到这张图，我们也在为“政府的行为”感到可悲、可怜。孩子们可以做到的事情，难道“大人们”做不到吗？

5.《星球大战》：精彩的电影，也是不想发生的故事(图 5.65～图 5.67)

◎图 5.65　从 20 世纪 70 年代《星球大战》系列的第一集出现在银幕上，一直到 20 年之后《星战前传》系列的上映，其间整整承载了一代人的期望。

◎图 5.66 《星球大战》系列没有晦涩的剧情，也没有所谓"发人深省"的东西。它成功塑造了手持光剑的天行者形象，而且把"愿原力与你同在"印在了人们的脑海之中，以至于这句话成了美国警察对平民常说的告别语。

◎图 5.67 我们在感慨要呼吁和平的同时，也要想到《星球大战》等影片是不是也在告诉我们宇宙是不可能太平的。

6.《黑客帝国》:“难道这是真的”(图 5.68～图 5.70)

◎图 5.68 《黑客帝国》最大的成功之处在于,它彻底颠覆了人们的世界观。以往的科幻电影令人思考的是:“将来会不会发生”,而它却在让人想:“难道这是真的”。电影描述了生活在 22 世纪(也许是 23 世纪甚至更遥远)的人类不仅肉体被机器奴役,精神也被“麻痹”在 20 世纪的故事。

◎图 5.69 按照《黑客帝国》的理论,我们现在的各种知觉都是机器传递给大脑的信号,其实我们的身体躺在机器帝国的田野之中,每个人都是一节小小的电池,在为机器帝国输送生物电能。这样一个看似荒谬的理论,却被《黑客帝国》讲的极其真实。

◎图 5.70　曾经在某论坛上面看到过这样的问题："大家说为什么那些机器用人而不是用猪做电池？猪同样能用而且还不会反抗"，得到的回答一针见血："你怎么知道在它们眼里你不是一头猪？"……

7.《回到未来》：前所未有的头脑风暴（图 5.71～图 5.73）

◎图 5.71　《回到未来》三部曲差不多是与《异形》同一时代的作品，它讲述的是与时间机器有关的故事。此类电影最容易出现的问题就是难以在剧情上自圆其说，因为时间机器这个概念本身就让人无法完全信服。

◎图 5.72 《回到未来》系列电影不仅成功地为我们讲述了一个有关时间旅行的故事，而且一讲就是三部。本片的剧情非常引人入胜，并且你仔细思考之后会发现它在逻辑上也同样无懈可击。如此长度的剧本仍然保持了非常高的逻辑性，创作人员在其中付出的心血可见一斑。

◎图 5.73 欣赏电影的同时，我们也在想：让人们理解和认识“地球灾难”的第一步就是要掌握最初级的科学知识，还要让人感兴趣。真是前所未有的头脑风暴！

8.《异形》：恐怖片的重新定义(图 5.74～图 5.76)

◎图 5.74　如果说《星球大战》让一代人明白了什么是科幻电影,《异形》则是很多人在恐怖片方面的“启蒙”作品。这部电影描述的是飞往外太空的人类遭遇外星异形的故事,前后共拍摄了 4 部作品和一部外传,并且至今还在筹划新的故事。

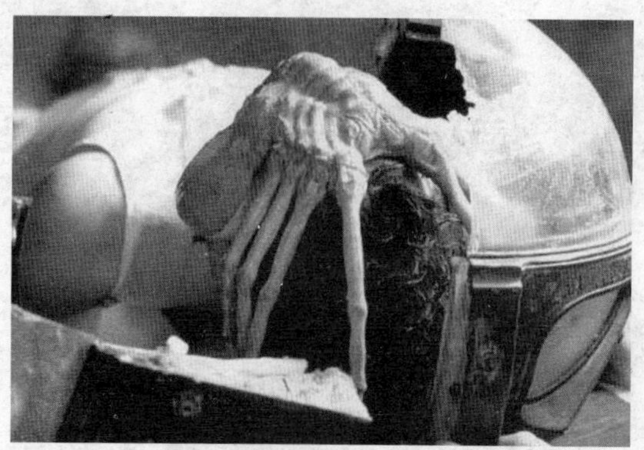

◎图 5.75　《异形》区别于其他外星人的特别之处在于它能够寄生在人类体内,人被感染之后迟早要眼看着怪物从自己的胸口钻出来,最大的恐惧感也来源于此。《异形》系列电影的剧本和特效都很成功,让人在两小时的观影过程中脊背发凉。

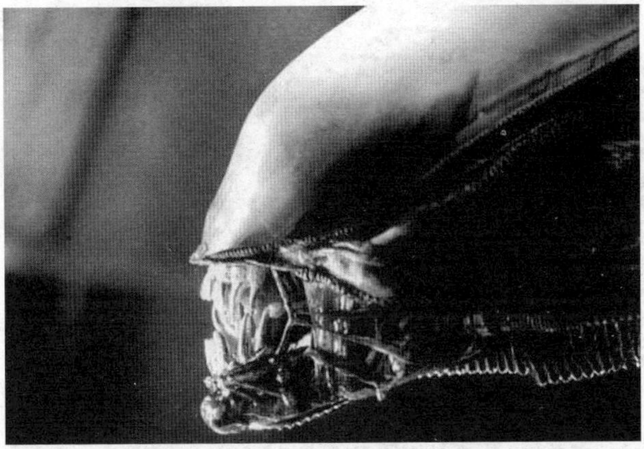

◎图 5.76 《异形》最大的成功就是塑造了栩栩如生的外星怪物形象，甚至使科学家都受到了某些启发。不过，每一部好莱坞科幻影片都会聘请“科学顾问”吧！

9.《2001 太空漫游》：人工智能也会带来地球灾难？（图 5.77～图 5.79）

◎图 5.77 《2001 太空漫游》从人类的起源讲起，之后描述了未来人在进行太空遨游的时候遇到的惊险，影片的最后一段是生命的结束与新的开始。本片的制作非常精良，很多地方的细节都体现了主创人员在物理学方面的深思熟虑，即使在今天的科幻片之中也很难达到。

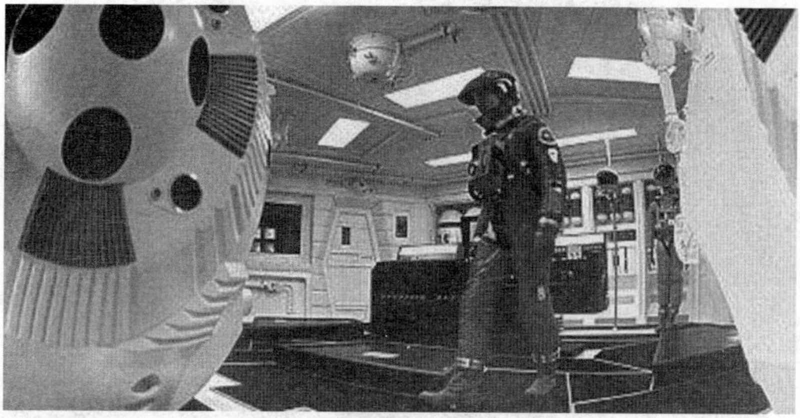

◎图 5.78　从内容上看，本片最出彩的地方就是人类在去往外太空的过程中，控制飞船运作的人工智能电脑出了一个小错误。但致命的问题是，它的人工智能甚至具有“虚荣心”：它不允许这个错误被人记录下来，于是想尽办法消灭知情的人，不过最终还是败给了人类。

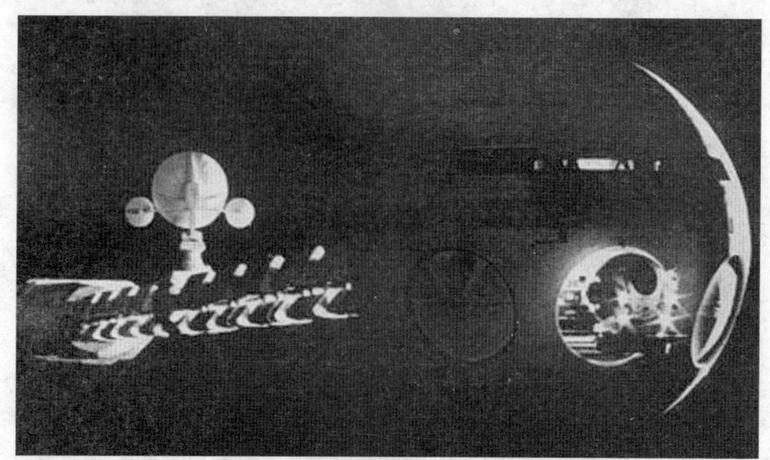

◎图 5.79　可以看出，在《2001 太空漫游》之中已经表现出了人类对于人工智能的理解，并且还带有很多的疑虑和担心。在片中描述的人工智能反叛会不会发生呢？很多科幻电影也在问着相同的问题。我们也在思考这个问题……

10.《终结者2》：机器人（外星人）可以和我们良好沟通（图5.80～图5.82）

◎图5.80　把《终结者2》奉为科幻片中的经典，应该没有人反对吧。《终结者》系列影片讲述的是人类几乎被自己亲手制造的高智能计算机“天网”所毁灭的故事，说起这个系列的电影，其第1集和第3集可以说是中规中矩、制作上乘的动作科幻片，而唯有《终结者2》被永远铭记在很多人的心里。

◎图5.81　虽然《终结者2》是一部动作科幻片，但最难能可贵的一点是它拥有感人的剧情。而观众的感动来自哪里呢？就是这位T800型机器人，他的任务是从未来回来保护一个十几岁的孩子，对抗比他更先进的T1000型机器人。

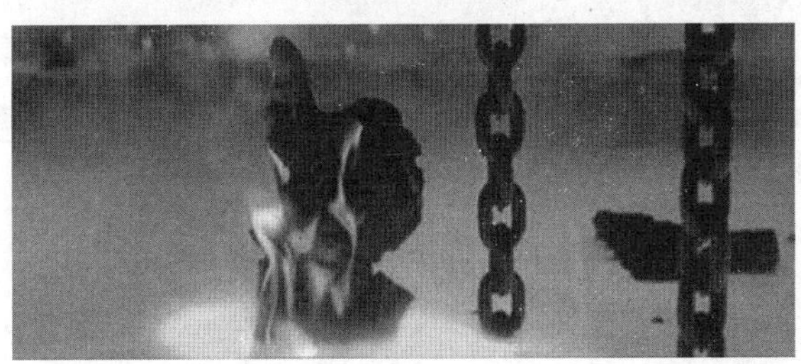

◎图5.82　T800的可爱之处就在于他懂得学习，还在尝试理解人类的感情。在电影即将结束的时候，T800为了毁掉最后一块可能危害人类的人工智能芯片——他自己的核心处理器，把自己也沉入了钢水之中。

从经典科幻电影的回顾中，我们还是看不出外星人对待我们的态度。不过，我们是要讨论它们可能带给地球的灾难，所以，我们还是再看看有关“地球人大战外星人”的场面吧！

1.《**星河战队**》(1997)(图 5.83)

◎图 5.83 《星河战队》(1997)

外星人简介：虫族，总部在地球以外的 K 星，并在周边星球广泛分布，状若蜘蛛和甲虫，有坚硬的外壳、锐利的钳子和锋利的牙齿，部分会喷射火焰和毒液，栖居于地下洞穴，常以星球上的小陨石攻击人类。

实力对比：外星人武器——钳子、体内喷火设备；人类武器——冲锋枪、手雷、高射炮。

作战地点：P 星。

2.《**阿凡达**》(2009)(图 5.84)

◎图 5.84 《阿凡达》(2009)

外星人简介：潘多拉星球上的纳威人，身高 3 米左右，处于氏族部落文明阶段，刀耕火种。有尾巴和辫子状的感受器，皮肤呈蓝色，手脚均只有四指。

实力对比：外星人武器——长矛、弩箭、机枪；人类武器——攻击型飞船、大型装甲车、机器人、武装直升机等。

作战地点：潘多拉星球。

3.《铁血战士》(2010)(图 5.85)

◎图 5.85 《铁血战士》(2010)

外星人简介：神秘星球上的食肉动物，状如野猪和角龙，多锐利触角，奔跑极快，凶猛。

实力对比：外星人武器——触角；人类武器——AK 冲锋枪、手枪、匕首等。

作战地点：地球。

4.《第九区》(2009)(图 5.86)

◎图 5.86 《第九区》(2009)

外星人简介：外太空的龙虾状生物，文明发展不均衡，精英族群因感染病毒而死亡，仅存留孱弱的、智商较低的人口。

实力对比：外星人武器——多功能机械铠甲；人类武器——重机枪、MP5 冲锋枪、狙击步枪。

5.《星际迷航》(2009)(图 5.87)

◎图 5.87 《星际迷航》(2009)

外星人简介：来自罗姆兰星球的残存分子，由虫洞出现，科技领先现实中129 年，船长为尼禄，驾驶采矿船“那罗陀”穿越时空向人类复仇。

实力对比：外星人武器——129 年后的采矿船，制造黑洞的“红物质”；人类武器——129 年后的太空战舰、激光枪、传送设备。

作战地点：外太空。

6.《第五元素》(1997)(图 5.88)

◎图 5.88 《第五元素》(1997)

外星人简介：孟加罗人，样貌呈半兽人状态，在星际间买卖武器，曾经击落过载有第五元素的飞船，凶狠有余，智商较低。

实力对比：外星人武器——冲锋枪、迷你火箭弹；人类武器——冲锋枪、手枪、定时炸弹。

作战地点：失落天堂。

7.《变形金刚 1、2》(2007/2009)(图 5.89)

◎图 5.89 《变形金刚 1、2》(2007/2009)

外星人简介：塞伯坦星球上出产的机器人，分为军用和民用，前者为霸天虎，后者为汽车人，善恶有别，能变形为汽车或飞行器。其为钢铁结构，拥有武器，破坏力惊人。堕落金刚是塞伯坦星球上最早的 13 个变形金刚之一，操纵霸天虎，阴谋使用太阳能制造能量块。

实力对比：外星人武器——身体携带的各类武器、迷你小机器人；人类武器——CV-22、F-16、F-117 战机、武装直升机、航空母舰等。

作战地点：卡塔尔/埃及。

8.《洛杉矶之战》(2011)(图 5.90)

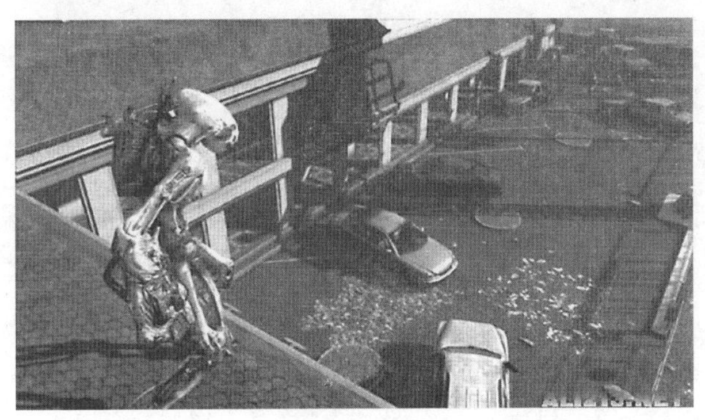

◎图 5.90 《洛杉矶之战》(2011)

外星人简介：诞生自海洋的外星生物，有类似昆虫样貌的人体结构，表面有黏液，文明程度高过人类，依赖水资源。

实力对比：外星人武器——空对地飞弹、小型飞船、等离子枪；人类武器——冲锋枪、导弹、武装直升机。

作战地点：洛杉矶。

影响我们思维的媒介还有那些似乎是重要性减退的文学作品。实际上，真正的"读"书才是读书。有许多人还是被"科幻小说"领入科学世界、外星人世界的。我这里只是帮助您对科幻小说做一个浏览。

《魔戒》——可以说是近代西方奇幻的开山之作。其记述了大陆历史变迁，各国战乱。属于奇幻迷必看的经典作品。

《冰与火之歌》——很多人把奇幻理解成魔法，这显然是片面的。奇幻并不一定要有魔法、绚丽的武技才叫奇幻。而是说拥有完整的世界设定，充满想象力。何谓奇幻，"奇"在奇思妙想，"幻"在虚构幻想。

《碟形世界》——英国奇幻小说大师特里可谓是幽默大师，《碟形世界》分为很多独立的中长篇，有的诙谐幽默，有的蕴含深意，在想象的同时不脱离现实，在想象中指导现实。

《魔法师》——关于时空裂隙之战的科幻小说。

《猎魔人》（又译**《巫师》**）——被改编为同名游戏的科幻小说。

《龙枪》——和 D&D 相辅相成的科幻小说。

《豹头王传说》——这是一部日本女作家写的长篇奇幻小说。

《美国众神》——拿了世界奇幻小说大奖的作品。

《阿拉桑雄狮》——"仿历史奇幻小说"的代表作。奇幻版的古代欧洲历史。

《科魔大战》——科幻小说大师罗杰·泽拉兹尼的奇幻小说。

《大魔法师》——角度新颖，情节曲折，读来让人欲罢不能。

《光明王》——科幻的未来是奇幻，奇幻的终点是科幻。

《荆棘王》——冰火的山寨版。算是半只脚踏入名著范畴。

《罗德岛》——算是启蒙作品啦。

5.3.2 星际战争可能发生吗？

这个题目可以解读为：外星人会对我们采取什么态度？您也可以自问自答，因为这个问题可以说是没有答案。您也会说，那么多的影视作品不是很"逼真"的告诉我们，外星人要奴役我们、外星人会掠夺我们的资源、外星人要把我们当成"小白鼠"……但这些都是编剧、导演们演绎的，而且这其中的更大成分，是他们追求刺激场面、追求上座率的需要！

有研究人员根据天体生物学、地球演化理论和达尔文的进化论给出了人类与外星人接触后的三种可能：受益、中立或者危害。

1. 受益假设

一种最佳的状况，我们探测到外星人的存在，通过一些高科技仪器拦截外星人的通信信号，和平的与外星人接触，这样可以增长人类的知识，或许可以解决目前困扰全球的饥饿、贫困和疾病等问题。另外一种受益假设甚至认为，外星人大举进攻地球，不过人类击败了强大的侵略者，或者地球被另一支外星救援部队拯救。在这种情况下，人类的受益不仅是因为打败了外星人得到的精神上的增强，同时还能更加深入的研究外星智慧文明的科学技术。

2. **中立假设**

这是一种平淡的状态，是关于人类同外星人的中立性接触，让人类觉得与外星人接触比较无聊，平淡。他们同人类差异性较大，根本无法与人类进行沟通，他们可能邀请人类加入什么所谓的"银河系俱乐部"，如同联合国一样，但这大多是出于太空政治因素。或者他们可能像科幻电影《第 9 区》中那些外星难民那样，给人类带来许多麻烦。

3. **危害假设**

人们最不希望的一种假设，也是最恐怖的。人类受到外星人的袭击，地球受到巨大的威胁。当外星人发现地球人类时，可能对人类噬食、奴役或者攻击，研究人员强调指出人类可能遭受生理性损害，或者被传染某种外星的疾病。最糟的假设是当人类遇到更凶狠的外星人，可能受到大面积的攻击，导致人类彻底灭绝。科学家警告说，人类现在要避免更多的发射无线电信号，不能让外星人掌握到我们的技术，从而保护人类的技术不会被外星人所掌握。现在外星人可能担心人类迅速增长，发展过快，他们很可能会采取最为极端的毁灭地球的方式。外星人因为保护他们的文明从而消灭我们。

持各种立场的都是大有人在。霍金就声称担心外星人可能对地球人类构成威胁。这位著名的物理学家对于外星人的接触表示担忧，称这就如同当年美洲土著居民遭到欧洲殖民者洗劫一样。由于能抵达地球的任何地外生命所拥有的技术水平一定会超过地球，他们造访地球应当是一个坏消息。并且有专家分析称，目前担心外星人会发现地球人类已为时太晚。

霍金目前正在推算持久性的地外智慧生命搜寻计划(SETI)所产生的影响，虽然迄今为止我们尚未发现任何外星人的踪迹。日益提高的科学技术暗示着如果我们向外星生命发射信号，那将很快地发现他们，这或将是一场革命性的重大发现，但包括霍金在内的一些科学家认为这也可能酿成一场灾难。如果我们发射信号成功地被可能存在的外星人接收，将会发生什么呢？任何广播信号都可能使地球全面性地遭受摧毁，当技术较先进的外星人类发现地球的信号时很可能会向地球发起攻击。表面上看，这听起来有点儿像低劣的科幻电影情节，但即使灾难的可能性非常低，我们为什么要去赌博冒险呢？大家要知道，军事家在制定军事政策时，一定要遵循一句格言——我们应做最坏的打算(比如，留足预备队)。为什么在涉及整个星球和我们未来的安全时，我们就不应该这样呢？

但一些致力于探索联系外星人可能性的专家表示，人类根本没有什么好担忧的。参与 SETI 计划的资深天文学家肖斯塔克表示："在电影中，外星人来到地球只有两个原因，一个就是寻找他们无法在自己的星球上获取的资源，另一个就是利用我们进行育种实验。”这些想法实际是源于我们最原始的恐惧，我们害怕失去自己赖以生存或者无法再生的资源的恐惧。

肖斯塔克指出，认为外星人可能做这些事情也是一种不太符合逻辑的想法，太空旅行毕竟需要投入大量的人力、物力和财力。他说：“地球上所有的一切，他们都可以在自己的星球上找到。”如果地球上存在一种他们无法在自己的家园获取的资源，他们可以选择更容易的方式获取或者制造这种资源，而不是千里迢迢地来到地球。

肖斯塔克认为，如果一个地外文明拥有足以进行星际航行的技术，他们也同样会研制出更为先进的机器人。如果希望对地球进行探索，他们更有可能派遣机器人而不是亲自出马。他说：“真到了那一天，我们不太可能看到舱门打开后从里面走出一个怪模怪样的外星人，更有可能是一个机械臂。”

美国宇航局艾姆斯研究中心太空部门负责人大卫·莫里森提醒公众，如果一颗距离地球数百或者数千光年的行星发出的无线电信号被我们接收到，这个文明的先进程度一定超过人类。如果一个文明能够存在的比我们时间更长，发展的更为久远，它就一定能更好地解决我们面临的一系列问题。

看起来，外星人与我们“中立”的说法没有多少人感兴趣，谈起来也是“索然无味”。所以，进而就有了所谓的“外星人邪恶说”与“外星人友好说”，不谈“中立”了。

4. 外星人邪恶说

最早提出“外星人邪恶说”的科学家是诺贝尔物理学奖得主、英国天文学家马丁·赖尔。他在20世纪70年代曾写信给国际天文学联合会(IAU)，竭力主张地球人不要跟外星人联络，以免招致杀身之祸。另一名英国天文学家玛瑞克·库库拉也“警告”说：外星文明比地球文明要高级，但是外星人也许不是很友善，我们现在还缺乏证据表明他们是“和平的使者”，因此，最好的做法是“敬而远之”。

英国进化生物学家西蒙·莫里斯撰文表示，“任何计划跟外星人联络的人都要做好最坏的打算，外星世界的进化过程可能与达尔文理论本质上是一样的。这就意味着外星智慧生命可能很像我们人类。毫不掩盖地说，它们甚至可能也拥有暴力倾向。”

5. 外星人友好说

“外星人邪恶说”目前在学界比较流行，但也有一些科学家不同意这一假说。他们从外星人的智慧、科技以及人类自身对外星人的心理作用来说明外星人对地球人并不构成威胁，甚至持“外星人友好说”。像前面我们提到的莫里森和肖斯塔克。

天体生物学家提出了关于外星人的五大假想，认为外星人不会和平地来到地球，有限的资源或是其他的目标促使他们会对地球人“不友好”。但是，分析看来，似乎有些站不住脚。

(1) 外星人会不会为“掠夺”而来到地球？

霍金关于外星人的“美洲土著居民”说法，揭示了人类为了资源而进行侵略和压榨的可恶行为。进而有些人就由此推断，比我们“高级”、更加智慧的外星人，也会像欧洲列强瓜分美洲的行为一样，掠夺地球的资源、奴役地球人。

但是我们如何知道外星人登陆地球后的行动表现呢？他们是恶毒的生物，或者相反？侵略性进化是地球众生的一个特征，它将帮助我们获得并保护资源。虽然外星人可能在完全不同的环境条件下出现和进化，但有限资源的压力将改变他们的行为。可是我们也要逻辑推理一下，既然他们更高级、更智慧；既然他们的进化(发展)比我们要早很多(光速火箭对人类来说应该还很遥远)。那么，他们就一定能很好地解决资源问题，而不是千里迢迢地跑到资源差不多快要枯竭的地球来开发资源。这无论怎样说也是一笔不划算的投资。再者，宇宙的尺度我们现在已经很清楚，不仅对我们，相信就是对外星人来说也是“足够的大”，掌握了宇宙航行技术的外星人为什么一定要选择地球呢？

(2) 人类起源与外星人有关？

一种受欢迎的大胆假想是，人类是宇宙赠予地球的礼物。一些人认为，人类出现在地球上，是从一颗叫做“尼比鲁”的承载生命的行星上过渡到地球的。他们认为的尼比鲁星球声称位于太阳系边缘，有时会运行到太阳系内部，但并未被天文学家真实观测到。

肖斯塔克说：“我每周都会收到一些电子邮件，声称地球早期人类是外星人干涉的结果，我并不知道为什么外星人会如此感兴趣制造人类，我认为人们之所以产生这些想法，是因为他们喜欢认为地球人类是特殊的，但这不正是使伽利略、哥白尼陷入了麻烦吗？让他们置疑人类的特殊之处？事实上，即使我们的起源与外星人有关，这也没有什么令人兴奋的。”而就目前的天文观测技术来说，不要说是太阳系边缘(我们已经确定了太阳系的准确范围为15亿千米)，就算是银河系中心或是其他星系的中心，随着太空望远镜不断地上天，我们也能够做“精细”观测、测量。绝不可能会漏掉一个距离我们只有15亿千米的所谓承载生命的行星。这个结论很清楚——所谓的“尼比鲁”是不存在的。

(3) 外星人对于地球细菌具有免疫力

在科幻小说中有时会描述到外星人抵达地球，这样会有效地减少他们星球的自然资源损耗，但是由于他们缺乏对地球细菌的免疫性，最终他们感染地球细菌而死。事实上，这种情况并不会发生。

肖斯塔克说：“抵达地球的外星生物并不会仅仅因为地球细菌而变得精疲力竭，除非它们与人类具有生物化学相关性。能够与地球上的细菌发生生物化学反应，那才是最可怕的。”

(4) 外星人不会吞食人类

这就如同病原体不会将外星人当作一种潜在宿主体，外星人也不会认可地球有机生物作为潜在的食物来源。他们并不会以人类为食，同时，他们也不需要这样做。还是那个理由，他们既然具备了星际旅行能力，就能够很好地解决食物供给问题，不需要以人类作为食物。

(5) 外星人不会与人类杂交

人类DNA不会与某种外星生物结合在一起，无论这些外星生物的DNA结构如何。肖斯塔克说："人们可以想象一下人类如何与地球上其他物种进行杂交繁殖，尽管地球其他物种也拥有DNA"。

著名科幻小说作家卡尔·萨根指出，"我们如此害怕与外星人接触，大概只不过是我们的落后状态的反映，是我们对自己曾在历史上蹂躏过比我们稍为落后的人们而感到良心不安的一种表现。"

就宇宙学的角度来说，宇宙的空间尺度最少也要150亿光年。"宇宙太大了，从一个点到另一个点需要花费很长的时间。某件事情的发生会随着旅行时间的耗费而会发生改变。所以，外星人也许并不是一件需要担忧的事。"

而且，大爆炸理论已经证明，我们的宇宙在膨胀。2011年诺贝尔奖得主施密特的研究进一步的告诉我们，宇宙将继续越来越快地膨胀下去，最终会走向消散。在这个加速膨胀的宇宙中，人类将越来越难以抵达另一颗行星(相信外星人也是一样)，这意味着，接触到地外高等生命的几率将越来越低。

也有一种很多人不常提起的重要动机是：外星人发起攻击的主要目的是排除竞争者，这种心态是深深地根植于达尔文进化理论之中的。

我们先姑且不去讨论，外星人是否也有和我们人类一样的进化过程。就算是有类似的过程甚至相似的基因。那么，星际旅行所要求的先进技术也足够表明外星人和我们见面的身份更可能是探索者，而不是征服者。

而事实上，如果真的有外星人攻击我们，那他们的技术优势相对我们而言必将是压倒性的，我们甚至连进行任何反击的机会都没有。更何况，摧毁一个本就不会威胁到你的种族，不会改善入侵者原有的安全，而一颗小小行星的价值对于一个在技术上已经在太空中行动自如的高级文明而言实在微不足道。

我们也可以寄希望于我们自己的文明和技术进步程度。由于宇宙如此之大，太空航行很耗时间。"外星舰队"很可能会发现原本那个技术落后的星球现在早已具备领先他们十年甚至几个世纪的技术水准和装备。想象一下吧，当他们在这个原本准备征服的星球附近遭到致命反击，被一些他们甚至连听都没听过的超级武器摧毁时，他们该有多么惊讶。这种状况就像是西班牙殖民者的帆船战舰向着夏威夷群岛进发，但是由于在海上耽搁了太久，当他们抵达那里时面对的却是驻扎在珍珠港中的美国海军舰队。

因此最可能的现实将是：星系太过巨大，所有的文明都拥有足够大的空间，他们并不需要冒险去跟其他文明发生冲突或尝试摧毁其他文明。也就是说，除非这个入侵文明实在疯狂地好战，否则不太会做出这种得不偿失的不理智举动。另外，考虑到银河系的古老历史，如果外星入侵者真的想摧毁我们，他们应当早就已经来了。

◎第 6 章

宇宙大家庭

未来属于我们的下一代……下一代！
我们无法想象宇宙是和谐的还是邪恶的
就让孩子们的画作引领我们的思维吧！

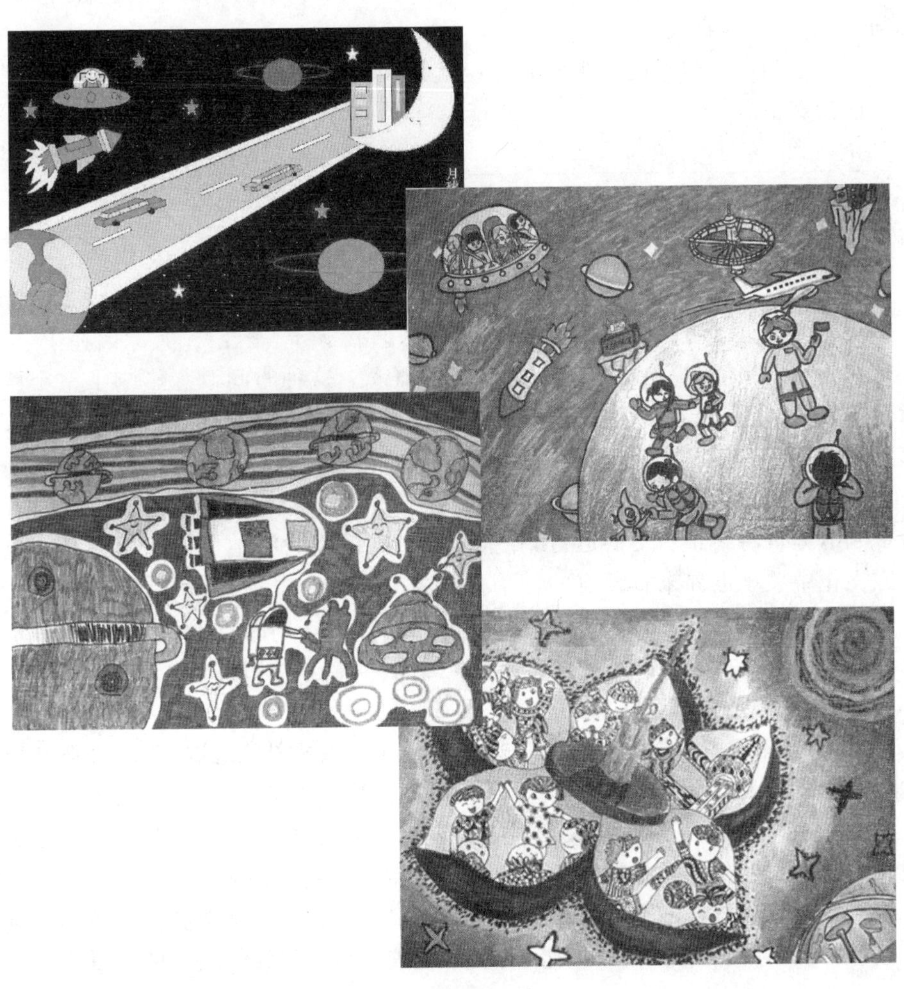

地球灾难的故事我们基本上讲的差不多啦！是不是有一丝丝的伤心、痛楚。而最让人不理解的就是，不论是很久以前还是现在；不论是宗教把持社会还是“文艺复兴”；就是科学技术高度发达的现代社会也存在那么多的“灾难思维”、“末日情结”?!

我们说，从总体来看，地球是和谐的、太阳系是和谐的、宇宙也是和谐的。原因很简单，它们之中“年龄”最小的也有45亿年了。是人类年龄的太多倍。是人类文明历史的太多倍。我们不断地被所谓的“地球灾难”所骚扰，这是不是有点“杞人忧天”呢?

“杞人忧天”，这个成语说的就是有个杞国人整天担心天会塌下来。也就是说2000多年前就有人得了“末日恐惧症”，有了“末日情结”。天真的会塌下来吗？这个成语故事的作者列子说：“言天地坏者亦谬，言天地不坏者亦谬。坏与不坏，吾所不能知也。虽然，彼一也，此一也，故生不知死，死不知生；来不知去，去不知来。坏与不坏，吾何容心哉?”

末日情结——什么问题呢？我们说就是人类的灾难意识，对大自然的敬畏，对自己的没有信心。

6.1 末日情结

有关末日的预言、末日情结，应该是来源于西方的传统文化。或者说是起源于宗教文化。西方学者一再阐明，“末世”的提法直接源于《圣经》。其原因在于，与东方文明相反，《圣经》提出了时间有始有终的概念。这种时间概念影响了整个西方思想的发展，包括西方非宗教群体的思想发展。《圣经》之《创世纪》叙述的是人类起源，其各种末世故事着重描写的是世界的终结，而《圣经》之《启示录》则预示了人类发展的各个时期将要发生的、多为悲剧性的事件。其终局是人们熟悉的所谓“最后审判”，上帝将终止历史的运行，并根据每个人的作为将他们一一审判。这也是西方文化中关于世界末日预言的一个重要源头。

灾难预言、末日情结，看来它们的存在是必然的，没什么好忧虑的。而可怕的是为什么会有那么多的人会相信，起码是半信半疑。我们说：灾难记忆、生存压力、未知恐惧等是它们存在的土壤。

无论是《圣经》里的大洪水，还是上古传说中的女娲补天，这些宗教经典和历史文献中记载的人类曾经遭遇过的大灾难，无不体现了人类对于灾难记忆的传承。

生存是人类的终极问题，人类对于大灾难的记忆总是非常深刻的，因为这关系到人类自身的生存。因此当一些自然灾害发生或某些偶然的特殊事件发生时，特别是当发现某些与灾难有关的考古证据、天文现象的时候，就会激活群体的灾难记忆，引发人们对大的自然灾难的恐惧情绪，使人更加相信《圣经》中的末日审判或佛教经典中的末日时代的说法，从而导致末日预言的产生与传播。

另外，随着天文学的发展，我们认识了地球和月球，发现我们只是太阳系中的一员，当对太阳系有所了解时，却发现我们只是银河系中的一粒微尘。科学技术的每一点进步都带来了更多未知。随着人们探索领域的不断扩大，未知的领域也相应增大，这时候就会对未来产生更多的不确定性。而这种对未来的不确定性，也会导致人类的焦虑与恐慌情绪，使末日预言的产生有了土壤，因为人们总希望能够预测未来，以增强对未来的控制力。

人类 30 万年左右的历史和宇宙的历史相比不过是沧海一粟，所以我们并不知道前途如何，因此人们总是对未来充满了未知。同时，对地震、火山爆发等自然灾害的不可测，也使我们感到无法控制自己的命运。正是这些“不可知”和“不可测”导致了人们对某些末日预言感到恐惧。越是恐惧，越是更加敏感地选择性关注负面的危险信息。从生理学、心理学角度讲，在负面情绪下，人类大脑的觉察能力会降低，因此，我们头脑里的负面语言特别是预期性语言就会与可能的事实建立密切联系，产生认知融合现象，让我们无法区分想法与事实。就如同走夜路，心里越是害怕，越会想“会不会有鬼”，越这样想，就越会紧张害怕。这样便成了恶性循环，越是害怕，越会关注末日预言，越关注，越会当真。

科学技术的确已经得到了日新月异的发展。可是，真的就深入人心了吗？我们说，大多数人不是不相信科学，而只是“敬而远之”（太难啦！）。因为，从目前来看，“科学”给人产生的联想，就是那些大科学家、伟大的发明（离我们太远啦！）。实际上，这样的想法和这样的现实都大大地背离了科学！如果，从国家到个人都把科学正确的认识为就是最真的、最简洁的、最合理的。那科学就会真的深入人心！正是出于目前的状况，所以一些末日预言总是选择披着科学的外衣出现，让你不容置疑的相信（可悲的是，很多人也没有能力不相信！）。这样看来，2012 年的世界末日也许有了一些社会的正面作用，不然有多少人会去关心玛雅、黑洞、中微子、磁极反转以及小行星撞击这些专业术语。

此外，媒体在谣言的传播过程中，也是“功不可没”。2012 年的世界末日的始作俑者与其说是玛雅人，还不如说是好莱坞。当然，好莱坞的导演们也说：**只有“制造恐慌”才能赚钱！**一时间，影视作品中地震、海啸、火山的场景更是以“3D”的形式扑面而来……现实中，灾难、末日的新闻此起彼伏，加上一些“专家”的推波助澜。令不少观众出现“恍惚”，到底该信谁？这可不只是“晃瞎眼睛”的问题啦！就是在中国，网络上也充斥着“2012 世界末日生存手册”，“盘点 2012 中国十佳避难城市”，“当十二星座遇到世界末日”等末日话题。难道那些记者都是“专家”？

在中国的传统文明里，佛教也好，道教也罢，都提倡做人要讲究因果报应，很少会有像西方这种毁灭性的末日情结。佛教或者道教的教义中，对于这个世界也会有一个颠覆的感觉(概念),但是颠覆之后可以再造再生、周而复始,而不是一种毁灭性的打击。

而在现有教育体制下成长起来的中国人,一直以来被灌输的都是社会无限进步的图景,从小所受到的教育告诉我们:人类社会总是呈线性的不断发展前进!“昨天比前天好,今天比昨天好,明天一定会比今天好。”所以,理论上讲,无论是传统还是现实,中国都没有产生末日情结的土壤。

但随着现实恐慌的加剧,末日概念被越来越多的人接受甚至相信。原因应该是,我们生活在一个一切都在加剧的时代,环境污染、气候变化、核武器,让人类确信真正拥有了“自我根除”的能力。有人甚至认为,我们的地球可能也会成为一个供其他文明研究的“死文明”。因为,人类能够做的事情越来越多,与此同时,摆在他们面前的问题也越来越多。随着岁月的流逝,危险的东西日积月累,造成的问题不断升级,终会导致世界末日的降临。

中国人产生“末日情结”,还有更深层次的原因。舆论和影视作品,都是现实生活的折射,它们反映了人们对灾难的恐惧,对未来不确定性的茫然。大自然的各种灾难,加上有时候人们因为竞争激烈、工作条件差、压力增大而产生不安心理。对未来的不确定而忧郁、焦虑。这是容易传染的,人影响人,就会有这样的“末日心理”。其实看末日电影也是一种发泄,一种缓解压力的手段,我就把它们认作是“爆米花电影”。还有很多心理学家把这解释成为一种避世情结。

沈从文老先生在20世纪50年代初的时候就曾说过:过去的二三十年是一个思的时代,思想的思,接下去我们要进入了一个信的时代,相信的信。从50年代算起到七几年,是一个信的时代。80年代到90年代初这一段时间,我们是由不信又重新进入了一个思的时代。而最近二十年,是一个既不信也不思的时代。

我们说信仰与吃饭一样,同样是人活下去的动力。吃饭为人的身体提供了物质动力,而信仰则是提供精神动力,它是人类生存、前行必不可少的要素。

然而,也正是信仰的真空,让人产生了无助感。在末日流言纷飞的今天,一种精神上的需求显得更为猛烈。而最近新闻频频揭露的邪教“全能教”也正是利用了这一点,利用很多人寻求慰藉的心理而发展——思想和信仰的双重真空让人心无从慰藉,笃信末日。

是否真有世界末日?一个针锋相对的回答是“谣言止于智者”,然而,我们看到,智者可以辟谣,却难以为大众提供免疫,科学的力量尚不足以平衡人们内心的恐惧。这种心态主要表现在现实生活中个体所面临的诸多困境,比如经济层面缺乏创业机会,以及道德层面的相对孤立感。

期待末日的降临,可以将现有的一切打乱重来,这也正是许多人内心的期盼。上升渠道有限、幸福感降低使得不少人寄期望于非常规的方式来实现自身的期望。

简单整理一下人类产生末日情结的原因:

（1）人类天生有负罪感，这是因为人类的精神就是不断在邪恶与正义的挣扎中存在，所谓弗洛伊德说的“本我”、“自我”、“他我”。每个人都不能绝对的说自己没做错事，而且很多人做了大量的只在他们内心深处鄙视和憎恶的事。

（2）人类社会竞争越来越激烈，人们个体的压力很大，很多人不堪重负，很多人自杀，很多人希望放弃，憎恨、嫉妒、欺骗等等罪恶伴随着压力在人类社会蔓延。随之而来的恐怕就是“厌世”和“弃世”的情结。

（3）人类有战争和灾难的阴影，这种悲观和伤感的情绪有助于转化为末日情结。人类自身制造过种族灭绝，这种恐怖的事情人类不愿意回忆但又不可能忘记。

（4）人类高科技双刃剑的特点我们自己也明白，目前地球上仅核弹就能把地球毁灭不知多少次，人类当然觉得不安稳。

（5）地球的资源在枯竭，人类不敢面对资源枯竭后的情景。

（6）人类本身在制造环境恶化，不说富有争议的全球变暖，仅全球污染的现状，就足以让人看后胆战，人类不敢面对明天、面对被污染的地球。

6.2 地球是有生命的

诗人也好，我们也罢，在赞美地球时总是会说：地球呀，母亲！这只是纯粹的“拟人”吗？地球真的是有生命的吗？这个问题原来似乎并不需要回答。但是，随着科学的进步，人类思维的开放。这个问题看上去有了更多的答案。

从关于生命的定义来说，不同的学科就有不同的观点：

物理学家把生命定义为：一个系统通过吸收外界自由能和排除低能废物，而使内熵减少的一种特殊状态；

生物学家把生命定义为：一个有机体能够繁殖后代并通过在其后代中的自然选择来修正繁殖错误；

生物化学家把生命定义为：一个有机体在遗传信息的控制下，利用阳光或食品等自由能而生长。

关于地球是不是属于“生命体”，存在很多的争论。20世纪60年代，在NASA工作的美国学者拉伍洛克就提出了一个“把地球作为一个自调节系统”的生命体的说法。他的文章1968年在美国航空学会会议上首次发表。到1972年，他接受了英国小说家勾尔丁的建议，用盖亚(Gaia)这个古希腊地球女神的名字来命名他的假说。随后他与杰出的生物学家马古利斯合作发展了他的盖亚假说。

盖亚假说把生命定义为一个有边界的系统，通过与外界交换物质和能量，在外界条件变化的情况下，能保持内部条件的稳定性。这个定义在物理学家和生物化学家各自对生命定义的范围内，因此，他们从概念上不反对盖亚假说。而生物学家则反对和嘲笑盖亚假说。他们说，地球不能繁殖，不能在与其他行星的竞争中进化，怎么能说地球是生命有机体呢。而拉伍洛克争辩说，生物学家对生命的定义太狭窄。他指出生命大体有繁殖、新陈代谢、进化、热稳态、化学稳态和自我康复（医治）等特性，但不是所有的生命形式都完整地具有这些特性。正像微生物和树木没有热稳态特性，人们仍把它们作为生命有机体一样，地球没有繁殖特性，同样也可以作为生命有机体。

地球是一个巨大的气体围绕的球体，它处于不断变化状态中，地球的变化是一个发展演变的系统，它是一个生命体。

著名生物学家米勒建立了一套“生命系统”理论。他认为，一个“生命系统”必须包含20个“关键子系统”中的每一个。将其应用到地球的生物圈。我们发现，地球的生物圈如同人一样，也存在着20个生命子系统，而这些都是生命系统所特有的，见表6.1。因此，有学者认为：生物圈应被视为一个生命系统。

表6.1　地球生命子系统表

序号	子　系　统	人	生　物　圈	地　　球
1	吸收器：从外界带入物质、能量	口、鼻、肺	大气层（吸收可见光、红外线、宇宙尘埃）、火山（矿物可经地壳溢出其外）	大气层外核（吸收太阳能量）
2	输送器：在系统内输送物质、能量	血液	气温和气压在大气层和海洋上的变化；动物的迁徙和游荡	大气圈、水圈、生物圈、地幔（对流）、液核
3	转换器：将某些输入物转变成更有用的形式	牙齿、胃肠、肝	苔藓和地衣（变矿物质为腐殖质），植物（光合作用变光能为化学能）	生物圈外核（把热能转化为地磁能，将中微子吸收）
4	制造器：在输入物和输送器的排出物之间为增长、修复、运动而建立稳固的联系	合成蛋白质，生成新皮肤	制造器出现在细胞层次上，如叶绿体，线粒体、核糖核酸以及每一种类的复制	由生物圈制造生物，由岩浆生成新的板块（地壳）
5	物质——能量的储存	脂肪组织和骨	土壤中的死亡植物和动物物质，海洋和大气中的水	大气圈、生物圈、水圈、外核
6	排出系统：将无用的物质、能量送出的系统	尿道、腔门、肺	海洋沉淀，气体经过大气层跑掉	地磁场把磁能辐射出去；气体跑出大气层；火山；地表（逸出地热）
7	发动机：推动系统或一部分，推动环境	肌肉	潮汐；天气变化；大陆漂移	水圈、大气圈、地幔（对流推动板块运动）

续表

序号	子系统	人	生物圈	地球
8	支持物：维持适当的空间结构	骨骼	地壳，空气和海洋的浮力	固体圈
9	输入转换器：对外来信息的感受体	眼、耳、冷热感觉	动植物对昼夜、季节和地震的反应	磁层(对太阳磁暴的反应)；生物圈对日、月变化的反应
10	内部转换体：接收有关系统内部变化情况的信息	大脑内控制体温和血液的下丘脑	动植物对气候变化、洪水、干旱、污染的反应	生物圈对地球内部变化的反应
11	渠道和网络：输送信息到系统各个部分的途径	中枢和末梢神经系统、内分泌系统	动物的迁徙和激荡；植物种子的散播；食物效力的发挥	大气层(温度和气压的变化)；动物的迁徙；地幔对流
12	译码器：将输入信息译成有意义的内部密码	视网膜、大脑视觉皮层	种类之间的交流和对其他生命体反应的响应	生物圈、人及动物对宇宙信息的观测、处理、反应
13	协调组织：联结信息，学习过程的第一步	颞颥和前额脑叶	变化了的栖息地和习惯	大气圈、生物圈
14	记忆：储存不同时期的各种信息	大脑	记录在变化了的基因内的进化反应	整个生物圈(包括地壳中的地层，动植物的记忆)
15	决策机构：从其他系统获取信息，并将控制整个子系统的信息传递给它们	各种大脑中枢、脊髓、脑垂体	大地、种间交流	生物圈的平衡调节
16	编码器：将内部信息译成外部消息	大脑语言区	空气组成要素的变化	空气成分变化；地磁场的变化
17	输出转换器：将信息转换成其他物质、能量形式，并将它们传递到周围环境	发声器官、面部表情	大气层上部气体的丧失和辐射、变化了的行星反照率(反射)	上层大气丧失；地磁场的变化；地震、火山爆发
18	复制器：创造其他相似系统	性器官	(生物圈尚未显示这种特征)消失在宇宙的病毒星际旅行	人造卫星？
19	界限：使系统连成一体免于外来压力，排除或容纳各种输入和输出物	皮肤	下至地壳、外部大气层	磁层、大气层、地壳
20	计时器	生理周期	季节变迁	地球自转

生物圈对于地球来说，就好像人的大脑，是指挥部。可以想象，一棵树如果其根茎死了，那么它就不可能枝叶招展，生机盎然；一个动物如果其心脏停止了跳动，那么它的大脑就不可能继续代谢、思维。同样地，如果作为固体的地球是一堆无生机的死的物质，那么生物圈也不可能生机勃勃、充满活力，呈现出生命所固有的特征。因此，生物圈的活力和生机是来自固体的地球，是固体地球的活力和生机的集中表现。

首先，固体的地球同样是一个开放的系统，它在不断地与外界交换着物质和能量，进行着吐故纳新和新陈代谢活动。地幔和地核在不断地吸收来自太阳的各种辐射，获取外来能量。同时，地球内部的能量，又分别以地热流和地磁场的形式向周围环境辐射。软流层在不断地把灼热的岩浆推送到地表形成蔚为壮观的火山喷发和新的地壳，同时，它也在不断地"吞吃"老的地壳，并把其转化为地幔物质。

其次，固体地球也有非凡的自我调节能力，以保持其"体温"和海洋盐度的恒定。例如，在金星上，大气中的二氧化碳占99%以上，由此造成的温室效应使金星表面的温度达400摄氏度以上，足可以让金属锡熔化。而地球大气中的绝大部分二氧化碳则被固体的地球吸收形成碳酸盐，储藏在地表的岩石中，从而使地表的温度降至适合一般生命生存的水平。

因此，地球(包括气圈、生物圈和固体圈等)作为一个有机整体也是一个"活"的生命系统，是宇宙中一个巨型生物体。

当然，地球作为一个巨型生物也不能完全与其他生物相比，它有自己固有的特性。这就像植物不能完全与动物相比，动物也不能完全与人相比一样。地球就是地球，它是一种不同于微生物和植物，也有别于动物和人类的另一种生物体，或者至少可以说地球是一个类生物体。我们从"地球子系统"的表格中，可以"读到"地球是活的。

全球气候变暖，可能是地球在"吐故纳新(淘汰低等生物)"；火山爆发可能是地球在"呼吸"；地震可能是地球在提醒人类——我要松松骨架啦！总之，就像我们人的生活，很正常。

6.3 我们能做什么？

相对于地球来说，我们是那么的渺小。对于地球灾难。我们能有什么作为——我们能做什么？

澳大利亚，南极区域，阿德雷帝企鹅在浮冰上漂流(图6.1)。据美国宇航局航测显示，南极冰盖每年消融570亿吨，这些帝企鹅，正面临着生存区域的快速削减。同时，南极冰盖的消融正使海平面上升，如图瓦卢这样的小岛国甚至面临整体被淹没的命运。地球水域面积扩大，导致雨季延长，各地洪水频发——我们能做什么？

◎图 6.1　企鹅无奈地在浮冰上漂流

关注地球生态，刻不容缓。我们的地球怎么了？让我们接着透过图片，一同体察地球的多种“情绪”。保加利亚，Krichim 附近，志愿者们正在试图清理满是废弃塑料瓶和垃圾堵塞的瓦哈大坝(VachaDam)(图 6.2)。疯狂的生产、无序的抛弃，垃圾正成为地球生态向前延续的巨大障碍——我们能做什么？

◎图 6.2　湖面上铺满了生活垃圾

中国，江西，鄱阳湖。受长江罕见低水位和江西境内降雨偏少的影响，星子水域呈现出一片干旱的景象：水位下降，洲滩裸露，渔船搁浅湖滩、渔网暴露在外(图 6.3)——我们能做什么？

印度尼西亚，PELALAWAN，木材厂大量砍伐原生林(图 6.4)，这些木材将被用于造纸，当地政府利用林木资源获取了大量利益，而当地生态则受到了严重破坏——我们能做什么？

◎图 6.3　四大淡水湖之一的鄱阳湖水面面积极度减少

◎图 6.4　森林被无序地砍伐

沙特阿拉伯，首都利雅得，沙尘暴正向城市席卷而来(图 6.5)，建筑物淹没在滚滚黄尘之中。全球气候变暖，导致干湿地区差异加剧，在内陆地区，沙尘暴每年正愈发嚣张的肆虐着。随着经济发展，全球城市化趋势愈加显著。据统计，1900 年全世界城市人口比例为 13%(2.2 亿)，到 2005 年该数字已提高到 49%(32 亿)，同时预测表明，2030 年该比例会增至 60%(49 亿)——我们能做什么？

肯尼亚，乞力马扎罗山地处赤道，是非洲最高峰，峰顶常年积雪，长久以来有“赤道雪山”的奇观美名(图 6.6)。但是，据科学家统计，由于地球温度不断升高，该峰 2007 年的冰雪覆盖面积已比 1912 年减少了 85%。据估计，再过 20 年，这座地球赤道上的最后一座奇迹雪山，将从此绝迹——我们能做什么？

2010 年 5 月，墨西哥湾油污被点燃(图 6.7)。海洋和大气一同承受油污所带

◎图 6.5　席卷城市的沙尘暴

◎图 6.6　乞力马扎罗山峰顶的“雪盖”

◎图 6.7　污染墨西哥湾的油污被无奈地点燃

来的后果。2010 年 5 月 5 日，在墨西哥湾，清污船在路易斯安那州进行作业。油污画面“壮观”，但后果恶劣。面对人类和大自然的共同“作恶”——我们能做什么？

2012 年 6 月 22 日航拍的江西省余江县受淹乡村（图 6.8）。持续暴雨造成江西抚河流域发生特大洪水，引发严重洪涝灾害。乡村成了孤岛——我们能做什么？

◎图 6.8　水灾淹没村庄变得经常发生了

2012 年 6 月 6 日，在美国俄亥俄州的米尔伯里，当地居民在遭龙卷风袭击后的房屋废墟里寻找物品（图 6.9）——我们能做什么？

◎图 6.9　龙卷风袭击之后人们在清理废墟

这些图片告诉我们，地球灾难是多么的可怕。我们意识到地球灾难既有地震、火山爆发、泥石流、海啸、台风、洪水等突发性灾害；也有地面沉降、土地沙漠化、干旱、海岸线变化等在较长时间中才能逐渐显现的渐变性灾害；还有臭氧层变化、水体污染、水土流失、酸雨等人类活动导致的环境灾害。自然灾害的发生主要取决于大自然，但不少灾害发生的频率和造成的损害则在很大程度上取决于人的因素。

我们可以做的，只能是提高灾难意识，防范可能出现的各种灾难。一方面要认识到，灾难有些与地球本身的演化过程有关，是其本身的自然过程。如果没有人类在这个星球上，不管是板块漂移还是碰撞，那还不就像在家里移动一下床铺一样，都是正常的活动；另一方面，要正确的理解和认识地球灾难，不要被灾难吓到，更不能被灾难所造成的恐慌所胁迫。同时，还要适应地球和人类的发展，和地球和谐相处，休戚与共。在这个星球上，人是卑微的，不是主宰者。科学的力量是有限的，上帝、诸神也是虚幻，"'神马'也是浮云"。人类只有更好地认识自然、顺从自然才能与之和谐相处，实现"天人合一"的境界。

最后，我还想请读者们看看下面的这张图片(图 6.10)。

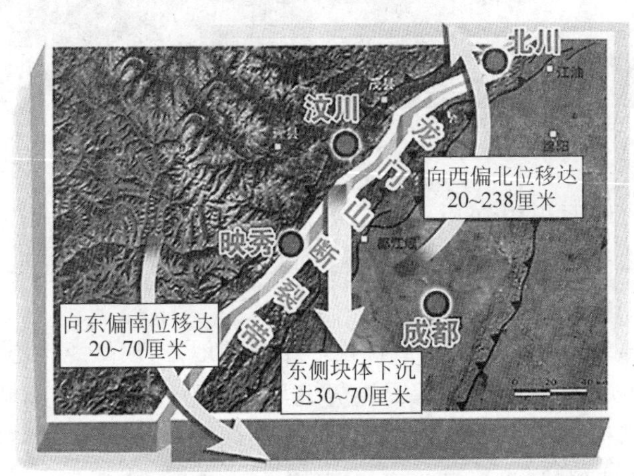

◎图 6.10 龙门山断裂带示意图

汶川和雅安的大地震您还没有忘记吧！在这张地震活跃板块分布图中我们看到，汶川、雅安都是处于扬子板块和青藏高原板块之间的"龙门山断裂带"上。2008 年汶川大地震已经给了我们沉痛的教训，我们为什么还要重建明显位于断裂带上的汶川？更加可悲的是，2013 年就在这个断裂带上的雅安，又"可预料"地发生强烈地震。我们怎么又听到了重建雅安的声音。

难道我们真的相信"人定胜天"！

6.4 美丽的地球"十极"

我们还是不要这样结束我们的故事吧。地球是生命的摇篮，是人类的母亲。儿不嫌母丑、子不嫌家贫。而我们的母亲实际上是何等的美丽呀！

1. 卢特沙漠(伊朗):地球上最热的地方,温度达71摄氏度

关于地球上最热的地方其实有不少争议。很多人认为,世界上最热的地方是利比亚的阿济济耶,这里的最高气温曾达到创纪录的57.8摄氏度,第二个最热的地方是美国加州的死亡谷,1913年这里记录的温度曾达到56.7摄氏度。此外,美国宇航局的卫星曾记录到伊朗卢特沙漠的表面温度高达71摄氏度,据推测,这是有史以来记录的地球表面的最高温度(图6.11)。

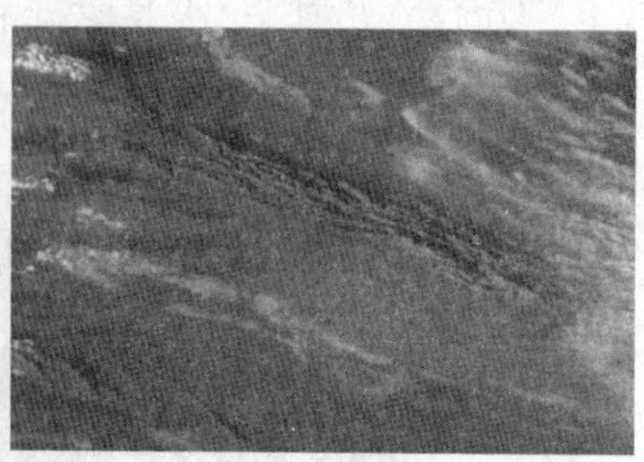

◎图6.11 伊朗的卢特沙漠——地球上最热的地方

卢特沙漠占地面积约480平方千米,被人们称做"烤熟的小麦"。这里的温度之所以如此之高,是因为地表被黑色的火山熔岩所覆盖,容易吸收阳光中的热量。

2. 钦博拉索山(厄瓜多尔):距离地心最远的地方,顶峰距地心6384千米

儿乎人人都知道,珠穆朗玛峰是世界上最高的山峰,世界各地攀登珠峰的人们都希望能获得爬上"世界最高峰"的荣誉。珠穆朗玛峰的海拔为8844米。这一高海拔赋予了珠穆朗玛峰"世界第一高峰"的名声。只是,很少有人知道,厄瓜多尔的钦博拉索山的海拔为6310米。

钦博拉索山拥有地球中心最高山峰的名声。这是因为地球不是一个球体,而是一个扁圆的球状体。作为一个扁球,地球的赤道位置最粗。钦博拉索山位于接近赤道地区的南纬1°,顶峰距地心的距离为6384千米,而珠穆朗玛峰距地心的距离仅为6382千米,比钦博拉索山矮了大约2千米(图6.12)。

(a)

(b)

◎图6.12 钦博拉索山——距离地心最远的地方(a)和珠穆朗玛峰(b)

虽然厄瓜多尔因此感到骄傲，但是，论及登山难度、缺氧程度或者名声，钦博拉索山还是无法和珠穆朗玛峰相提并论。

3. 特里斯坦·达库尼亚群岛(英国)：距离大陆最远的可居岛

特里斯坦·达库尼亚群岛是世界上距离大陆最远的可居住的群岛，距离最近的大陆约 3219 公里(图 6.13)。它位于大西洋南部，特里斯坦·达库尼亚群岛是如此之小，以至于它的主岛甚至无法修建飞机跑道。这里共有居民 272 人，只有 8 个姓氏，这里的人世代患有哮喘和青光眼之类的疾病。

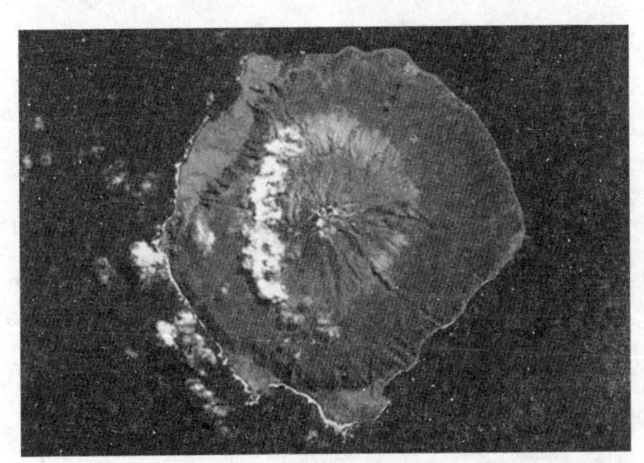

◎图 6.13　特里斯坦·达库尼亚群岛

该岛 19 世纪成为英国的附属岛屿，岛上的居民有一个英国邮政编码，虽然他们可以从网上订购商品，但是商品送到需要很长的时间。不过，这也只能是距离最近大陆约 3219 公里的岛上居民的最便利的贸易方式。

4. 安赫尔瀑布(委内瑞拉)：地球上最高的瀑布，落差为 985 米

委内瑞拉的安赫尔瀑布(图 6.14)是世界上最高的瀑布，落差为 985 米，该瀑布分两级，一级瀑布飞流直下，落差达到 806 米。安赫尔瀑布位于卡罗尼河支流，该支流从奥扬特普伊山顶(一座平顶结构的山，周围是悬崖峭壁)直泻而下。

◎图 6.14　安赫尔瀑布

5. 奥伊米亚康(俄罗斯):世界上最冷的可居之地,气温为零下71.2摄氏度

奥伊米亚康是俄罗斯雅库特自治共和国奥伊米亚康盆地的一个村庄,沿印迪吉尔卡河分布,距离克利马公路上托木托尔西北30公里,有800名居民。奥伊米亚康被认为是北半球寒极之地,因为1926年1月26日,这里曾记录到气温零下71.2摄氏度(图6.15)。这是地球上记录的永久性居住地的最低气温,而且还是北半球记录的最低气温。

◎图6.15 世界上最冷的可居之地

地球上有史以来的最低气温是1983年科学家在南极洲俄罗斯的沃斯托克基地记录的华氏零下129摄氏度。

6. 干谷(南极):地球上最干燥的地方

南极洲里有一个地方叫干谷(图6.16)。这里的山谷两千年来不曾下过雨。只有一个山谷除外,这个山谷的湖泊在夏天会被内陆流过的河水短暂充满,而干谷不含湿气(水、冰或者雪),这就是干谷存在时速为300公里的风的原因,风蒸发了所有水汽。

◎图6.16 南极的干谷

这些干谷很奇特：除了散落地面的荒芜砾石外，它们还是南极唯一没有冰雪覆盖的陆地。干谷位于南极洲纵贯山脉，它们处于蒸发（或者说是升华）比降雪更多的山脉地区，所以，所有冰都消失了，只留下干涸贫瘠的土地。

地球上另一个最干燥的地方是智利的阿塔卡马沙漠，有些地方几个世纪以来都是零降雨。阿塔卡马沙漠的一些区域实际上干燥程度可能超过南极洲的大部分地区。

7. 马里亚纳海沟（印尼和日本）：地球的最低点，低于海平面 10 924 米

马里亚纳海沟（图 6.17）的“挑战者深渊”是地球上海洋的最深点。这里低于海平面 10 924 米。比珠穆朗玛峰的高度还要大 2000 米。史上勘探过该深渊的只有雅克·皮卡尔和唐·沃尔森两人。他们下潜到 11 千米的海底，承受着 8 吨重的压力。他们看到了鱼、虾和其他海底生物。

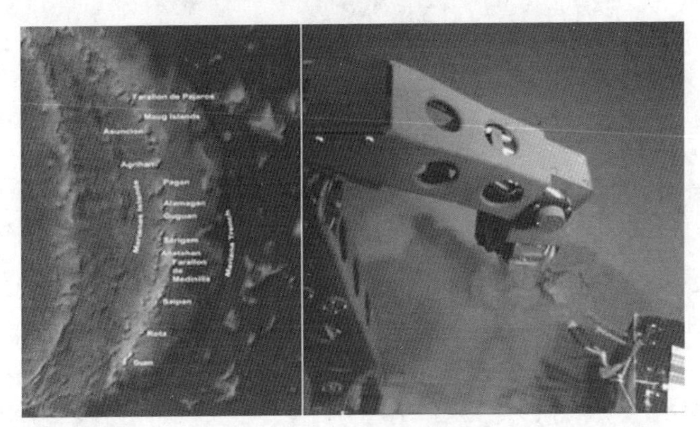

◎图 6.17　马里亚纳海沟

8. 乞拉朋齐（印度东北部）：世界上最潮湿的地方

哥伦比亚的罗洛每年降水超过 12 米。这里生活的人以在附近森林砍树赚钱。这里也有一个争议，很多年来印度东北部的乞拉朋齐一直被认为是世界上最潮湿的地方。这里每年的平均降雨量为 1082 毫米，降水量低于罗洛。

与哥伦比亚不同的是，这里是全年降雨，乞拉朋齐在 6 月到 8 月的“西南雨季”降雨量最大。1861 年 7 月乞拉朋齐曾以 9296 毫米的降雨量创下最潮湿月份的纪录。事实上，在 1860 年和 1862 年间，乞拉朋齐格外潮湿，1860 年 8 月 1 日和 1861 年 7 月 31 日（两个雨季部分的交叠时期），乞拉朋齐的降雨量为 26 467 毫米。在 1861 年全年的降雨量为 22 987 毫米，4 月到 9 月之间的降雨量为 22 454 毫米（图 6.18）。

因此，到底哪个是最潮湿的地方？这要取决于测量方法和程序以及被测量的时期。

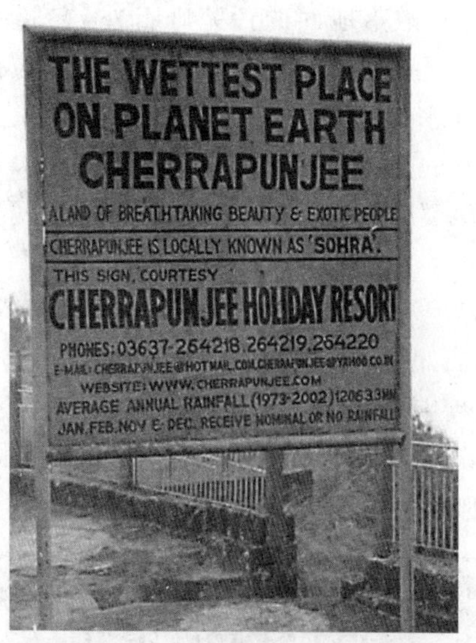

◎图 6.18　世界最湿之地纪念牌

9. 芒特索尔山(加拿大)：地球上最高的垂直峭壁

加拿大巴芬岛国家公园芒特索尔山(图 6.19)垂直落差有 1.25 千米。芒特索尔山是加拿大最著名的山峰，由纯花岗岩构成。它是探险者和爬山爱好者的最爱。1953 年南美洲南极学会的一支队伍第一次开始攀登这座山峰。近年来也不乏一些绳索探险者，2006 年一名探险者在这里死亡。

◎图 6.19　地球上最高的垂直峭壁

10 .死海(约旦)：地球上最低的地方，水面平均低于海平面约 400 米

死海(图 6.20)是地球上最低的水域，水面平均低于海平面约 400 米，位于以色列和约旦之间，是一个内陆盐湖。环死海的路也就碰巧成了世界上海拔最低的

路。死海因其咸度而闻名，其咸度是地中海海水咸度的10倍，死海被喻为健康疗养的第一圣地。因为其绝对高的盐度，没有生命能够在里面存活，死海也因此得名。

◎图6.20　死海

参 考 文 献

1. [英]Fabian A C. 起源——剑桥年度主题讲座[M]. 北京：华夏出版社，2006.
2. 李轩. 地球进化史[M]. 北京：中国广播电视出版社，2011.
3. [英]马丁·里斯. 终极时刻[M]. 长沙：湖南科学技术出版社，2010.
4. [英]凯恩斯·史密斯. 生命起源的七条线索[M]. 北京：中国对外翻译出版公司，1995.
5. [美]乔恩·埃里克森. 沧海桑田——地球之形成[M]. 北京：首都师范大学出版社，2010.
6. [美]蕾切尔·卡森. 海洋传[M]. 南京：译林出版社，2010.
7. 姚建明. 天文知识基础[M]. 2 版. 北京：清华大学出版社，2013.
8. 姚建明. 科学技术概论[M]. 北京：北京邮电大学出版社，2011.
9. 姚建明. 像科学家一样学习[M]. 北京：中国水利水电出版社，2009.
10. 朱晓东. 海洋资源概论[M]. 北京：高等教育出版社，2005.
11. 陈建伟. 文明也疯狂——破译世界文明的密码[M]. 北京：北京工业大学出版社，2007.
12. [英]克里斯托弗·劳埃德. 地球简史[M]. 长沙：湖南科学技术出版社，2010.
13. [美]马克·布查纳. 临界[M]. 长春：吉林人民出版社，2001.
14. [美]房龙. 房龙地理[M]. 北京：北京出版社，2011.
15. 黄勇. 广袤绚丽的地理[M]. 延边：延边大学出版社，2005.
16. 庞天舒. 凝看海洋[M]. 沈阳：沈阳出版社，2002.
17. [英]史蒂芬·霍金. 大设计[M]. 长沙：湖南科学技术出版社，2011.